Ökoeffizienzanalyse zum Vergleich heterogener Unternehmen

Christian Mechel

Ökoeffizienzanalyse zum Vergleich heterogener Unternehmen

Darstellung am Beispiel der Wäschereibranche

Mit einem Geleitwort von
Prof. Dr. Oliver Frör und Prof. Dr. Jens Pape

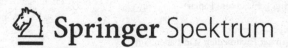
Springer Spektrum

Dr. Christian Mechel
Landau, Deutschland

Diese Arbeit ist zugleich eine Dissertation mit dem Originaltitel „Entwicklung eines multikriteriellen Bewertungssystems zur Messung der Ökoeffizienz – dargestellt am Beispiel der Wäschereibranche" am Fachbereich 7: Natur- und Umweltwissenschaften der Universität Koblenz-Landau, 2016.

OnlinePlus Material zu diesem Buch finden Sie auf
http://www.springerspektrum.de/978-3-658-14692-4

ISBN 978-3-658-14691-7   ISBN 978-3-658-14692-4 (eBook)
DOI 10.1007/978-3-658-14692-4

Die Deutsche Nationalbibliothek verzeichnet diese Publikation in der Deutschen National-bibliografie; detaillierte bibliografische Daten sind im Internet über http://dnb.d-nb.de abrufbar.

Springer Spektrum
© Springer Fachmedien Wiesbaden 2017

Gedruckt auf säurefreiem und chlorfrei gebleichtem Papier

Springer Spektrum ist Teil von Springer Nature
Die eingetragene Gesellschaft ist Springer Fachmedien Wiesbaden GmbH

Geleitwort

Vor 300 Jahren formulierte der Oberberghauptmann Hans Carl von Carlowitz das Prinzip der Nachhaltigkeit in seiner „Sylvicultura Oeconomica". Heute geht der Begriff weit über die Forstwirtschaft hinaus. Vor dem Hintergrund der nach wie vor bestehenden großen Herausforderungen hinsichtlich Umweltverschmutzung, Biodiversitätsverlust, Klimawandel und der geforderten Dekarbonisierung der Wirtschaft – etwa im Rahmen der vom WBGU geforderten Transformation – hat die Politik das Themenfeld nachhaltige Entwicklung national wie international zum Ziel ihres Handelns gemacht. Gleichzeitig ist nachhaltige Entwicklung eine gesellschaftliche Gestaltungsaufgabe und ihre Umsetzung vom Zusammenspiel aller gesellschaftlichen Akteure abhängig. Staaten, (Bundes-)Länder, Unternehmen, Verbände, Verwaltungen – national wie international – bekennen sich zu den Prinzipien nachhaltiger Entwicklung und gehen diese Aufgabe an: Sie haben Nachhaltigkeitsstrategien aufgelegt, starten Nachhaltigkeitsprojekte und/oder veröffentlichen Nachhaltigkeitsberichte.

Dabei macht die Notwendigkeit der Beteiligung einer Vielzahl verschiedener Akteure und der „systemische Ansatz", der generell eine nachhaltige Entwicklung kennzeichnet, deutlich, dass nachhaltige Entwicklung nicht einfach als ein Projekt unter vielen verstanden oder durch die Optimierung einiger Stellschrauben des Managements erreicht werden kann. Vielmehr ist der Weg hin zu einer nachhaltigen Wirtschaftsweise eine strategische Querschnittsaufgabe und Herausforderung, die sich den unterschiedlichsten ökologischen, gesellschaftlichen und ökonomischen Entwicklungen und Ansprüchen stellen und kontinuierlich vorangetrieben werden muss.

Das Lösen von Nachhaltigkeitsproblemen setzt dabei ein Denken in Zusammenhängen voraus, das fachliche Grenzen überschreitet, Fristigkeiten notwendiger Maßnahmen vorausschauend umsetzt und die Komplexität von Natur und Gesellschaft berücksichtigt. Zugleich geht es um ethische Fragen – etwa mit Blick auf den Wert und die Begrenztheit natürlicher und gesellschaftlicher Ressourcen.

Betriebliches Nachhaltigkeitsmanagement – verstanden als die Planung, Umsetzung und Kommunikation übergreifender Prozesse als Beitrag zu einer nachhaltigen Entwicklung – kann somit eine Organisationsentwicklung im Sinne einer lernenden Organisation initiieren. In diesem Kontext hat Nachhaltigkeitsmanagement die Aufgabe, eine Organisation langfristig auf die sich ändernden systemischen Bedingungen einzustellen und dafür Lern- und Entwicklungsprozesse innerhalb der Organisation zu gestalten.

Dabei stehen mit der Suffizienz-, Konsistenz- und Effizienzstrategie drei Wege hin zu einer nachhaltigen Wirtschaftsweise zur Verfügung, die aus einer betrieblichen Perspektive jeweils nur branchenbezogen betrachtet werden können und nur im „Dreiklang" zu einer nachhaltigen Entwicklung führen.

An dieser Stelle setzt die von Christian Mechel vorgelegte Dissertationsschrift zum Thema „Entwicklung eines multikriteriellen Bewertungssystems zur Messung der Ökoeffizienz – dargestellt am Beispiel der Wäschereibranche" an. Mit Blick auf die Suffizienzstrategie, d.h. der Suche nach einer Reduzierung des Konsums, eines „Weniger" und „Langsamer" geht die für diese Studie gewählte Branche, die „gewerbliche Wiederaufbereitung", also das gewerbliche Waschen und Trocknen von Textilien, bereits einen geeigneten Weg hin zu einer nachhaltigen Entwicklung. Hinsichtlich der intendierten branchenbezogenen Verbesserung der Konsistenz (etwa das Schließen von Stoffkreisläufen) und insbesondere (Öko-) Effizienz in und von Unternehmen der Wäschereibranche greift der Autor ein bedeutungsvolles und gleichzeitig praxisrelevantes Forschungsfeld auf. Hinzu kommt ein in der Wäschereibranche einschlägiges Erfahrungsdefizit in diesem Themenfeld in der überwiegenden Zahl betrieblicher Entscheidungshierarchien, das zudem durch äußerst heterogene Informationsstrukturen gekennzeichnet ist. Die als Fallbeispiel gewählte Wäschereibranche kann bzgl. des Optimierungspotentials hinsichtlich der Ökoeffizienz als überdurchschnittlich sensibel und mit Blick auf die adressierten Umweltaspekte als relevant bewertet werden und verdient bzw. rechtfertigt damit die Stellung exemplarischer Betrachtung. Die multikriterielle Bewertung der Ökoeffizienz bildet den Kern der Dissertationsschrift von Christian Mechel, ein Themenfeld also, das mit Blick auf die Branche bislang wenig strukturiert und erforscht ist, was von dem Autor als Herausforderung angenommen wird. Die multikriterielle Betrachtung der Ökoeffizienz mit Branchenbezug unterstreicht den innovativen Charakter der vorgelegten Dissertation und ist ein wichtiger Baustein für die Wäschereibranche hin zu einer nachhaltigeren Wirtschaftsweise. Gleichzeitig wird hinsichtlich der Messung der Umweltleistung und der Vergleichbarkeit der Ressourcen- und Energieverbräuche – durch die Übertragbarkeit des Ansatzes – ein wichtiges Beispiel für andere Betriebe einer heterogenen Branche gegeben. Als Betreuer dieses Dissertationsprojekts wünschen wir dieser Schrift eine weite Verbreitung und hoffen, dass die hier dargestellten Ansätze zur Nachahmung und Fortführung im Sinne einer nachhaltigen Entwicklung anregen.

Landau und Eberswalde

Prof. Dr. Oliver Frör   Prof. Dr. Jens Pape

Danksagung

Im Rahmen der Erstellung meiner Dissertation möchte ich mich bei denjenigen bedanken, die mich in dieser spannenden Phase meiner akademischen Laufbahn begleitet haben. Mein besonderer Dank gilt meinen beiden Professoren Herrn Prof. Dr. Oliver Frör und Herrn Prof. Dr. Jens Pape, die mit ihren sehr hilfreichen Anregungen und Hinweisen diese Arbeit begleitet und gefördert haben. Ohne ihren wertvollen akademischen Rat wäre diese Arbeit nicht entstanden.

Ebenso gilt mein Dank Herrn Dr. Andreas Schmidt, meinem Betreuer bei den Hohenstein Instituten in Bönnigheim, sowie meinen Kollegen, die mich in den vergangenen Jahren mit bereichernden Tipps und Diskussionsbeiträgen wiederholt in neue thematische Bahnen gelenkt haben. Persönlich möchte ich mich noch bei Frau Dr. Bianca-Michaela Wölfling, sowie Herrn Marvin Loibl bedanken, welche mir stets mit Rat und Tat zur Seite standen. Schließlich gilt mein Dank meiner Familie für deren liebevolle Fürsorge und nachhaltige Unterstützung.

Christian Mechel

Inhalt

Abbildungsverzeichnis

Tabellenverzeichnis

Abkürzungsverzeichnis

AETP	Aquatic Ecological Toxicity Potential
AHP	Analytische Hierarchie Prozess
ANOVA	Analysis of Variance
AOX	Adsorbierbare organisch gebundene Halogene
AP	Acid Potential
BCSD	Business Council for Sustainable Development
BIP	Bruttoinlandsprodukt
BK	Bewertungskriterium
BMU	Bundesministerium für Umwelt, Naturschutz und Reaktor sicherheit
BS	Betriebsspezifisches Spezifikum
BSB	Biologische Sauerstoffbedarf
CI	Consistency Index
CR	Consistency Ratio
CSB	Chemischer Sauerstoffbedarf
CSD	Commission for Sustainable Development
CSR	Corporate Social Responsibility
DBU	Deutsche Bundesstiftung Umwelt
DFG	Deutsche Forschungsgemeinschaft
DNK	Deutscher Nachhaltigkeitskodex
DTV	Deutscher Textilreinigungs-Verband e.V.
EFFAS	European Federation of Financial Analysts Societies
EHS	Environment, Health and Safety-Management
ELECTRE	Elimination Et Choice Translation Reality
EMAS	Eco-Management and Audit Scheme
EP	Eutrophierungspotenzial
ESG	Environmental, Social, Governance
FCKW	Fluorchlorkohlenwasserstoffe
FWL	Fachverband für Wäscherei-, Textil- und Versorgungsmanagement e.V.
GG	Gütegemeinschaft sachgemäße Wäschepflege e.V.
GGF	Gesamtgewichtungsfaktor
GRI	Global Reporting Initiative
GRTS	Grenzrate der technischen Substitution

GWP	Global Warming Potential
HTP	Human Toxicity Potential
ICC	International Chamber of Commerce
Intex	Industrieverband Textil-Service e.V.
IPCC	Intergovernmental Panel on Climate Change
ISO	International Organization for Standardization
KF	Korrekturfaktor
KG	Kriteriengewichtung
KNA	Kosten-Nutzen-Analyse
KPI	Key Performance Indicator
kWh	Kilowattstunde
LKW	Lastkraftwagen
MADM	Multi Attributive Decision Making
MAUT	Multi Attributive Utility Theory
MCDM	Multi Criteria Decision Making
MODM	Multi Objective Decision Making
NWA	Nutzwertanalyse
ODP	ozone depletion potential
OECD	Organisation for Economic Co-operation and Development
PE	Produktionseinheit
POCP	Photochemical Ozone Creation Potential
PROMETHEE	Preference Ranking Organisation Method for Enrichment Evaluation
RAL	Reichsausschuss für Lieferbedingungen
RKI	Robert-Koch-Institut
RNE	Rat für nachhaltige Entwicklung
RW	Relative Wichtigkeit
TA	Tonnagenanteile
TEPT	Terrestrial Ecotoxicity Potential
TGF	Teilgewichtungsfaktor
TKF	Teilkorrekturfaktor
UK	Unterscheidungskriterium
UN	United Nations
UN DESA	United Nations Department of Economic and Social Affairs
UNCED	United Nations Conference on Environment and Development
UNEP	United Nations Environment Programme
VK	Verbrauchskriterien
WBCSD	World Business Council for Sustainable Development

WBGU	Wissenschaftliche Beirat der Bundesregierung Globale Umweltveränderungen
WCED	World Commission on Environment and Development
WGK	Waschgangkontrollgewebe
WHG	Wasserhaushaltsgesetz
WIRTEX	Wirtschaftsverband Textil-Service
XML	Extensible Markup Language

Kurzzusammenfassung

Die vorliegende Arbeit beschäftigt sich mit der Fragestellung, wie eine repräsentative und aussagekräftige Vergleichbarkeit hinsichtlich der Nachhaltigkeitsleistung (Ökoeffizienz) von Unternehmen branchenunabhängig gewährleistet werden kann trotz der Problematik der Definition repräsentativer Bewertungskriterien der Nachhaltigkeit, sowie der Heterogenität der zu bewertenden Branchen. Bisherige Konzepte zu Umwelt- und Nachhaltigkeitsmanagementsystemen (z.B. EMAS, ISO 14000, ISO 26000, EMASplus), zur Umweltleistungsmessung sowie zur Nachhaltigkeitsbewertung und -berichterstattung (z.B. DNK, GRI) sind mit ihren branchenunabhängigen Formulierung zu allgemein gehalten, um für eine konkrete effizienzorientierte Messung nachhaltigen Wirtschaftens von Unternehmen geeignet zu sein.

Folglich besteht kein System zur Messung der Umweltleistung, um den Forschungsbedarf der Herstellung einer aussagekräftigen Vergleichbarkeit der Ressourcen- und Energieverbräuche der Betriebe einer heterogenen Branche zu begegnen. Angesichts dessen wurde im Rahmen der Arbeit eine allgemeine und branchenunabhängig anwendbare aber dennoch -spezifische Methodik zur Herstellung der Vergleichbarkeit von Unternehmen einer Branche hinsichtlich der Ressourcen- und Energieeffizienz entwickelt. Dabei stellt der Kern der Methodik die Generierung eines betriebsindividuellen Gesamtgewichtungsfaktors dar (GGF-Konzept), welcher als Operationalisierung der Vergleichbarkeit angesehen werden kann und damit der Problematik der Heterogenität begegnet. Die Ermittlung von Kriteriengewichtungen im Rahmen des GGF-Konzeptes kann in Analogie zu einem Entscheidungsproblem bei Mehrfachzielsetzung (Multi Criteria Decision Making – MCDM) gesehen werden, da mehrere Kriterien und Sub-Kriterien zueinander in Relation gesetzt werden mussten. Infolgedessen stellte sich der Analytische-Hierarchie-Prozess als das geeignete Verfahren im Rahmen der Methodikentwicklung heraus. Anwendung fand die Methodik in einem ersten empirischen Test anhand einer ausgewählten Stichprobe von 40 Wäschereibetrieben. Dabei zeigten die Ergebnisse auf, dass repräsentatives sowie aussagekräftiges betriebsindividuelles Benchmarking der Ressourcen- und Energieverbräuche völlig unterschiedlicher und bislang nicht vergleichbarer Betriebe möglich wurde. Hierfür mussten zunächst branchenspezifische repräsentative Bewertungskriterien der Ressourcen- und Energieeffizienz bestimmt werden. Abschließend konnten betriebsspezifische Brennpunkte identifiziert und somit

Handlungsempfehlungen zur Optimierung der Ressourcen- und Energieeffizienz der Wäschereibetriebe abgeleitet werden, sodass eine zielorientierte Reduzierung des Ressourcen- und Energieverbrauchs folgen kann.

1 Einleitung

1.1 Problemstellung

Der Begriff der nachhaltigen Entwicklung bzw. des Sustainable Development ist in den letzten Jahren zu einer weltweit akzeptierten Handlungsmaxime in Politik und Gesellschaft geworden. In der Umweltbewegung ist die Debatte ebenfalls allgegenwärtig. Aber auch in anderen Teilen der Gesellschaft und der Wirtschaft ist die Nachhaltigkeitsdebatte angekommen - sei es in der Politik, man denke nur an das propagierte Projekt der Energiewende, als auch auf Unternehmensseite gegenüber verschiedenen Anspruchsgruppen, sowie der zunehmenden Verantwortung der Unternehmen im Rahmen der Wertschöpfungsketten von Produkten.

Dabei gibt es für Unternehmen im Wesentlichen zwei Strategien, um Nachhaltigkeitsaspekte in das wirtschaftliche Handeln zu integrieren, welche als Effizienz- und Konsistenzstrategie beschrieben werden (Huber, 1995).

Unter der Effizienzstrategie (Ökoeffizienz) wird zum einen ein geringerer Einsatz von Ressourcen und Energie zur Produktion desselben Guts oder zur Erbringung derselben Dienstleistung sowie zum anderen mehr Output bei gleichem Input verstanden (Schaltegger et al., 2003, S. 25). Dabei werden die Umweltaspekte des Material- und Stoffkreislaufs über den gesamten Produktlebenszyklus, d.h. "von der Wiege bis zur Bahre", untersucht. Diese aktuell dominierende Strategie setzt hauptsächlich auf den Einsatz neuer, effizienterer Technologien.

Die Konsistenzstrategie hingegen konzentriert sich auf die Kreislaufführung von Stoffen und Energie. Das Schließen des materiellen und energetischen Durchflusses stellt das Ziel dieser Strategie dar. So wird insbesondere der Energie-, Material- und Stoffkreislauf analysiert und optimiert. In diesem Zusammenhang sind neben technischem Fortschritt hauptsächlich Organisations-, Design-, Produktions-, Distributions- sowie Redistributionsveränderungen im Sinne "von der Wiege bis zur Wiege" zentral (Braungart et al., 2002). So werden Produkte und Prozesse von vorherein so gestaltet, dass erst gar keine Abfälle entstehen.

Angesichts des wachsenden Stellenwertes von Nachhaltigkeitsaspekten müssen Unternehmen in allen Bereichen der Debatte auskunftsfähig und gerüstet sein. So bieten branchenunabhängige Konzepte zu Umwelt- und Nachhaltigkeitsmanagementsystemen (z.B. EMAS, ISO 14000, ISO 26000, EMASplus), zur Umweltleistungsmessung sowie zur Nachhaltigkeitsbewertung und -berichterstattung (z.B. DNK, GRI) zahlreiche Möglichkeiten zur Implementierung eines kontinuierlichen Verbesserungsprozesses hinsichtlich der Nachhaltigkeitsleistung in Unternehmen.

EMAS (Eco-Management and Audit Scheme) stellt hierbei das international ambitionierteste System für nachhaltiges Umweltmanagement dar. Dabei handelt es sich um ein Gemeinschaftssystem aus Umweltmanagement, sowie -betriebsprüfung zur Verbesserung der Umweltperformance von Organisationen jeglicher Art (EMAS, 2014).

Die Normenfamilie ISO 14000 adressiert vielfältige Aspekte des Umweltmanagements. Sie stellt dabei praktische Werkzeuge für Unternehmen und Organisationen zur Verfügung, die ihre Umweltauswirkungen identifizieren und kontrollieren und infolgedessen kontinuierlich verbessern möchten. Die ISO 14001: 2009 und ISO 14004: 2010 fokussieren dabei auf Umweltmanagementsysteme. Die anderen Standards der Normenfamilie konzentrieren sich auf spezielle Aspekte, wie die Lebenszyklusanalyse (LCA), Kommunikation und Audits (ISO 14000, 2014).

Die ISO 26000 stellt hingegen einen freiwilligen Leitfaden zur Verfügung, wie Unternehmen und Organisationen sozial verantwortlich operieren und damit ethisch und transparent zum Gemeinwesen der Gesellschaft beitragen können (ISO 26000, 2014).

Der Deutsche Nachhaltigkeitskodex (DNK) verfolgt das Ziel, die Nachhaltigkeitsperformance eines Unternehmens öffentlich darzustellen und auf diese Weise verbindlich, transparent und vergleichbar zu machen. Dabei ist er weltweit für Unternehmen und Organisationen jeglicher Art anwendbar (DNK, 2014).

Die Global Reporting Initiative (GRI) schließlich leistet Hilfestellung bei der Nachhaltigkeitsberichterstattung für Organisationen jeglicher Art durch einen Berichterstattungsleitfaden, der die Prinzipien und Indikatoren zur Verbesserung der Nachhaltigkeitsleistung zur Verfügung stellt (GRI 2014).

Aufgrund der branchenunabhängigen Formulierung sind die aufgezeigten Systeme und Konzepte jedoch sehr allgemein gehalten und damit für eine konkrete Messung nachhaltigen Wirtschaftens von Unternehmen nur in Grenzen geeignet bzw. von deren individuellen Ausgestaltung abhängig. Dies liegt zum einen daran, dass viele Bewertungskriterien bzw. sog. *Key Performance Indicators* (KPIs) zu allgemein gehalten sind, als dass sie für die Unternehmen von praktischem Nutzen wären. Zum anderen sind viele Branchen hinsichtlich ihrer Unternehmen sehr heterogen, was einen direkten und ungewichteten Vergleich von spezifischen Kenngrößen, wie den Energieverbrauch pro produzierter Einheit, unverhältnismäßig und damit nur eingeschränkt aussagekräftig macht.

So sind branchenspezifische Ansätze notwendig, welche dennoch branchenunabhängig anwendbar sein sollen, um innerhalb bestimmter Branchen und folglich für bestimmte Unternehmen Auskunft über den IST-Zustand der Nachhaltigkeitsleistung zu geben und infolgedessen aussagekräftig vergleichen zu können. Bislang existieren hierfür jedoch keine geeigneten Messkonzepte, wobei mittlerweile ein potentieller Bedarf innerhalb der Wertschöpfungsketten der Branchen festzustellen ist die Effizienz von Betriebsabläufen vor einem ökologischen Hintergrund zu verbessern und damit durch Ressourcen- und Energieeinsparungen in ökonomischer aber auch in ökologischer Hinsicht einen Mehrwert zu generieren (DBU 2012, S. 17-18).

Dies trifft auch auf Messkonzepte zu, die auf der prinzipiell einfacher umzusetzenden Effizienzstrategie basieren. Der angesprochene Bedarf spiegelt sich häufig darin wieder, dass Unternehmen vieler Branchen nicht in der Lage sind, den ressourcen- und energietechnischen IST-Zustand ihres Betriebes zu bestimmen und zu beurteilen, um infolgedessen Maßnahmen zur Erhöhung der Ökoeffizienz einzuleiten. So kommt es häufig zu suboptimalen Betriebsabläufen eines bestehenden Maschinenparks. In der Regel zieht die Unternehmensführung zur ökonomischen Analyse lediglich die von den Versorgungsunternehmen zur Abrechnung notwendigen Daten für den aggregierten Ressourcen- und Energieverbrauch heran, die meist jährlich erstellt werden. Es gibt zwar vereinzelt auf Seiten der Maschinenhersteller maschinenbezogene Energieverbrauchswerte, welche analysiert werden können, was eine individuelle ressourcen- und energieoptimierte Anpassung des Stoff- und Energieverbrauchs für die betroffene Maschine ermöglicht (DBU 2012, S. 17). Dies ist jedoch nur sehr selten der Fall und darüber hinaus fehlt dabei zumeist die notwendige Abstimmung mit vor- und nachgelagerten Prozessen. Folglich kommt es trotz optimierter Teilprozesse ganzheitlich zu einem suboptimalen Betriebsablauf, da bspw. die Ablauforganisation durch Entstehung von Wartezeiten oder Engpässen mangelhaft ist oder die durch Wärmerückgewinnung erlangte Energie nicht zielführend in den Gesamtprozess zurückgeführt werden kann (GG (C), 2013).

Des Weiteren existieren keine speziell auf einzelne Branchen zugeschnittene Software-Programme zur Messung der Umweltleistung hinsichtlich der Ökoeffizienz. Es sind zwar ganzheitliche Standard-Software aus dem Facility-Management-Bereich vorhanden, allerdings steht hier der finanzielle Aufwand der branchenspezifischen Anpassung in keinem Verhältnis zum Nutzen für das Unternehmen.

Im Gegensatz zu diesen generalisierenden Software-Lösungen existieren speziell für einzelne Produktionsphasen entwickelte Simulationsmodelle und Software zur Erfassung der Betriebsdaten. Allerdings sind diese Teilsysteme nicht kombinierbar und somit auch nicht ganzheitlich und zusammenhängend nutzbar ((DBU 2012, S. 18), (GG (C), 2013).

Ein weiterer, nicht zu vernachlässigender Grund, warum Unternehmen vieler Branchen Jahrzehnte lang trotz des ineffizienten Einsatzes von Ressourcen und Energie gewinnbringend wirtschaften konnten, ist mit den niedrigeren Energiepreisen erklärbar. So stellten Bestrebungen die Effizienz der Betriebsabläufe zu messen, bewerten und infolgedessen zu verbessern keine Notwendigkeit dar (RNE 2013, S. 6).

Heute, bei immer weiter ansteigenden Energie- und Ressourcenpreisen, wären allein durch die Kenntnis und Bewertung des IST-Zustands erhebliche Ressourcen- und Energieeinsparpotentiale mit einfachen Optimierungsmaßnahmen und wenig Aufwand umsetzbar. Zusätzlich könnte die Identifikation von Brennpunkten im Sinne einer Hot-Spot-Analyse eine wichtige Unterstützung und Hilfestellung bei Investitionsentscheidungen sein.

Dennoch existieren bislang keine geeigneten effizienzorientierten branchenspezifischen Messkonzepte. Verantwortlich für diesen Mangel ist zum einen die *Problematik der Definition repräsentativer Bewertungskriterien der Nachhaltigkeit (Ökoeffizienz)*. Allein diese Fragestellung stellt diese Messkonzepte vor enorme Herausforderungen. So besitzt jede Branche unterschiedliche Spezifika z.B. im Bereich Ressourcen- und Energieverbrauch und Abhängigkeiten zur Erbringung einer Dienstleistung oder eines Produktes, welche für eine repräsentative Messung des IST-Zustands der Nachhaltigkeitsleistung notwendigerweise bekannt sein müssen.

Hinzu kommt zum anderen ein weitaus größeres Problem, welches ebenfalls für den angesprochenen Mangel verantwortlich ist: die *Problematik der Heterogenität der zu bewertenden Branchen*. Betrachtet man diese Heterogenität vor dem Hintergrund der Ökoeffizienz, drückt sich diese in großen Schwankungsbreiten der betrieblichen Kenndaten der Nachhaltigkeitsleistung aus, wie beispielsweise am Energieverbrauch pro produzierter Einheit. Unter Beibehaltung der Produktqualität stellt ein geringerer IST-Zustand im Sinne des Ressourcen- und Energieverbrauchs für eine Produktionseinheit eines Unternehmens natürlich ein ökoeffizienteres Ergebnis dar als ein höherer Ressourcen- und Energieverbrauch eines anderen Unternehmens. Hier liegt genau das Kernproblem und damit die bislang nicht bewerkstelligte Hauptherausforderung effizienzorientierter branchenspezifischer Ansätze, denn diese IST-Zustände sind meist nicht aussagekräftig miteinander vergleichbar. Dies liegt darin begründet, dass Unternehmen derselben Branche doch meist sehr unterschiedliche Produkte herstellen oder Dienstleistungen erbringen, die per se unterschiedliche Technologien und infolgedessen unterschiedliche Ressourcen- und Energieinputs benötigen. Für die einzelnen Unternehmen solcher heterogener Branchen bringt ein Benchmarking anhand rein klassischer Kennzahlen folglich keinen Mehrwert, da ihre betriebsindividuellen Konstellationen und damit auch IST-Zustände aufgrund unterschiedlichster betriebsinterner wie -externer Effekte stark variieren. Dies kann neben den genannten unterschiedlichen Produkten und Dienstleistungen weitere Ursachen haben. Des Weiteren könnten auch unterschiedliche Maschinenausstattungen bzw. die Infrastruktur eines Betriebes erheblichen Einfluss auf den Ressourcen- und Energieverbrauch pro produzierter Einheit haben.

So sind vor allem Branchen mit dem Problem der Heterogenität behaftet, deren Unternehmen diesen unterschiedlichen betrieblichen Konstellationen ausgesetzt sind und in denen folglich kein Betrieb aussagekräftig mit einem anderen vergleichbar ist. Dabei handelt es sich meist um Branchen, in welchen klein- und mittelständische Betriebe neben Großbetrieben existieren.

Um solch eine Branche handelt es sich auch beim Untersuchungsgegenstand dieser Arbeit: der Wäschereibranche. Als Folge eines Arbeitskreises-Benchmarking der Gütegemeinschaft sachgemäße Wäschepflege e.V. entstand die Idee bzw. die Herausforderung ein Benchmarksystem der Ressourcen- und Energieverbräuche für gewerbliche Wäschereien zu entwickeln, welches eindeutig voneinander abgegrenzte Kundengruppen berücksichtigt. So galt es anfangs erst einmal der großen Diversität an gewerblichen Wäschereien mit all ihren Betriebs- und Umfeldkonstellationen gerecht zu werden und damit der Heterogenität der Branche entgegenzuwirken. So ist kein Betrieb in Deutschland direkt mit einem anderen vergleichbar, jeder hat verschiedene Einkaufspreise aufgrund unterschiedlicher Bezugsmengen, welche wiederum meist von der größenabhängigen Maschinenausstattung abhängen, jeder bearbeitet anteilig verschiedene Kundengruppen und ist damit verschiedenen Wäschearten und Verschmutzungsarten ausgesetzt. Ein Vergleich der Ressourcen- und Energieverbräuche der Betriebe der Wäschereibranche besitzt aufgrund dieser großen Unterschiedlichkeiten somit keine Aussagekraft.

So musste zunächst in Erfahrung gebracht werden, ob bereits Systeme zur Messung der Umweltleistung für die Problemstellung einer mangelnden Vergleichbarkeit bestehen. Dabei wurden Umweltkennzahlen und -systeme als Instrumente einer möglichen Darstellung und anschließenden Bewertung der betrieblichen Umweltleistung analysiert. Es stellte sich heraus, dass kein bestehendes System dem beschriebenen Forschungsbedarf der Herstellung einer aussagekräftigen Vergleichbarkeit der Ressourcen- und Energieverbräuche der Betriebe einer heterogenen Branche begegnet.

Aufgrund dieses Forschungsbedarfs und der Eignung der Wäschereibranche als Untersuchungsgegenstand, muss zunächst, bevor ein sinnvoller Vergleich der Wäschereien stattfinden kann, aufgrund der Problematik der Heterogenität eine einheitliche Vergleichsbasis in Bezug auf Ressourcen- und Energieeffizienz (und in letzter Instanz Nachhaltigkeit) geschaffen werden.

Folglich ist es im Rahmen effizienzorientierter branchenspezifischer Ansätze zwingend notwendig, die Komplexität der Heterogenität zu berücksichtigen und angemessen abzubilden, um eine aussagekräftige Vergleichbarkeit der Nachhaltigkeitsleistung der Unternehmen einer Branche zu gewährleisten. Die Definition branchenrepräsentativer Kriterien zur Abgrenzung bzw. Unterscheidung der Unternehmen ist hierfür notwendig. Bislang fehlt eine angemessene Systematik, welche mittels der Ausprägungen eines Betriebes hinsichtlich dieser Abgrenzungskriterien die angesprochene einheitliche Vergleichsbasis der repräsentativen Bewertungskriterien der Ressourcen- und Energieeffizienz schafft.

Zusammenfassend kann festgestellt werden, dass bislang weder effizienzorientierte branchenunabhängig anwendbare aber dennoch -spezifische Messkonzepte existieren, die sich zum einen mit der *Problematik der Definition repräsentativer Bewertungskriterien der Nachhaltigkeit* vor dem Hintergrund der Ökoeffizienz beschäftigen, noch zum anderen der *Problematik der Heterogenität der zu bewertenden Branchen* in diesem Zusammenhang begegnen. So stellt der konkrete Forschungsbedarf der vorliegenden Arbeit die Herstellung einer aussagekräftigen Vergleichbarkeit der Ressourcen- und Energieverbräuche völlig unterschiedlicher und bislang nicht vergleichbarer Betriebe dar, welcher am Untersuchungsgegenstand der Wäschereibranche begegnet werden soll.

1.2 Zielstellung

Es konnte festgestellt werden, dass kein bestehendes System zur Messung der Umweltleistung dem beschriebenen Forschungsbedarf der Herstellung einer aussagekräftigen Vergleichbarkeit der Ressourcen- und Energieverbräuche der Betriebe einer heterogenen Branche begegnet. Angesichts dieses konkreten Forschungsbedarfs soll im Rahmen der Arbeit eine allgemeine und branchenunabhängig anwendbare Methodik zur Herstellung der Vergleichbarkeit von Unternehmen einer Branche hinsichtlich der Ressourcen- und Energieeffizienz entwickelt werden. Diese Methodik soll in einem ersten empirischen Test anhand einer ausgewählten Stichprobe von 40 Wäschereibetrieben angewendet werden, sodass aussagekräftiges betriebsindividuelles Benchmarking der Ressourcen- und Energieverbräuche völlig unterschiedlicher und bislang nicht vergleichbarer Betriebe möglich wird. Hierfür müssen zunächst branchenspezifische repräsentative Bewertungskriterien der Ressourcen- und Energieeffizienz bestimmt werden.

Abschließend soll es möglich sein betriebsspezifische Brennpunkte zu identifizieren und somit Handlungsempfehlungen zur Optimierung der Ressourcen- und Energieeffizienz der Wäschereibetriebe abzuleiten, sodass eine zielorientierte Reduzierung des Ressourcen- und Energieverbrauchs folgen kann.

Eine derartige Methodik ist aus Sicht gewerblicher Wäschereien von besonderem Interesse, da es der Branche an einem neutralen Werkzeug der Umweltleistungsbewertung fehlt, welches Ressourcen- und Energieverbräuche in Relation zum Output (Ökoeffizienz) unter Berücksichtigung der betriebsindividuellen Situation darstellt, um einen umweltschonenden und gleichzeitig kostenoptimierten Betriebsablauf zu unterstützen. Ein herkömmliches Benchmarking kann, wie bereits geschildert, nicht zielführend sein.

1.3 Ablauf der Arbeit

In Kapitel 2 werden die gängigen Ansätze und Konzepte des nachhaltigen Wirtschaftens beschrieben, um die konzeptionelle Einordnung des gewählten Nachhaltigkeitsverständnisses abzuleiten.

Das dritte Kapitel stellt den Stand der Forschung in der Umweltleistungsbewertung dar. Nach einer thematischen Einführung werden ausgewählte Ansätze der kennzahlenbezogenen Umweltleistungsbewertung vorgestellt, um das im Rahmen dieser Arbeit zu entwickelnde Bewertungssystem zur Messung der Ökoeffizienz (betriebsindividuelles Benchmarksystem) einzuordnen und abzugrenzen.

Das vierte Kapitel stellt die Wäschereibranche als Untersuchungsgegenstand vor. Hierbei spielen Branchenvertretungen und -struktur, das Betriebsmodell, sowie Stoff- und Energieflüsse im Sinne einer Input- wie auch Outputbetrachtung einer gewerblichen Wäscherei eine Rolle. Dann wird der Stand der Forschung und Technik der Branche, sowie ein Versuch der Anwendung der Ökobilanzierung nach der DIN EN ISO 14040/14044 in der Wäschereibranche aufgezeigt. Abschließend werden die wesentlichen ressourcen- und energiespezifischen Charakteristika im Betriebsablauf einer gewerblichen Wäscherei vorgestellt.

Im fünften Kapitel wird die Entwicklung der Methodik eines branchenunabhängig anwendbaren aber dennoch -spezifischen Messkonzeptes vorgestellt, welches in einem betriebsindividuellen ressourcen- und energiebezogenen Benchmarksystem umgesetzt wird. Da zur Herstellung einer Vergleichbarkeit heterogener Unternehmen im Rahmen des Benchmarksystems multiple Kriterien der Abgrenzung bzw. Unterscheidung verwendet und später aggregiert werden, kann die Thematik aus methodischer Sicht analog zu einer Entscheidungsunterstützung bei Mehrfachzielsetzung gesehen werden, sodass diesbezüglich Grundlagen und Verfahren vorgestellt werden. Daraufhin folgt die Ermittlung eines geeigneten Verfahrens im Rahmen der Methodikentwicklung.

Das sechste Kapitel wendet die in Kapitel 5 erarbeitete Methodik am Beispiel des Untersuchungsgegenstandes der Wäschereibranche an und veranschaulicht die Umsetzung im Rahmen einer Fallstudie anhand eines anonymen Wäschereibetriebes der Stichprobe.

Das siebte Kapitel stellt zum einen die Methodendiskussion sowie zum anderen die Diskussion und Interpretation der Ergebnisse der 40 Stichprobenbetriebe dar.

Das achte Kapitel stellte die Schlussbetrachtung und den Ausblick der Arbeit dar. Dabei wird der Beitrag zur wissenschaftlichen Disziplin, das entwickelte betriebsindividuelle Benchmarksystem vor dem Hintergrund möglicher zukünftiger Entwicklungen der Nachhaltigkeit in der Wäschereibranche, sowie das weitere Forschungspotential aufgezeigt.

Das neunte Kapitel stellt die Zusammenfassung der Arbeit dar.

2 Konzept des nachhaltigen Wirtschaftens

2.1 Das Bewertungssystem vor dem Hintergrund des nachhaltigen Wirtschaftens

In diesem Kapitel wird vor dem Hintergrund aktueller Entwicklungen das Konzept des nachhaltigen Wirtschaftens dargestellt, um die Hintergründe, sowie die Systematik des zu entwickelnden multikriteriellen Bewertungssystems zur Messung der Ökoeffizienz einordnen zu können, bzw. das für diese Arbeit zugrunde gelegte Nachhaltigkeitsverständnis zu erläutern. Dabei wird sowohl auf die Entwicklungsgeschichte des Begriffes der Nachhaltigkeit, die Begriffsdefinition, sowie die daraus weiter entwickelten Konzepte einer nachhaltigen Unternehmensführung eingegangen.

2.2 Die Entstehungs- und Entwicklungsgeschichte des Konzeptes des nachhaltigen Wirtschaftens

Der in der Literatur beschriebene Ursprung des Begriffes der Nachhaltigkeit stammt aus der Forstwirtschaft im Mittelalter (von Carlowitz, 2009, S. 150). Im Jahre 1713 dokumentiert Carl von Carlowitz die nachhaltige Bewirtschaftungsweise der Wälder, die besagt, dass auf eine bestimmte Zeitperiode bezogen nie mehr Bäume geschlagen werden dürfen als nachwachsen (von Carlowitz, 2009, S. 88). Schon bald erfasste der Kontext der Nachhaltigkeit auch weitere erneuerbare Ressourcen wie beispielsweise Wildbestände (Steger et al., 2002, S. 9).

In der zweiten Hälfte des 18. Jahrhunderts wurden auch nicht-erneuerbare Ressourcen Bestandteil der Nachhaltigkeitsdiskussion. Besonderen Stellenwert erlangen die Erkenntnisse des englischen Ökonomen Jevons. Bislang nahm man an, dass sich die jährlichen Verbräuche endlicher Rohstoffe wie Kohle unverändert linear in der Zukunft fortsetzen würden. Jevons formulierte hingegen als einer der ersten Wissenschaftler in einer im Jahre 1865 erschienenen Arbeit, dass der Verbrauch fossiler Rohstoffe exponentiell mit einer Wachstumsrate von ca. 3,5 Prozent jährlich steigen würde. Als Schlussfolgerung proklamierte er, dass dieses exponentielle Wachstum zwangsläufig zu einer Erschöpfung der endlichen fossilen Rohstoffe führen muss (Sieferle, 1982, S. 252-254.).

In den 70er Jahren des 20. Jahrhunderts erfuhr die Diskussion um eine nachhaltige Entwicklung einen neuen Aufschwung (Öko-Institut, 2001, S. 8f.): Der Ursprung und damit Hauptmeilenstein einer inhaltlich weitreichenden und umfassenden Betrachtung des Konzeptes der Nachhaltigkeit begründete der Bericht „Die Grenzen des Wachstums" des Club of Rome von 1972. Er handelt davon, dass sich die Menschheit auf einem „Boom-and-Burst-Pfad" befindet und damit ein exponentielles Wachstum zu einer Überbeanspruchung der ökologischen Grenzen, vornehmlich nicht-regenerativer Ressourcen der Erde führen muss. So wurde das damals vorherrschende Wachstumsmodell stark kritisiert (von Hauff und Kleine, 2009, S. 5). Das Conclusio dieses Berichtes aus dem Jahr 1972 war, dass es zu einer immensen ökonomischen Beeinträchtigung bis Mitte des 21. Jahrhunderts kommen würde, wenn die Zunahme der Weltpopulation, der Industrialisierung, der Verschmutzung der Umwelt sowie die Intensivierung der Nahrungsmittelproduktion und des Abbaus von nichtregenerativen Ressourcen unverändert beibehalten werden würde (Meadows, 1972; Übersetzung von Heck, 1987, S. 17). Zeitgleich fällt im Rahmen der internationalen Umweltpolitik zum ersten Mal der Begriff der „Nachhaltigen Entwicklung" in der ersten Konferenz der Vereinten Nationen in Stockholm. Hieraus resultierte das *United Nations Environment Programme* (UNEP) und im Jahr 1982 die World Commission on Environment and Development (WCED) (Kreibich, 1996, S. 21; Spehr, 1996, S. 19). Die WCED widmete sich von nun an wichtigen globalen Fragestellungen, wie beispielsweise der Endlichkeit der Ressourcen, einer ständig steigenden Weltbevölkerung und der damit einhergehenden Nahrungsmittelknappheit oder dem stetigen globalen Anstieg von Treibhausgasemissionen und somit der anthropogenen Umweltzerstörung. Federführend war hierbei die damalige Vorsitzende der WCED der Vereinten Nationen und frühere norwegische Ministerpräsidentin Gro Harlem Brundtland, die das Konzept der Nachhaltigen Entwicklung vorantrieb (Hübner, 2002, S. 274f.) und im sogenannten Brundtland-Bericht „*Our common future*" an die Öffentlichkeit gerichtet hatte (WCED, 1987). Aus diesem Bericht stammt die erste Definition des Begriffes *Sustainable Development* bzw. der Nachhaltigen Entwicklung als „[...] *development that meets the needs of the present without compromising the ability of future generations to meet their own needs*" (Mathieu, 2002, S. 17; WCED, 1987, S. 43).

Der Bericht wurde dabei sehr stark vom Bericht des *Club of Rome* und seinem „*Boom-and Burst*-Pfad" beeinflusst (von Hauff und Kleine, 2009, S. 5). Zentrale Aussage des Brundtland-Berichtes ist, dass - bei einer integrierten Betrachtung von ökonomischen, ökologischen und sozialen Gesichtspunkten - sowohl auf eine intragenerationelle, wie auch intergenerationelle Gerechtigkeit hingearbeitet werden muss.

Intragenerationelle Gerechtigkeit beschreibt, dass innerhalb der heutigen Generation internationale und soziale Gerechtigkeit angestrebt werden soll. In diesem Zusammenhang hebt der WCED hervor, dass die Grundbedürfnisse der ärmsten Menschen der Erde priorisiert werden sollten (WCED, 1987, S. 42).

Intergenerationelle Gerechtigkeit beschreibt hingegen, dass die Bewahrung der Umwelt im Sinne der Bedürfnisbefriedigung zukünftiger Generationen angestrebt werden sollte. Folglich ist das Ziel der Nachhaltigkeit dann erreicht, wenn beide Grundsätze der Gerechtigkeit gleichzeitig umgesetzt wären (Hahn, 2013, S. 46).

Im Jahr 1992 wurde auf dem 2. „Weltgipfel" der Vereinten Nationen in Rio de Janeiro die Nachhaltigkeit erstmals im Hinblick auf eine wirkliche Operationalisierung strukturiert und konkretisiert (Rauschenberger, 2002, S. 6). Dies resultierte in der Verabschiedung der Rio-Deklaration, der sog. „Agenda 21" sowie den Konventionen zum Klimaschutz, zum Schutz der Biodiversität und zur Bekämpfung von Wüstenbildung. Dies sollte eine neue Basis für die weltweite Zusammenarbeit in der Umwelt- und Entwicklungspolitik werden (BMZ, 2014).

Die Enquete-Kommission „Schutz des Menschen und der Umwelt" des deutschen Bundestages entwickelte 1995 das „Drei-Säulen-Modell" einer nachhaltigen Entwicklung. Dieses Modell stellt Nachhaltigkeit als Schnittmenge aus Ökologie, Ökonomie und Sozialem dar. Damit sollte die einseitig geführte Diskussion einer nachhaltigen Entwicklung, die sich meist um die ökologischen Aspekte der Nachhaltigkeit drehte, überwunden werden. Unter Sozialem wurde die intra-, wie auch intergenerationelle Gerechtigkeit verstanden, wie bspw. die Sicherung der Grundbedürfnisse, die Bekämpfung der Armut und eine gerechte Ressourcenverteilung. Im Rahmen des „Drei-Säulen-Modells" soll keine Säule benachteiligt werden und infolgedessen eine nachhaltige Gesellschaftspolitik erreicht werden, die sich durch eine kontinuierliche Verbesserung der ökologischen, ökonomischen und sozialen Leistung auszeichnet. Es ist wichtig dabei zu verstehen, dass sich diese Säulen bedingen und keine Teiloptimierungen stattfinden (Deutscher Bundestag, 2004).

Der Begriff der ökonomischen Nachhaltigkeit stellt die Maximierung der ökonomischen Wertschöpfung bei gleichzeitiger Aufrechterhaltung der für die Bereitstellung eines Produktes oder Dienstleistung benötigten Ressourcen dar. So wird der Begriff oft mit einer ständig andauernden ökonomischen Wohlfahrt gleichgesetzt. Voraussetzung hierfür ist, dass die zur Erzielung einer definierten Wohlfahrt notwendigen Ressourcen auch zukünftig mindestens in gleicher, vornehmlich besserer Güte zur Verfügung stehen. Ressourcen stellen in diesem Rahmen die zu einem bestimmten Zeitpunkt vorhandenen Güter, Waren, Kapital oder Dienste dar (Leymann et al., 2014).

Ein wichtiger Meilenstein der Bemühungen des 2. Weltgipfels war die besagte „Agenda 21". Sie versucht einen ganzheitlichen Aktionsplan zum Angriff der globalen ökologischen und sozialen Probleme bereitzustellen. In 40 Kapiteln werden konkrete Umwelt- und Entwicklungspolitiken mit umfangreichen Handlungsanweisungen beschrieben (UN, 1992).

Ebenfalls 1992 rief Schmidheiny parallel zum 2. Weltgipfel mit 48 Schweizer Unternehmen den *Business Council for Sustainable Development* (BCSD) als grünen Ableger der Internationalen Handelskammer (ICC) ins Leben, um auch die unternehmerische Seite an der Diskussion zu beteiligen. Der Schweizer Industrielle Schmidheiny hatte eine Beratungsfunktion beim Sekretariat der *United Nations Conference on Environment and Development* (UNCED) inne. Er propagierte, dass "[…] *business and industry were no longer objects of discussion, but 'partners in dialogue' to help solve environmental and developmental problems*" (Chatterjee und Finger, 1994, S. 105). So war der BCSD ein Zusammenschluss von Unternehmensvertretern, der vor und auf dem Weltgipfel der Vereinten Nationen in Rio de Janeiro eine wirtschaftspolitische Agenda zur ökologischen Nachhaltigkeit vertrat. Dabei sollte er stets Kritik an internationalen Unternehmen abwenden. Es wurde in Manier von NGOs versucht in der internationalen Umweltpolitik Einfluss zu nehmen (Curbach, 2009, S. 74). Haufler beschreibt diese Strategie des BCSD wie folgt: "*Business interest had finally awakened to the effective way in which NGOs were setting the international environmental agenda. At the Rio conference, business interest advocated EMS [Environmental Management Systems] as a voluntary self-regulatory mechanism that governments should support*" (Haufler, 2001, S. 35).

Daraus entwickelte sich später im Zusammenschluss der *World Business Council for Sustainable Development* (WBCSD). Um das Momentum des kontinuierlichen Fortschritts zu bewahren, wurde eine weitere Institution 1994 ins Leben gerufen, die Kommission für nachhaltige Entwicklung (commission for sustainable development - CSD). Sie wurde von der Generalversammlung der UN im Dezember 1992 gegründet, um ein effektives Voranschreiten der UNCED, ebenfalls bekannt als „*Earth Summit*" zu sichern. Von Beginn an vertrat der CSD eine sehr partizipative Struktur und entsprechende Ansichten, indem er stets versucht hat eine große Bandbreite an offiziellen Stakeholdern und Partnern in seine formalen Verfahren durch eine innovative Vorgehensweise zu engagieren und zu berücksichtigen (UN DESA, 2013).

Dennoch wurde auf Initiative des UN-Generalsekretärs Kofi Annan 1997 auf der „Rio+5 Konferenz", der „*Global Compact*" gegründet, da die Mitgliedsstaaten mit der Geschwindigkeit und der Nichteinhaltung von spezifischen Zusagen einzelner Nationen nicht zufrieden waren. Mit dem „*Global Compact*" wurde im Juli 2000 in Zusammenarbeit mit 40 Unternehmensvertretern versucht, dem Weltmarkt ein „menschliches Gesicht" zu geben und damit zu vermitteln, dass Nachhaltigkeit zur Wettbewerbsfähigkeit eines Unternehmens beitragen kann bzw. global erfolgreiche Unternehmen zu den Nachhaltigkeitszielen beitragen (Hardtke und Prehn, 2001, S. 64f.).

Der *Global Compact* stellt eine strategische Initiative der Vereinten Nationen dar. Auf Basis einer freiwilligen Selbstverpflichtung der Unternehmen werden Wirtschaftsweisen und Strategien an zehn allgemein anerkannten Prinzipien ausgerichtet. Diese Prinzipien stammen aus den Bereichen Menschenrechte, Arbeitsnormen, Umweltschutz und Korruptionsbekämpfung. Wie man anhand der vier Themenbereiche erkennen kann, kommt die Komponente der sozialen Nachhaltigkeit hierbei stark zum Tragen. Ziel soll es sein, der Wirtschaft vor dem Hintergrund der Globalisierung ein öffentlichkeitswirksames Werkzeug an die Hand zu geben, welches die Entwicklung von Märkten und Handelsbeziehungen, von Technologien und Finanzwesen weltweit vorantreibt. Dass dieses Konzept funktioniert, zeigen die stetig steigenden Mitlgiederzahlen, die derzeit bei ca. 8.700 Teilnehmern aus über 140 Ländern angekommen sind. Somit stellt der *Global Compact* die größte Initiative gesellschaftlich engagierter Unternehmen und anderer Anspruchsgruppen dar. Zur Operationalisierung der angesprochenen Prinzipien bietet der *Global Compact* seinen Mitgliedern einen anwendungsbezogenen Rahmen zur Entwicklung, Implementierung und Dokumentation von Nachhaltigkeitsstrategien und -maßnahmen sowie eine große Bandbreite an Arbeitsbereichen und Managementwerkzeugen und -ressourcen, welche alle dem übergeordneten Ziel der Entwicklung nachhaltiger Geschäftsmodelle und Märkte dienen (UN, 2013).

Im Jahr 2002 fand ein weiterer Weltgipfel, die „Rio+10 Konferenz" in Johannesburg statt. Der Gipfel hatte die Eruierung gemeinsamer kritischer Erfolgsfaktoren zur weiteren Umsetzung der Nachhaltigkeit zum Thema. Dabei wurde im Detail diskutiert, wie eine weltweite Umsetzung nachhaltiger Leitlinien vorangetrieben werden könnte (UN, 2002).

Zehn Jahre später - mit Bekenntnissen zu mehr Umweltschutz und Armutsbekämpfung - ist im Juni 2012 in Rio de Janeiro der Weltgipfel „Rio+20" zu Ende gegangen. Im Rahmen des Gipfels bekannten sich 191 Staaten zum Konzept der "*Green Economy*" (BMU, 2013). Die Definition des UNEP hinsichtlich des Konzeptes der „*Green Economy*" ist „[...] *as one that results in improved human well-being and social equity, while significantly reducing environmental risks and ecological scarcities. In its simplest expression, a green economy can be thought of as one which is low carbon, resource efficient and socially inclusive*" (UNEP, 2013). Dabei sollen bis 2014 von allen Mitgliedsstaaten allgemeingültige Nachhaltigkeitsziele erarbeitet und vorgestellt werden. Des Weiteren hat man sich zum Ziel gemacht, das bestehende Umweltprogramm der Vereinten Nationen zu stärken und aufzuwerten (BMU, 2013).

Die Theorie der „*Green Economy*" bzw. des „Grünen Wachstums" wird in der Wissenschaft seit ihrem Bestehen angeregt diskutiert. Ihre Prämisse, dass ökonomisches Wachstum mittels Technik- und Systeminnovationen von Stoff- und Energieströmen entkoppelt werden kann, wird immer wieder in Frage gestellt (Paech, 2013, S. 4). Die Nachhaltigkeitsstrategien, die zur Umsetzung des „Grünen Wachstums" propagiert werden, stellen die „ökologische Effizienz" sowie die „ökologische Konsistenz" dar.

Unter „ökologischer Effizienz" versteht man grundsätzlich mit weniger Ressourceneinsatz denselben Nutzen zu erzielen. Anhand des Beispiels des „VW Käfers" kann jedoch aufgezeigt werden, dass die Steigerung des Nutzens des Konsumenten, wie bspw. durch eine zusätzliche Sitzheizung oder Klimaanlage die durch die Motorenentwicklung erarbeitete Ressourcen- und Energieeinsparungen negieren kann. Zwischen dem Modell von 1955 und 2005 liegen 50 Jahre Innovation in der Motorenentwicklung. So müsste nach dem Prinzip der „ökologischen Effizienz" eine immense Kraftstoffeinsparung die Folge sein. Dennoch liegt der Kraftstoffverbrauch pro 100 Kilometer, obwohl der Motor des „*VW Beetle*" von 2005 um ein vielfaches effizienter ist als der des Käfers von 1955, bei fast identischen Werten von 7,1 zu 7,5 Litern. Dies kann damit erklärt werden, dass der neue VW *Beetle* fast doppelt so schwer und schnell ist und auch weitere kraftstoffintensive Zusätze wie Klimaanlage und Sitzheizung im Angebot hat, welche die Effizienzgewinne negieren. Würde man hingegen einen VW Käfer nach heutigem Stand der Technik mit denselben Parametern wie 730 kg Gewicht und 30 PS bauen, so wäre ein Einsparungseffekt des Benzinverbrauchs gegeben (Linz und Luhmann, 2006, S. 3). So erscheint es nicht verwunderlich, dass eine technologische Ressourceneffizienz nicht die alleinige Strategie in Unternehmen sein kann, um eine absolute Ressourceneinsparung zu realisieren (Schneidewind et al., 2011, S. 9f.).

Aus dem Beispiel des VW-Käfers kann makroökonomisch abgeleitet werden, dass Technik- und Systeminnovationen zwar prinzipiell eine relative Entkopplung des Ressourcenverbrauchs vom Wirtschaftswachstum darstellen, diese Entkopplung aber selten absolut ist, da zum einen in den letzten Jahrzehnten die Einkommen der Haushalte und damit parallel deren Konsum, wie zum anderen die Weltbevölkerung gestiegen sind, sodass der Ressourceneinspareffekt negiert und sogar überkompensiert wurde (Schneidewind et al., 2011, S. 8). Dieser Effekt wird in der Ökonomie auch als Rebound-Effekt bezeichnet (UBA, 2014).

Unter „ökologischer Konsistenz", welche auf die alleinige Strategie der Steigerung von Effizienz Mitte der 1990er Jahre folgte, versteht man hingegen prinzipiell technologische Umweltinnovationen, welche es ermöglichen, dass bspw. 1 kWh Energie aus fossilen Brennstoffen wie Kohle mit 1 kWh Energie aus alternativen Energien wie Windkraft substituiert werden kann. „Dem Konsistenz-Ansatz geht es nicht um ein Mehr oder Weniger vom Gleichen, sondern um grundlegendere Formen des Strukturwandels im Rahmen einer ökologischen Modernisierung" (Huber, 2000, S. 4).

Es zeigt sich jedoch, dass die alternative Energiequellen wie Windkraftanlagen zwar sauberen Strom liefern, sich ökobilanziell jedoch amortisieren müssen, da die Herstellung solcher Anlagen ressourcen- und energieintensiv sein kann und teilweise auch mit einer Degradation des Landschaftsbildes einhergeht. So kommentiert der Wachstumskritiker Paech, „ich denke, dass eine Energiewende, die Landschaften zerstört, in Wahrheit kein Problem löst, sondern über sogenannte materielle Rebound-Effekte einfach nur verlagert. Das heißt, ein bestimmtes ökologisches Problem wird transformiert in ein anderes" (Paech und Siegrist, 2013).

So greift die Postwachstumsökonomie die dargestellte Problematik auf und formuliert eine Wachstumskritik, welche die These des „Grünen Wachstums" in Frage stellt, dass Steigerungen des Bruttoinlandsproduktes (BIP) auf der Entstehungsseite und der Verwendungsseite von Umweltschäden entkoppelt werden können (Paech, 2013, S. 7). Damit lautet die Folgerung der Postwachstumsökonomie, dass ein permanentes ökonomisches Wachstum angesichts des Klimawandels und der steigenden Ressourcenverknappung zu einem ökologischen Kollaps führen muss. So stellen hier der „Industrierückbau" und der „Suffizienz- sowie Subsistenzaufbau" zentrale Schlagworte dar. Suffizienz bedeutet in diesem Zusammenhang ein „weniger" im Konsumverhalten was dem Wirtschaftswachstum natürlich entgegensteht. Zwar sind damit materielle Wohlstandsverluste verbunden, diese können aber durch attraktive Perspektiven für die Benachteiligten kompensiert werden, wenn sie gleichzeitig von teilhabenden, sozial gerechteren und umweltfreundlichen Wohlstandsmodellen profitieren. Subsistenz hingegen bedeutet, es „selber zu machen". So ersetzt die Subsistenz einen Teil der Industrieproduktion durch Gemeinschaftsnutzung, Nutzungsdauerverlängerung und Eigenproduktion. Dadurch sollen belastbare Versorgungsmuster entstehen, die sich durch Kleinräumigkeit, Dezentralität, Flexibilität und Vielfalt auszeichnen (Paech et al., 2012, S. 152).

Sachs (1993, S. 70f.) differenziert zwischen vier Basisstrategien der Suffizienz. Die „Entrümpelung" handelt von der absoluten Reduktion des Besitzes erworbener Gütern. So stellt selbst der Besitz eines PKWs unter Umständen ein überflüssiges Gut dar, wenn andere Mobilitätskonzepte verfügbar sind. „Car-Sharing" wäre ein aus dieser Suffizienzstrategie entstandenes Geschäftsmodell.

Die „Entschleunigung" steht für eine Reduktion der Konsumfrequenz. So stellt das Beispiel der erfolgreichen „slow food restaurants" ein aus dieser Strategie entstandenes Geschäftsmodell dar. Die „Entkommerzialisierung" steht für die bereits angesprochene Subsistenzwirtschaft des Selbermachens und Produzierens. Eine hieraus entstandene Geschäftsidee stellen bspw. Schreiner-Kurse dar. Zuletzt die „Entflechtung" handelt von einer Regionalisierung von Wertschöpfungsketten, sodass regionale Lebensmittel eine hieraus entstandene Geschäftsidee darstellen könnten (Sachs, 1993, S. 70f.).

Die soeben aufgezeigten Geschäftsideen stellten Beispiele zur Umsetzung von Suffizienzstrategien dar. Um eine nachhaltige gesellschaftliche Veränderung zu bewerkstelligen bedarf es jedoch auch einer politischen Gestaltung von Suffizienz. Nachfolgend sollen diese politischen Möglichkeiten zur Förderung von Suffizienzstrategien dargestellt werden. Bei Suffizienzpolitik handelt es sich um politische Maßnahmen, die auf ökologisch tragfähige Konsummuster abzielen und für einen erheblichen Teil der Bevölkerung eine Nutzen-Änderung bedeuten. Sie soll nicht als Ersatz, sondern zur Ergänzung von Effizienz- und Konsistenz-Maßnahmen dienen (Heyen et al., 2013, S. 5).

So ist eine Policy-Mischung aus Effizienz-, Konsistenz- und Suffizienz-Maßnahmen notwendig damit die Politik zu nachhaltigem Handeln anregen und infolgedessen auch umsetzen kann. Dies kann mit unterschiedlichen Instrumenten erfolgen, welche auf das Konsumverhalten abzielen und in vier grundsätzliche Handlungsfelder gegliedert werden können. Zum einen gibt es „Informations- und Überzeugungs-Instrumente", wie Öffentlichkeitskampagnen zu den ökologischen Folgen bspw. von hohem Fleischkonsum, welche die Notwendigkeit oder Sinnhaftigkeit suffizienten Handelns aufzeigen. Zum anderen gibt es Instrumente der „öffentlichen Planung und Infrastruktur-Bereitstellung", welche zu einer Erleichterung oder sogar Ermöglichung suffizienten Handelns verhelfen sollen, wie bspw. eine Stadtplanung, die freundlicher für Fußgänger und Radfahrer ist. „Anreiz-Instrumente" versuchen wiederum suffizientes Handeln ökonomisch lukrativ zu machen, wie z.B. Subventionen für den öffentlichen Personennahverkehr. Abschließend kann Suffizienz auch durch „regulatorische Instrumente", wie das Erstellen von Grenzen bzw. Verboten, z.B. ein Tempolimit, umgesetzt werden.

Die Suffizienzpolitik steht ohne jeglichen Zweifel großen Herausforderungen gegenüber, da sie sich mit der Relation individueller Freiheit, verfassungsrechtlicher Grenzen, sowie mit wirtschaftlichen Fragestellungen hinsichtlich der Akzeptanz und Durchsetzbarkeit beschäftigen muss. Dabei stellt die Auswahl der politischen Instrumente zu Förderung der Suffizienz enorme Anforderungen an die Entscheidungsträger (Öko-Institut, 2013, S. 2f.).

Diese Anforderungen sind umso größer, wenn sie global umgesetzt werden sollen. Da Nachhaltigkeits- bzw. Klimapolitik jedoch auch immer Weltpolitik bedeutet, sind globale politische Strukturen notwendig, um eine Verbesserung im

Sinne einer Transformation der ökologischen Situation der Erde herbeizuführen. Der „Wissenschaftliche Beirat der Bundesregierung Globale Umweltveränderungen" (WBGU) hat 2011 das Hauptgutachten „Welt im Wandel - Gesellschaftsvertrag für eine große Transformation" kurz vor dem Weltgipfel „Rio+20" entwickelt. Dabei ist es das Hauptanliegen des Gutachtens eine globale Transformation hin zu einer klimafreundlichen Gesellschaft ohne den Einsatz fossiler Rohstoffe zu bewerkstelligen (WBGU (A), 2011, S. 29). Der WBGU setzt sich vornehmlich für erneuerbare Energien ein und zielt damit auf eine Dekarbonisierung der Energiesysteme bzw. Abwendung des Einsatzes fossiler Brennstoffe und Kernenergie ab (WBGU (A), 2011, S. 125). Diese Dekarbonisierung ist laut WBGU sowohl in technischer als auch in volkswirtschaftlicher Hinsicht global umsetzbar. Dabei würde es sich bei den langfristigen volkswirtschaftlichen Kosten nur um wenige Prozent des weltweiten Bruttoinlandsprodukts handeln (WBGU (B), 2011, S. 7). Darüber hinaus orientiert sich das Gutachten am Gedankengut des Gesellschaftsvertrags (Contrat social) nach Jean Jacques Rousseau als Basis moderner Demokratie (Roepke, 2011, S. 1). Hauptmotivation des WBGU zur Erstellung des Gutachtens stellten die wissenschaftlichen Ergebnisse des Intergovernmental Panel on Climate Change (IPCC) und früherer Arbeiten des WBGU hinsichtlich der durch anthropogenes Einwirken verursachten globalen Erwärmung und ihrer Folgen für die Welt dar. Hauptaussage der Ergebnisse ist, dass eine Erderwärmung größer 2 Grad Celsius das Umweltsystem unwiderruflich kollabieren lassen würde (WBGU (A), 2011, S. 35). Nach Erkenntnissen des WBGU muss infolgedessen in der Zeitperiode der nächsten 10 Jahre eine klare Umkehr im Ausstoß von CO_2-Emissionen erreicht werden (WBGU (C), 2009, S. 1). Dieses Ziel kommt im Titel des Gutachtens „Transformation zur klimaverträglichen Gesellschaft" zentral zum Ausdruck (WBGU (A), 2011, S. 67). In diesem Zusammenhang wurden zur differenzierten Abschätzung von Schadensgrenzen „Planetarische Leitplanken" (Rockström, 2009, S. 473ff) geschaffen, deren Missachtung zu dem angesprochenen unwiderruflichen Kollaps des Planeten führen würde (WBGU (A), 2011, S. 34). In strategischer Hinsicht kombiniert der „Gesellschaftsvertrag für eine große Transformation" eine ökologische mit einer demokratischen Verantwortung sowie mit einer Verpflichtung gegenüber zukünftigen Generationen. Der WBGU hebt hier hervor, dass der Vorgang der Transformation wissensbasiert vollzogen und vom Vorsorgeprinzip geleitet werden soll, alles vor dem Hintergrund einer gemeinsamen Vision. Dabei will sich der WBGU an Transformations-Pionieren orientieren, welche neue Entwicklungsmöglichkeiten charakterisieren und vorantreiben. Darüber hinaus erfordert die Transformation einen Staat, der Raum für Entfaltungen lässt und dabei eine Umsetzung klimafreundlicher Innovationen fördert. Der WBGU betont, dass für eine erfolgreiche Transformation die Kooperation einer internationalen Staatengemeinschaft sowie der Rahmen für globale politische Strukturen unbedingt gegeben sein muss (WBGU (B), 2011, S. 5ff).

2.3 Konzepte einer nachhaltigen Unternehmensführung

Der WBCSD operationalisierte den weit gefassten Begriff der Nachhaltigkeit der Brundtland-Kommission für die Unternehmen mit dem Begriff der *Triple Bottom Line* um die Thematik damit zugänglicher zu machen. Diese *Triple Bottom Line* behandelt wirtschaftliches Wachstum, ökologische Balance und den sozialen Fortschritt (Lehni, 1998, S. 2). Damit ist zum einen die Verantwortung der Unternehmen gegenüber ihren Anteilseignern gemeint, ein langfristig ökonomisches Wachstum zu erreichen und andererseits der Umwelt gegenüber für die Einhaltung eines ökologischen Gleichgewichts zu sorgen, sowie der Gesellschaft gegenüber den sozialen Fortschritt voran zu treiben. Zusammenfassend sollen die Betriebe also das Gleichgewicht der drei Säulen der Nachhaltigkeit zum Ziel haben. Somit wird das Ziel des ökonomischen Wachstums eines Betriebes bei gleichzeitigem ökologischem Gleichgewicht und sozialem Fortschritt zum Grundkonzept einer nachhaltigen Unternehmensführung.

Brown (2006, S. 3) zeigt auf, dass sich diese anfänglich eher als Leitlinien zu verstehende *Triple Bottom Line*, als Weiterentwicklung des 3-Säulen-Konzeptes, im Unternehmensalltag bis in die Gegenwart immer mehr etabliert und bewährt hat. So beschreibt er die *Triple Bottom Line*, als beliebte Konzeption und Berichtswerkzeug, welches es möglich macht soziale, ökologische und wirtschaftliche Leistung zu kommunizieren, wobei darauf abgestellt wird die Wirksamkeit und Angemessenheit darzustellen, inwieweit ein Unternehmen seine gesellschaftliche Verantwortung wahrnimmt (Brown et al., 2006, S. 3). Den Unternehmenswert hinsichtlich der Ökoeffizienz als Teil einer *„Triple Bottom Line"* bzw. nachhaltigen Unternehmensführung zu erhöhen, soll im Rahmen der vorliegenden Arbeit mit dem multikriteriellen Bewertungssystem zur Messung der Ökoeffizienz am Beispiel der Wäschereibranche aufgezeigt werden.

Die bereits angesprochenen Aspekte der Endlichkeit von Ressourcen und der steigenden Umweltzerstörung haben in der wissenschaftlichen Literatur wie auch der Unternehmenspraxis zu einer großen Anzahl an Konzepten geführt, welche sich häufig nur geringfügig unterscheiden. Ihnen ist gemein, dass sie nur kaum vom Grundgedanken einer nachhaltigen Unternehmensführung abweichen (Steger, 1993, S. 57). Die Unternehmen sahen sich konkret mit dem Thema des Umweltschutzes konfrontiert, als es vermehrt zu betrieblich bedingten Umweltunfällen und damit Haftungsfragen kam (Hardtke und Prehn, 2001, S. 25-28). So musste der Umweltschutz als selbständiges Ziel zwingend in den Unternehmensalltag und damit in das Zielsystem eines Unternehmens integriert werden. Dies stellte das betriebliche Umweltmanagement immer mehr in den Fokus der Unternehmen. Die genaue Abgrenzung des Begriffes, als dessen Oberbegriff die Nachhaltige Unternehmensführung dienen kann, hängt von der Intensität der Verankerung im Unternehmen ab. Man kann aber sicher behaupten, dass eine nachhaltige Unternehmensführung immer auch nachhaltiges Umweltmanagement inkludiert.

Allgemein gebräuchlich für den Begriff Umweltmanagement sind aktuell zwei Definitionen. Die erste Definition hebt die unternehmenssteuernden Elemente Planung, Umsetzung, Steuerung und Kontrolle hervor und setzt das Ziel Umweltschutz in Relation zu anderen Zielen des Unternehmens. Bei der zweiten Definition (nach dem *Eco Management and Audit Scheme* - EMAS) sind zwar ebenfalls unternehmenssteuernde Elemente zentral, jedoch unterstützen diese die Erstellung und Umsetzung der Umweltpolitik des Unternehmens, die das zentrale strategische Element des Umweltschutzes darstellt (Engelfried, 2011, S. 27-28).

Es sei an dieser Stelle für eine Abgrenzung darauf hingewiesen, dass bei EMAS eine Performance – bzw. Leistungsorientierung, während beim Umweltmanagementsystem DIN EN ISO 14001 die System-Orientierung eines Unternehmens im Vordergrund steht.

Im Rahmen des betrieblichen Umweltmanagements werden insbesondere Instrumente zur Steigerung der Ökoeffizienz etabliert, welche den Umweltschutz mit monetären oder wertmäßigen Betrachtungsweisen ins Verhältnis setzen und damit die ökonomische und ökologische Effizienz beim Einsatz von Ressourcen zusammenführt. Es handelt sich dabei um einen standortbezogenen Vergleich des Wertes der Wertschöpfung mit der Schadschöpfung. So wird stets die Optimierung dieser Relation durch Reduzierung der Schadschöpfung und/oder die Steigerung der Wertschöpfung angestrebt (Schaltegger et al., 2006, S. 4).

Dies kann entweder in Form des Minimalprinzips, sprich minimalem Input bei gegebenem Output oder des Maximalprinzips, sprich maximalem Output bei fixem Input erreicht werden (Scholl et al., 1999, S. 10-11). Folglich wird die Relation des Wertes eines Produkts zu dessen Ressourcenaufwand bestimmt. Haben bspw. zwei Produkte P1 und P2 den gleichen Nutzen und hat P1 im Vergleich zu P2 einen geringeren Ressourcen- und damit Umweltverbrauch, dann stellt P1 im Vergleich zu P2 das ökoeffizientere Produkt dar (Schaltegger et al., 1990, S. 273-290).

Der Begriff „*eco-efficiency*" (Ökoeffizienz) wurde vom WBCSD ins Leben gerufen. Dabei wurde Ökoeffizienz als Unternehmensstrategie zur Umsetzung einer nachhaltigen Entwicklung auf Unternehmensebene verstanden, wobei dabei nur die Säulen der Ökonomie und der Ökologie zentral sind. Der Begriff der Ökoeffizienz und damit deren Erreichung wurde dabei durch die Bereitstellung von konkurrenzfähig bewerteten Waren und Dienstleistungen beschrieben, welche menschliche Bedürfnisse befriedigen und Lebensqualität bringen, während sie ökologische Auswirkungen und Ressourcenintensität progressiv über den gesamten Lebenszyklus zu mindestens dem Niveau reduzieren, das in Übereinstimmung mit der geschätzten Tragfähigkeit der Erde übereinstimmt (WBCSD, 1996, zitiert in DeSimone und Popoff, 1999, S. 47). Diese Definition der Ökoeffizienz ist eher statischer Natur, wobei sie auch dynamisch beschrieben wird als „ein Veränderungsprozess, in welchem die Ausbeutung der Ressourcen, die Richtung von Investitionen, die Orientierung der technologischen Entwicklung und der gesellschaftliche Wandel den Mehrwert maximieren, während der Ressourcenverbrauch, sowie der Abfall und die Verschmutzung minimiert werden" (ins Deutsche übersetzt: Schmidheiny et al., 1996, S. 17). Bei der Ökoeffizienz bezieht sich die Analyse auf den gesamten Lebensweg eines Produktes oder Prozesses, sodass der „Nutzen" gesamtheitlich maximiert und die negativen Auswirkungen minimiert werden. Dabei wird anerkannt, dass jedes Ökosystem Grenzen der Belastung aufweist, deren Überschreitung nicht zu tolerieren sind. Dabei stellt die Analyse der Ökoeffizienz einen kontinuierlichen Prozess der Verbesserung dar, mit dem Ziel die (mikro-) ökonomischen und ökologischen Wirkungen der Produkte und Prozesse zu optimieren (Zuber, 2008, S. 48).

Betrachtet man die Ökoeffizienz vor einem makroökonomischen Hintergrund, so hat sie die Schaffung von Märkten, in denen nachhaltiges Wirtschaften fest verankert ist, zum Ziel. Die Marktteilnehmer in diesen Märkten agieren alle nach dem Konzept der *„Triple-Bottom-Line"*. Um diesem Konzept aber gerecht zu werden, müssen alle Unternehmen gewisse Stufen durchlaufen. Zunächst muss das Unternehmen innovative, ökoeffiziente Produkte oder Dienstleistungen schaffen, um die bisherigen Angebote am Markt zu ergänzen oder abzulösen. Hierfür sind neue (Produktions-) Prozesse die Voraussetzung. Folglich beginnt jede Nachhaltigkeitsentwicklung der Ökoeffizienz mit einer Verbesserung bzw. Optimierung der bestehenden (Produktions-) Prozesse (von Weizsäcker et al., 1999, S. 276). Abbildung 1 verdeutlicht die Entwicklungsstufen der Ökoeffizienz eines Unternehmens.

Die Konzepte einer nachhaltigen Wirtschaftsweise und der Ökoeffizienz stehen in diesem Zusammenhang in einer hierarchischen Beziehung. So leistet eine Verbesserung der Ökoeffizienz gleichermaßen einen Beitrag zu allen drei Säulen der Nachhaltigkeit. In diesem Sinne macht die Entwicklung ökoeffizienterer Produkte eine ökonomische Nachhaltigkeit möglich, gleichzeitig werden die negativen Umweltauswirkungen und der Ressourcenverbrauch minimiert, was der ökologischen Nachhaltigkeit zu Gute kommt. So wird im Zuge dessen auch die soziale Nachhaltigkeit tangiert, da z.B. durch eine

Reduktion der Treibhausgasemissionen die Gesundheit des Menschen profitiert (Zuber, 2008, S. 48f.).

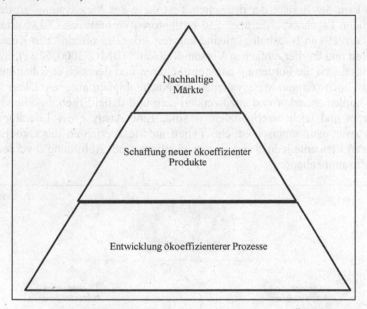

Abbildung 1:   Makroökonomische Entwicklungsstufen der Ökoeffizienz eines Unternehmens (Zuber, 2008, S. 48)

In der Politik, der Wirtschaft sowie der Wissenschaft ist man sich über die Aufgaben und Ziele des Ökoeffizienzkonzeptes einig. Jedoch handelt es sich dabei um einen sehr abstrakten Bewertungsrahmen, da es an geeigneten Messkriterien und Indikatoren fehlt, um eine relative Vegleichbarkeit zwischen den verschiedenen Prozessen und Produkten herzustellen. Infolgedessen kann ohne diesen Maßstab auch nicht objektiv eruiert werden, welches Produkt oder welcher Prozess am ökoeffizientesten ist. So subsummiert die Maxime „*[...] if you can't measure it, you can't manage it [...]*" (Deming, 1994, S. 35) stichhaltig die Problematik der Operationalisierung des Ökoeffizienzkonzeptes. Es gibt eine Vielzahl an Vorschlägen zur Gestaltung und Anwendung von Messkriterien und Indikatoren, welche jedoch meist an der Praktikabilität scheitern. Ein Beispiel hierfür ist das im Rahmen der Agenda 21 entwickelte globale System zur Messung der Nachhaltigen Entwicklung der *Commision for Sustainable Development*. Mit seinen 134 Indikatoren war das System schlicht und ergreifend nicht handhabbar und zu intransparent, weshalb es nicht durchgesetzt werden konnte.

So kam der Bericht der deutschen Testphase des Messsystems zu dem ernüchternden Ergebnis: „Mit über 130 Indikatoren verfehlt das CSD-System ein wichtiges Ziel von Nachhaltigkeitsindikatoren - das der öffentlichen Kommunizierbarkeit und das der einfachen Verständlichkeit" (BMU, 2000, S. 11). Infolgedessen lässt sich die Forderung nach einfacheren und dennoch stichhaltigen und qualitativ-hochwertigen Messsystemen der Nachhaltigkeit ableiten. Diese sollten schnell implementierbar und anzuwenden sein und dabei Ergebnisse liefern, die transparent und leicht nachvollziehbar sind. Eine Analyse der Literatur zeigt, dass es zwar ganz unterschiedliche Typen an Messverfahren der Ökoeffizienz gibt, deren Elemente jedoch fast immer identisch sind. Abbildung 2 verdeutlicht diesen Zusammenhang:

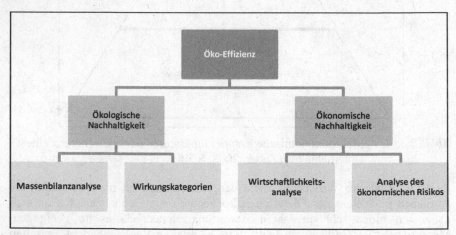

Abbildung 2:   Elemente der Ökoeffizienz und deren Beurteilung
(Zuber, 2008, S. 50)

Günther (2005, S. 50) unterstreicht dies, indem sie eine vergleichende Studie über in der Literatur anzutreffende Definitionen des Begriffs der Ökoeffizienz durchführt, welche zeigt, dass sich die Messverfahren inhaltlich stark voneinander unterscheiden, jedoch alle dieselben Elemente zur Ökoeffizienz-Beurteilung gebrauchen (Günther, 2005, S. 50). Die folgende Definition ist hierbei allgemein akzeptiert und gebräuchlich (Schaltegger, 2000, S. 127):

Eco-Efficiency = Value added / Environmental impact   Formel 1

Es bleibt an dieser Stelle zu betonen, dass der angegebene Quotient zur Berechnung der Ökoeffizienz jeglicher allgemein akzeptierter Operationalisierung entbehrt, sodass auch hier nur die Aufgabe bzw. das Ziel inhaltlich-theoretisch übereinstimmen. Die sich dahinter befindlichen Messgerüste können sich dabei jedoch elementar unterscheiden (Christ, 2000, S. 42-57), sodass darüber hinaus branchenspezifische Ansätze mit klar definierten Mess- und Regelwerk dringend notwendig sind, um aussagekräftige Ergebnisse zu erhalten.

Die vorliegende Arbeit hat ihren Schwerpunkt auf den Themenbereich der ökonomischen Nachhaltigkeit hinsichtlich der Ökoeffizienz gelegt. Dabei geht es insbesondere um den Ressourcen- und Energieverbauch pro Produktionseinheit bzw. Output. So soll der angesprochenen Problematik einer mangelnden Praktikabilität bestehender Messsysteme, die mit einer Vielzahl an Vorschlägen zur Gesaltung und Anwendung von Messkriterien und Indikatoren aufwarten, begegnet werden, indem sie im Rahmen der Entwicklung eines ressourcen- und energiebezogenen Benchmarksystems ein branchenspezifisches Instrument zur Bewertung der Ökoeffizienz mit repräsentativen Indikatoren liefert, welches dennoch branchenunabhängig anwendbar ist.

So können durch dieses System Brennpunkte im Sinne einer Hot-Spot-Analyse des Ressourcen- und Energieverbrauchs eines Unternehmens individuell bestimmt, sowie Handlungsempfehlungen für Verbesserungen generiert werden. Als Folge daraus können die Ressourcen- und Energieverbräuche gemindert werden, was mit einer verbesserten Ökoeffizienz einhergeht, da so zu einem gegebenen „Nutzen" die Umweltauswirkungen gesenkt werden können.

Zusammenfassend kann aus diesen Ausführungen abgeleitet werden, dass das Konzept der Ökoeffizienz zu einem zentralen Bestandteil der Diskussion um die Ausgestaltung einer nachhaltigen Unternehmensführung avanciert ist.

2.4 Managementsysteme der Nachhaltigkeit

Das Umweltmanagement stellt einen Teilbereich des Managements im Alltag eines Unternehmens dar. Es befasste sich in seinen Anfängen nicht mit der sozialen Komponente der Nachhaltigkeit, sodass es als Teilkonzept für das ökologische Gleichgewicht im Konzept der Nachhaltigkeit angesehen werden kann. In einem fortschreitenden Prozess entwickelte sich das Umweltmanagement in den Betrieben jedoch bis in die Gegenwart zu einem so genannten „*Environment, Health & Safety-Management* (EHS)" weiter. Dabei spielen auch Gesundheits- und Sicherheitsaspekte der Mitarbeiter, sowie der angrenzenden Interessengruppen bzw. Stakeholder eine wichtige Rolle für die Unternehmen.

Ein anderes verwandtes Konzept behandelt die Verantwortung von Institutionen als Aggregat von Haupt- und Nebenfolgen von deren ausgeübten Tätigkeiten. Dabei werden unter „direkter Verantwortlichkeit" die Effekte der bloßen Existenz des Unternehmens abgeleitet (z.B. positiver Effekt der Existenz des Unternehmens - Arbeitsplätze), aus der „indirekten Verantwortlichkeit" die von dem Unternehmen praktizierte Tätigkeit (z.B. Emissionsausstoß), als auch der „*Corporate Philantrophy*", was als das freiwillige soziale Engagement wie Spenden aufgefasst werden kann (L'Etang, 1995, S. 127f.).

Dieses Konzept bzw. diese Entwicklung, welche in den USA nach dem Zweiten Weltkrieg als „*Corporate Social Responsibility* (CSR)" bezeichnet wurde, stellt sich vor allem der Fragestellung, ob und wie die gesellschaftspolitische Verantwortung von Unternehmen ausgestaltet werden sollte. Es wird verstärkt die Sichtweise vertreten, dass soziale Verantwortung für ein Unternehmen eine genauso wichtige Vorgabe darstellt wie ökonomische oder rechtliche Vorgaben (Herchen, 2007, S. 25). Dieses ursächlich stark philanthropische Konzept der 50er Jahre entwickelte sich in den USA bis in die 70ern zu einem stark problemorientierten Konzept, welches auch die Umwelt als weiteres Kriterium ins Kalkül eines Betriebes miteinbezieht, ganz im Sinne einer frühen „*Triple Bottom Line*" (Murphy, 1978, S. 20). Jedoch wird auch bei diesem Konzept die ökonomische Verantwortung eines Unternehmens als zentrales Ziel nicht vernachlässigt womit es einen ähnlichen Fokus wie das bereits erörterte Konzept der nachhaltigen Unternehmensführung aufweist.

Ein weiterer interessanter Ansatz ist das Konzept des „*Corporate Citizenship*", was sinngemäß mit „Institutioneller Bürgerschaft" übersetzt werden kann. Dieser Ansatz wird oft als Bestandteil von CSR verstanden. Nun stellt ein Unternehmen einen guten „institutionellen Bürger" dar, wenn es seinen Verantwortlichkeiten allen *Stakeholdern*, also Anspruchsgruppen gegenüber gerecht wird. Damit ist hier auch bürgerschaftliches Engagement von Betrieben hinsichtlich ökologischer und kultureller Belange gemeint, sich aktiv für die Zivilbevölkerung einzusetzen. Auch hier ist die Denkweise dem Konzept der nachhaltigen Unternehmensführung ähnlich (Dubielzig et al., 2005, S. 235).

Ein wichtiger nicht zu vernachlässigender Ansatz, der sich Mitte der achtziger Jahre eigenständig neben dem klassischen „*Shareholder* Ansatz" entwickelt hat, ist der „*Stakeholder* Ansatz" (Freeman, 1984, S. 40 ff). Beim „*Shareholder* Ansatz" handelt die Unternehmensleitung einzig im Interesse der Anteilseigner. Ziel dieses Ansatzes ist es den Eigenkapitalwert des Unternehmens zu steigern und damit die Verzinsung des eingesetzten Kapitals zu maximieren (Bontrup, 2008, S. 72).

Der „*Stakeholder* Ansatz" hingegen nimmt das gesamte Umfeld des Unternehmens mit ins Kalkül. Als *Stakeholder* versteht man „[...] jede Gruppe oder Individuum, das die Interessen einer Organisation beeinflusst oder im Zuge der Interessen der Organisation beeinflusst werden kann. Stakeholder können Angestellte, Kunden, Lieferanten, Aktionäre, Banken, Umweltexperten, Regierungen und andere Gruppen sein, die dem Unternehmen helfen oder schaden können" (ins Deutsche übersetzt: Freeman, 1984, S. 46). Ein in den letzten Jahrzehnten von strukturellen und gesellschaftlichen Veränderungen ausgehender kontinuierlich wachsender Druck seitens der Anspruchsgruppen war Auslöser der Entwicklung der Stakeholderkonzepte. Denn die Betriebe sahen sich immer mehr im ständigen Spannungsfeld auseinandergehender Ansprüche unterschiedlichster *Stakeholder*, vor dem Hintergrund einer immer komplexer werdenden Umwelt, ausgesetzt. In den 60er Jahren fing man deshalb damit an, sich wissenschaftlich und praxisnah im Rahmen verschiedener Stakeholderkonzepte mit der Thematik auseinanderzusetzen (Brink, 2002, S. 66f.). Daraus wird ersichtlich, dass jedes Unternehmen in einer ständigen Interaktion mit unterschiedlichen Ansprüchen verschiedenartigster Gruppen bzw. Stakeholder steht und das in einer sich dynamisch verändernden Umwelt. Das Stakeholderkonzept trägt somit der Komplexität einer Abhängigkeit des Unternehmens und ihrer Umwelt Rechnung (Rauschenberger, 2002, S. 27). Eine detaillierte Klassifikation von *Stakeholdern* ist in der Literatur beschrieben, sie reicht von internen und externen *Stakeholdern* (Freeman, 1984, S. 25) über primäre und sekundäre *Stakeholder* (Caroll, 1996, S. 77) bis zu transaktionalen und kontextualen *Stakeholdern* (Winter et al., 1998, S. 11-13). Freeman selbst unterteilt die Anspruchsgruppen in Stakeholder im engeren und weiteren Sinn. Zu den *Stakeholdern* im engeren Sinn gehören alle Institutionen mit denen direkt die Unternehmensexistenz verbunden ist. Dies sind bspw. Kunden und Lieferanten. Unter Stakeholdern im weiteren Sinn sind alle Institutionen zu verstehen, die einen Einfluss auf die Ziele des Betriebes haben (Skrzipek, 2005, S. 47.) Es finden sich noch zahlreiche Differenzierungen des Stakeholderbegriffes in der Literatur. Stark vertreten ist die Differenzierung in „direkte" und „indirekte" Beziehungen. Institutionen, die in direktem Kontakt im Sinne einer vertraglichen Bindung zum Unternehmen stehen, stellen „primäre Stakeholder" dar, während „sekundäre Stakeholder" über eine direkte Beziehung zu einem primären Stakeholder Einfluss auf das Unternehmen indirekt ausüben (Gassert, 2003, S. 49f.; Kempf, 2007, S. 24; Gossy, 2008, S. 6). Somit veränderte sich allmählich die Sichtweise Mitte der 60er Jahre weg vom *„Shareholder-Value*-Konzept", welches die Gewinnmaximierung als alleiniges Ziel des Unternehmens ansah, hin zu einem realistischeren Erfolgsmaßstab, der das Umfeld des Unternehmens mit ins Kalkül nahm (Zimmermann, 1980, S. 52).

Zusammenfassend lässt sich festhalten, dass die Intensität der Wertschöpfung eines Unternehmens unmittelbar vom Verhalten gegenüber den *Stakeholdern* abhängt (Post et al., 2002, S. 51f.). Ob das *Stakeholdermanagement* nun äquivalent, ein Teil oder ein konkurrierendes Konzept zum Konzept der nachhaltigen Unternehmensführung darstellt, hängt am Ende von der Perspektive des individuellen Unternehmens selbst ab.

2.5 Konzeptionelle Einordnung des gewählten Nachhaltigkeitsverständnisses

In den meisten betriebswirtschaftlichen Konzepten und Ansätzen wird stets das bestehende Wirtschafts- und Gesellschaftssystem kritiklos hingenommen ohne dabei eine wertende Position einzunehmen.

Es gibt jedoch auch Kritiker dieser Auffassung, die argumentieren, dass sich die betriebswirtschaftliche Forschung vor allem in ideologischer Hinsicht mit dem bestehenden Wirtschafts- und Gesellschaftssystem befassen sollte, um dieses hinsichtlich einer Überwindung der bestehenden Ordnung in der Marktwirtschaft zu verändern (Wöhe et al., 2013, S. 55). Aus diesen zwei völlig verschiedenen Sichtweisen entwickelten sich die „ethisch-normative ökologische Betriebswirtschaftslehre" und die „betriebliche Umweltökonomie", auch synonym „ökologieorientierte Betriebswirtschaftslehre" genannt.

Die **ethisch-normative ökologische Betriebswirtschaftslehre** vertritt eine völlig neue Perspektive des ökonomischen Denkens und Handelns. Hier soll, weg vom Shareholder-Value-Ansatz, eine Vereinbarkeit der ökologischen Ziele einer Unternehmung mit den ökonomischen Zielen im Mittelpunkt stehen. In diesem Zusammenhang wird hervorgehoben, dass es nicht ausreicht nur unmittelbar zu verwirklichende ökologische Ziele umzusetzen, sondern die Auseinandersetzung der beiden Bereiche Ökonomie und Ökologie vereint in Angriff zu nehmen. Dabei geht es um die Auseinandersetzung der Relation von Ökologie und Ökonomie. Kritiker heben hierbei die teilweise utopischen und anwendungsfernen Denkansätze hervor (Jung, 2010, S. 52).

Die **ökologieorientierte Betriebswirtschaftslehre** bezieht ökologische Aspekte nur als Nebenbedingung unter der Prämisse der Gewinnmaximierung des Unternehmens mit ins Kalkül ein. Dies entspricht eher den Fragestellungen der traditionellen Betriebswirtschaftslehre. So stellt der Umweltschutz hier kein konkurrierendes Unternehmensziel dar, sondern lediglich eine Nebenbedingungen um letztendlich die Wertsteigerung des Unternehmens zu fördern (Jung, 2010, S. 52). Im Rahmen ökologieorientierter Ansätze beschäftigt man sich auch mit der Analyse unterschiedlicher Wirkungen der Ökologieorientierung auf die klassischen Ziele eines Unternehmens, die ökonomischer Natur sind. Es werden hier identische, komplementäre, konkurrierende und indifferente Zielbeziehungen beschrieben. So hat bei „komplementären Zielbeziehungen" das Ziel der Ökologie einen positiven Einfluss auf das klassische Unternehmensziel, wie dass durch Ressourceneinsparung auch Kosten gesenkt werden können (Müller et al., 2009, S. 89).

Die in der vorliegenden Arbeit vertretene Sichtweise orientiert sich an der „ökologieorientierten Betriebswirtschaftslehre" und befasst sich folglich mit Fragestellungen des nachhaltigen Wirtschaftens bezüglich der traditionellen Betriebswirtschaftslehre in allgemeiner und später am Untersuchungsgegenstand der Wäschereibranche in spezieller Hinsicht. Somit entstand die Arbeit vor dem Hintergrund einer etablierten Wirtschafts- und Gesellschaftsordnung. Sie soll anwendungsbezogen und praxisorientiert neue Erkenntnisse erarbeiten und keine mittelfristig utopische und abgehobene Neuorientierung bieten. Hinsichtlich des zu entwickelnden branchenunabhängig anwendbaren aber dennoch -spezifischen Benchmarksystems der Ressourcen- und Energieeffizienz werden die bereits ausgeführten komplementären Zielbeziehungen von Ökologie und Ökonomie im Sinne der „ökologieorientierten Betriebswirtschaftslehre" angestrebt. Der soziale Fortschritt wird in diesem Zusammenhang eher vernachlässigt, was der Anwendungsbezogenheit an dieser Stelle geschuldet ist.

Nachfolgend soll der Stand der Forschung in der Umweltleistungsbewertung ausführlich vorgestellt werden, um das zu entwickelnde Bewertungssystem zur Messung der Ökoeffizienz zum einen zu klassifizieren sowie zum anderen von bereits etablierten Ansätzen abzugrenzen.

3 Stand der Forschung in der Umweltleistungsbewertung

3.1 Kennzahlenbezogene Umweltleistungsbewertung

Das vorliegende Kapitel befasst sich mit dem Stand der Forschung in der Umweltleistungsbewertung und damit der Darstellung, Messung und Bewertung der Umweltleistung. In diesem Rahmen soll in Abschnitt 2.1.1 zunächst der Begriff der Umweltleistung erläutert werden. Abschnitt 2.1.2 stellt daraufhin Umweltkennzahlen und -systeme als Instrumente einer möglichen Darstellung und anschließenden Bewertung der betrieblichen Umweltleistung vor. Abschnitt 2.2 soll auf Basis dieser grundlegenden Erläuterungen ausgewählte Ansätze der kennzahlenbezogenen Umweltleistungsbewertung beschreiben, um im weiteren Verlauf das im Rahmen der vorliegenden Arbeit zu entwickelnde Bewertungssystem zur Messung der Ökoeffizienz (betriebsindividuelles Benchmarksystem) einzuordnen bzw. abzugrenzen.

3.1.1 Der Begriff der Umweltleistung

Es gibt in der umweltökonomischen Literatur zahlreiche Herangehensweisen an die Definition des Begriffs der Umweltleistung. Das am weitesten verbreitete Vorgehen stellt jedoch die Verwendung der Definitionen der EMAS-Verordnung, deren vierte Novellierung derzeit von der Europäischen Union vorbereitet wird, sowie der ISO-Normen 14001 und 14031 dar (Pape, 2003, S. 9f.). So definiert sich die Umweltleistung als „die messbaren Ergebnisse des Managements der Umweltaspekte einer Organisation durch diese Organisation" (EMAS, 2009, Art. 2, 2.). In diesem Zusammenhang besteht das Ziel von EMAS in der kontinuierlichen Verbesserungen der Umweltleistung von Organisationen „indem die Organisationen Umweltmanagementsysteme errichten und anwenden, die Leistung dieser Systeme einer systematischen, objektiven und regelmäßigen Bewertung unterzogen wird, Informationen über die Umweltleistung vorgelegt werden, ein offener Dialog mit der Öffentlichkeit und anderen interessierten Kreisen geführt wird und die Arbeitnehmer der Organisationen aktiv beteiligt werden und eine angemessene Schulung erhalten" (EMAS, 2009 Art. 1). Nach DIN EN ISO 14001 „Umweltmanagementsysteme: Anforderungen mit Anleitung zur Anwendung" umfasst die Umweltleistung eines Unternehmens die „messbare[n] Ergebnisse des Managements der Umweltaspekte [...] in einer Organisation" (DIN EN ISO 14001: 2009, Punkt 3.10).

Analog wird die Umweltleistung in der DIN EN ISO 14031 „Umweltmanagement- Umweltleistungsbewertung - Leitlinien" als „die Ergebnisse, die aus dem Management der Umweltaspekte einer Organisation resultieren" beschrieben (DIN EN ISO 14031: 2013, Punkt 2.7).

Zusammenfassend kann festgestellt werden, dass diese Definitionen alle auf die Beherrschung der betrieblichen Umweltaspekte abzielen (Werner, 2003, S. 24). Für die Beschreibung der Umweltleistung eines Unternehmens ist es notwendig die Umweltaspekte samt deren Umweltauswirkungen als Resultat des Managements dieser Umweltaspekte zu identifizieren und zu bewerten. In diesem Zusammenhang muss eine Aufgliederung der Umweltleistung in Umweltaspekte einerseits und Umweltauswirkungen andererseits im Sinne des allgemeinen Ursache-Wirkungs-Prinzips stattfinden (Pape, 2003, S. 19). Unter einem Umweltaspekt wird der ·Bestandteil der Tätigkeiten, Produkte oder Dienstleistungen einer Organisation verstanden, der Auswirkungen auf die Umwelt hat oder haben bzw. mit dieser in Wechselwirkung treten kann (EMAS, 2009, Art. 2, 4.; DIN EN ISO 14001: 2009, Punkt 3.6; DIN EN ISO 14031: 2013, Punkt 2.2).

Unter einer Umweltauswirkung wird „jede positive oder negative Veränderung der Umwelt, die ganz oder teilweise auf Tätigkeiten, Produkte oder Dienstleistungen einer Organisation zurückzuführen ist", verstanden (EMAS, 2009, Art. 2, 8.). In diesem Zusammenhang stellt ein bedeutender Umweltaspekt einen Umweltaspekt dar, „der bedeutende Umweltauswirkungen hat oder haben kann" (EMAS, 2009, Art. 2, 5.). Es gibt unterschiedliche Kategorien von Umweltaspekten: direkte und indirekte sowie operativ-orientierte und managementorientierte. Gemäß EMAS ist ein direkter Umweltaspekte „ein Umweltaspekt im Zusammenhang mit Tätigkeiten, Produkten und Dienstleistungen der Organisation selbst, der deren direkter betrieblicher Kontrolle unterliegt" (EMAS, 2009, Art. 2, 6.). Ein indirekter Umweltaspekt ist hingegen „ein Umweltaspekt, der das Ergebnis der Interaktion einer Organisation mit Dritten sein und in angemessenem Maße von einer Organisation beeinflusst werden kann" (EMAS, 2009, Art. 2, 7.). Folglich lassen sich direkte und indirekte Umweltaspekte hinsichtlich der vorherrschenden bzw. nicht vorherrschenden Möglichkeit der Kontrolle durch das Unternehmen sowie hinsichtlich des räumlichen Auftretens unterscheiden. So wird die Identifizierung und Bewertung der direkten Umweltaspekte durch die Umweltleistung im engeren Sinne bestimmt, Aktivitäten hingegen im Zusammenhang mit indirekten Umweltaspekten stellen einen Bestandteil der Umweltleistung im weiteren Sinne dar (Pape, 2001, S. 26).

Des Weiteren repräsentieren operativ-orientierte Umweltaspekte die tatsächlichen direkten und indirekten Umwelteinwirkungen des Wirtschaftens des Unternehmens und damit die Produkte und Dienstleistungen, welche in Form von Stoff- und Energieflüssen unmittelbar mit der Umwelt in Kontakt stehen. Die diesbezüglichen positiven oder negativen Umweltauswirkungen stellen einen Bestandteil der operativen Umweltleistung, der Operational Performance (OP), dar.

Darüber hinaus werden die Aktivitäten des Managements, welche der Steuerung der operativen Tätigkeitsbereiche und somit auch der operativen Umweltaspekte dienen, als management-orientierte Umweltaspekte verstanden, deren positiven oder negativen Umweltauswirkungen Bestandteil der Management Performance (MP) sind (Pape, 2001, S. 17f.; Pape, 2003, S. 17ff). Abbildung 3 verdeutlicht die dargestellten Zusammenhänge von Umweltaspekten und Umweltleistung.

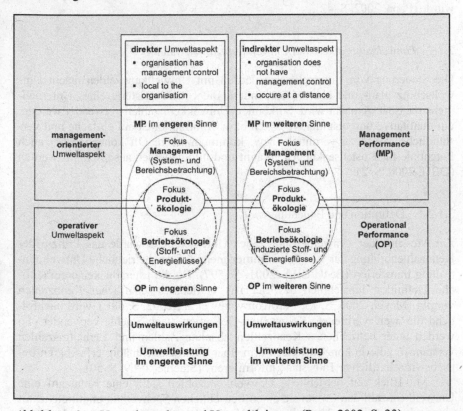

Abbildung 3:   Umweltaspekte und Umweltleistung (Pape, 2002, S. 33)

So kommt es zu Umweltauswirkungen, wenn operativ-orientierte direkte oder indirekte Umweltaspekte über Reaktionsmechanismen von außen auf die Umwelt einwirken. Wie bereits erläutert, herrscht zwischen Umweltaspekt und Umweltauswirkung eine Ursache-Wirkungs-Beziehung. So sind von Unternehmensseite vornehmlich Maßnahmen zu tätigen, die eine wirkungsvolle Reduzierung von Umweltauswirkungen ausüben und damit auf signifikante Umweltaspekte und deren Auswirkungen abzielen. In diesem Zusammenhang kann mithilfe des Kriteriums der Öko-Effektivität und der Öko-Effizienz, die Identifizierung und Bewertung von Umweltaspekten und deren Umweltauswirkungen auf wissenschaftlicher Grundlage erfolgen (Pape, 2003, S. 19ff, 25f.). So muss im Sinne der Effektivität zunächst eruiert werden, ob die richtigen Ziele formuliert und welcher Grad der Zielerreichung dabei erreicht wurde. Dann kann ermittelt werden, welcher Aufwand zur Zielerreichung im Sinne der Effizienz dabei betrieben wurde (Pape, 2002, S. 42).

3.1.2 Umweltkennzahlen und Umweltkennzahlensysteme

Die Steuerung von Unternehmensabläufen mit Umweltkennzahlen macht Umweltschutz plan- und überprüfbar, indem die Umweltleistung eines Unternehmens messbar gemacht wird. So können Umweltkennzahlen verwendet werden, um qualitative und quantitative Daten bzw. Informationen auf einfache und verständliche Weise zu vermitteln bzw. kommunizieren. Oft können dabei auch Potentiale für Kostensenkungen erkannt und infolgedessen ausgeschöpft werden (DBU, 2000, S. 2).

3.1.2.1 Definition und Bedeutung

Zur Messung der Umweltleistung eines Unternehmens wurde das Prinzip der Kennzahlenbildung der 90er Jahre immer mehr auf das betriebliche Umweltcontrolling transferiert (BMU/UBA, 2001, S. 597). Da die Literatur keine einheitliche Definition hinsichtlich des Begriffs betriebswirtschaftlicher Kennzahlen vorgibt (Meyer, 2006, S. 15; Zdrowomyslaw et al., 2002, S. 68f.), wird nachfolgend die weit verbreitete Kennzahlen-Definition nach Staehle verwendet. So werden unter betrieblichen Kennzahlen absolute Zahlen und Verhältniszahlen verstanden „die in konzentrierter Form über einen zahlenmäßig erfassbaren betriebswirtschaftlichen Tatbestand informieren" (Staehle, 1969, S. 50).

Mit Blick auf betriebliche Umweltkennzahlen stellt eine Kennzahl eine Umweltkennzahl dar, „wenn sie einen betrieblichen Sachverhalt unmittelbar mit einem der natürlichen Umwelt verbindet. [...] Darüber hinaus gelten aber auch solche Kennzahlen als Umweltkennzahlen, die eigentlich zum Umweltmanagement gehören, aber einen (mittelbaren) ökologischen Bezug haben" (BMU/UBA, 2001, S. 598). Im Zuge dessen stellt ein Umweltkennzahlensystem eine zielorientierte Zusammenstellung von Umweltkennzahlen dar, „die in einer sachlichen Beziehung zueinander stehen und [einander] im Hinblick auf umweltrelevante Sachverhalte [...] ergänzen oder erklären" (Palloks-Kahlen et al., 2001, S. 62). So lässt sich zum einen die Auswirkung einer Kennzahländerung an anderen Kennzahlen ablesen und zum anderen aufgrund ihrer breiten Aufstellung die gesamte Komplexität eines Unternehmens darstellen (Zdrowomyslaw et al., 2002, S. 69).

Mit der ISO 14031 hat das Deutsche Institut für Normung (DIN) im Jahre 2013 die Revision einer Norm veröffentlicht, welche unterschiedliche Arten von Umweltkennzahlen beschreibt und infolgedessen Unternehmen bei der Planung und Umsetzung der kontinuierlichen Verbesserung ihrer Umweltleistung hilft (DIN EN ISO 14031: 2013, 2013). So bieten Umweltkennzahlen Hilfestellung bei der Bestimmung quantifizierbarer Umweltziele, der Identifizierung von Schwachstellen und Optimierungspotenzialen, sowie der Dokumentation eines kontinuierlichen Verbesserungsprozesses der Umweltleistung eines Unternehmens. Des Weiteren wird die Kommunikation der Umweltleistung gefördert und kann als Instrument der Mitarbeitermotivation mittels Feedbackgesprächen eingesetzt werden. Als Feedbackinstrument handlungsorientiert eingesetzt können Umweltkennzahlen darüber hinaus einen wichtigen Beitrag zur Mitarbeitermotivation leisten (BMU/UBA, 1997, S. 10).

Der wichtigste Teil der Kennzahlenarbeit stellt den kontinuierlichen Kennzahlenvergleich dar, da nur im Vergleich eine wirkliche Aussagekraft der Umweltleistung entstehen kann (Seidel et al., 1999, S. 109). Mittels Betriebs-, Zeit- oder Soll-Ist-Vergleichen helfen Umweltkennzahlen bei der planenden, steuernden und kontrollierenden Funktion des betrieblichen Umwelt-Controllings (Seidel, 1998, S. 26; BMU/UBA, 2001, S. 599).

3.1.2.2 Arten und Klassen von Umweltkennzahlen

Es lassen sich grundsätzlich drei Gruppen von Umweltkennzahlen differenzieren:

- Absolute und relative Umweltkennzahlen,
- Unternehmens-, Standort-, und Prozesskennzahlen, sowie
- mengen- und kostenbezogene Kennzahlen (BMU/UBA, 1997, S. 8).

Absolute Umweltkennzahlen zeigen die absoluten Parameter des Ressourcenverbrauchs und der daraus resultierenden Schadstoffemissionen auf. Relative Umweltkennzahlen stellen diese Werte in Relation zu der Produktionsleistung oder verwandten Größe eines Unternehmens und stellen die Umweltleistung folglich in einem Verhältnis dar. So werden absolute Umweltkennzahlen für die Generierung von Umweltzielen mittels des Einsatzes von Zeitreihenvergleichen verwendet, relative Umweltkennzahlen hingegen werden meist beim Vergleich von Unternehmenseinheiten unter Effizienzaspekten eingesetzt (BMU/UBA, 1997, S. 8). Unternehmens-, Standort-, und Prozesskennzahlen unterstützen zum einen bei der allgemeinen Erfolgskontrolle des betrieblichen Umweltmanagements und zum anderen bei der Bildung von betriebsinternen Informationen, wie Umweltberichten oder EMAS-Umwelterklärungen (Standortkennzahlen) und der Identifikation wesentlicher Ressourcenverbrauchsquellen und Emissionsverursachern (BMU/UBA, 1997, S. 8). Die letzte Gruppe stellt die mengen- und kostenbezogene Kennzahlen dar. Die meisten Umweltkennzahlen sind mengenbezogen, es gibt jedoch auch Vorteile bei kostenbezogenen Umweltkennzahlen. Sie ermöglichen dem Management umweltrelevante Kriterien mit Kosten und Erträgen darzustellen. Hinzu kommt, dass diese Kennzahlen auch dann gebildet werden können, wenn die benötigten mengenbezogenen Daten nicht bzw. noch nicht vorhanden sind (BMU/UBA, 1997, S. 9).

Mit Hilfe der ISO 14031-Norm kann eine Klassifikation gebildet werden, welche betriebliche Umweltkennzahlen in die Klassen Umweltleistungskennzahlen und Umweltzustandskennzahlen gliedert. Umweltleistungskennzahlen werden hier weiter in die operativen Umweltleistungskennzahlen und die Umweltmanagementkennzahlen klassifiziert. Operative Leistungskennzahlen informieren über die Umweltauswirkungen eines Unternehmens, Umweltmanagementkennzahlen hingegen beschreiben, welche Anstrengungen das Management zur Verminderung der Umweltauswirkungen unternommen hat. Im Gegensatz dazu beziehen sich Umweltzustandskennzahlen auf den Bereich außerhalb eines Unternehmens und werden folglich selten von Unternehmensseite selbst erhoben. Hierfür ist meist der Staat verantwortlich. So beschreiben Umweltzustandskennzahlen die Umweltqualität in der Umgebung eines Unternehmens und leisten folglich als wichtige Rahmengrößen in der Ableitung von betrieblichen Umweltkennzahlen und -zielen große Dienste (BMU/UBA, 2001, S. 600ff; BMU/UBA, 1997, S. 5f.).

Abbildung 4 stellt abschließend die beschriebene Klassifizierung von Umweltkennzahlen vor.

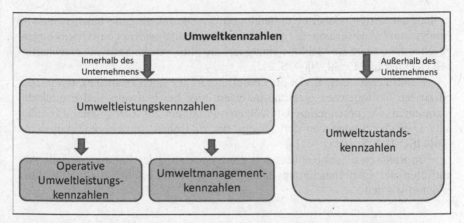

Abbildung 4:   Klassifizierung von Umweltkennzahlen (eigene Darstellung)

Bevor jedoch auf ausgewählte Ansätze der kennzahlenbezogenen Umweltleistungsbewertung eingegangen wird, um das im Rahmen der vorliegenden Arbeit zu entwickelnde multikriterielle Bewertungssystem zur Messung der Ökoeffizienz einer Organisation abzugrenzen, soll zunächst die Ökobilanzierung nach der DIN EN ISO 14040/14044 vorgestellt werden.

So wird zur Vollständigkeit die bisherige Unternehmens- bzw. Organisationssicht der Umweltleistungsbewertung von der wäschereibranchengängigen Produktionssicht abgelöst.

3.2 Ökobilanzierung nach der DIN EN ISO 14040/14044

3.2.1 Definition einer Ökobilanz

Während die Fachliteratur unter dem Begriff der Ökobilanz „eine systematische Analyse der Ressourcenentnahme aus der Natur und der Umweltwirkungen von Produkten während ihres gesamten Lebenszyklus versteht" (König et al., 2009, S. 13), verdeutlicht die DIN EN ISO 14040/14044: 2009 inhaltlich und etwas abstrahiert, dass es sich bei der Ökobilanzierung um eine „Zusammenstellung und Beurteilung der Input- und Outputflüsse und der potenziellen Umweltwirkungen eines Produktsystems im Verlauf seines Lebenswegs" handelt (DIN EN ISO 14040: 2009, 2009, S. 7).

Die Grundintention der Ökobilanz soll es sein, bei der ökologischen Optimierung von Produkten, Prozessen und Dienstleistungen hinsichtlich des entstehenden ökologischen Gefährdungspotenzials und der Umweltwirkungen Hilfestellung zu leisten. Dabei beschränkt sich die Ökobilanz ganz bewusst auf die Analyse und Auswertung der von Produkten ausgehenden Umweltwirkungen. Folglich fokussiert die Methode einzig auf die ökologische Seite der Nachhaltigkeit (Klöpfer und Grahl, 2009, S. 2).

Konkreten Einsatz findet die Ökobilanz in fast allen Branchen, um in spezifizierten ökologischen Qualitätsanalysen oder bei Umwelt- und Produktdeklarationen die potentiellen Umweltauswirkungen der betroffenen Produkte oder Dienstleistungen von der „Wiege bis zu Bahre" hinweg zu analysieren (DIN ISO 14025: 2011, 2011).

Im Rahmen dieses Kapitels soll die Systematik, der Rahmen und die Ablauffolge der Ökobilanzierung nach DIN EN ISO 14040/14044: 2009 kurz erläutert werden.

3.2.2 Grundintention der Ökobilanzierung

Die Ökobilanz nach DIN EN ISO 14040: 2009 führt eine komplette Lebenszyklusanalyse (engl. Life Cycle Assessment) eines Produktes oder Prozesses durch. So wird beispielsweise von der Gewinnung der Rohstoffe, der eingesetzten Energie und Materialien, bis zur Gebrauchs- und Entsorgungsphase jeder Teilschritt dezidiert betrachtet. Es bleibt jedoch hervorzuheben, dass nicht im Sinne der Nachhaltigkeitsdefinition dabei ebenfalls die ökonomische oder soziale Dimensionen untersucht wird. Die Ökobilanz beschäftigt sich ausschließlich mit der ökologischen Seite der Nachhaltigkeit.

Sie stellt einen iterativen Prozess dar, bei welchem gewonnenes Wissen, sowie Ergebniswerte bzw. Daten aus einer Phase in darauf folgende Phasen weitere Anwendung finden. Dies steht alles unter der von der Ökobilanzierung geforderten Prämisse der Transparenz und damit vollständigen und eindeutig nachvollziehbaren Dokumentation der Vorgehensweise, sowie der Ergebniswerte (DIN EN ISO 14040: 2009).

Die Phasen der Ökobilanz laufen immer vor dem Hintergrund eines wissenschaftlichen Ansatzes ab, bei welchem naturwissenschaftlich anerkannte und fundierte Erkenntnisse zu berücksichtigen und miteinzubeziehen sind.

3.2.3   Ablauf der Ökobilanzierung

Die Ablauffolge der Ökobilanzierung ist in Abbildung 5 dargestellt.

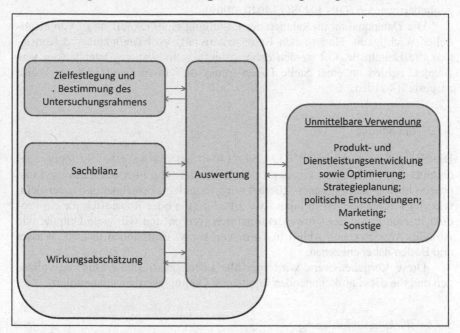

Abbildung 5:   Systematik, Rahmen und Ablauffolge der Ökobilanzierung nach DIN EN ISO 14040: 2009

Die Ökobilanz unterteilt sich in die Zielfestlegung und Bestimmung des Untersuchungsrahmens, die Sachbilanz, die Wirkungsabschätzung sowie in die Auswertung und die darauffolgende Interpretation.

3.2.4   Zielfestlegung und Bestimmung des Untersuchungsrahmens

Die Zieldefinition beschreibt im Detail, warum eine Ökobilanzierung vollzogen werden soll. Dabei müssen dezidiert die beabsichtigte Anwendung, die Argumente für den Vollzug der Analyse, die relevante Zielgruppe, sowie die Art der Veröffentlichung beschrieben werden. Bei einer Ökobilanz ist die Funktion des zu analysierenden Systems eindeutig festzulegen. Dabei dient die funktionelle Einheit als referierbare quantifizierbare Messgröße, die mit den Daten der Sachbilanz bzw. der Wirkungsabschätzung in Relation gesetzt werden können. Die Systemgrenze hat die Aufgabe festzulegen, welche Elemente, Lebenszyklusphasen oder Materialmengen im Rahmen der Ökobilanz untersucht und welche ausgegliedert werden (DIN EN ISO 14040: 2009).

Die Datenqualität im Rahmen der Erstellung einer Ökobilanz ist von essentieller Wichtigkeit. Hier spielen Repräsentativität, Vollständigkeit und Konsistenz die Hauptrolle. Oft werden dabei öffentlich anerkannte Datenbanken verwendet. Fehlen an einer Stelle Daten, muss dies in nachvollziehbarer Weise dargestellt werden.

3.2.5 Sachbilanz

Die Sachbilanz nach der DIN EN ISO 14040 hat die Aufgabe die Inputs und Outputs eines Produktes, Prozesses oder Dienstleistung über alle Lebenszyklusphasen hinweg zu bestimmen. Hierbei wird festgelegt, berechnet und untersucht, wie viel Einsatzmengen an Inputs wie z.B. Energie oder Rohstoffen für ein Produkt in eine Phase der Umwelt entnommen werden und wie viele Outputs wie Abfälle, Abwärme und Abluft in Form von bspw. Emissionen in Luft, Wasser und Boden dabei entstehen.

Diese Vorgehensweise wird über alle Lebenszyklusphasen hinweg vollzogen und die dabei aufkommenden Inputs und Outputs werden aufsummiert.

3.2.6 Wirkungsabschätzung

Nach der DIN EN ISO 14040 definiert sich die Wirkungsabschätzung als der „Bestandteil der Ökobilanz, der dem Erkennen und der Beurteilung der Größe und Bedeutung von potenziellen Umweltwirkungen eines Produktsystems im Verlauf des Lebensweges des Produktes dient" (DIN EN ISO 14040: 2009, 2009, S. 7). Im Zusammenspiel mit dem Untersuchungsrahmen muss die Gewährleistung gegeben sein, dass die Auswahl der benutzten Wirkungskategorien, Wirkungsindikatoren und Charakterisierungsmodelle mit der Zielfestlegung der Ökobilanzierung übereinstimmt.

Die DIN EN ISO 14044 deklariert eine Wirkungskategorie als: „Klasse, die wichtige Umweltthemen repräsentiert und der Sachbilanzergebnisse zugeordnet werden können" (DIN EN ISO 14044: 2006, 2006, S. 13). Obwohl die Wirkungskategorien schon bei der Zielfestlegung und Bestimmung des Untersuchungsrahmens gewählt wurden, ist eine erneute Auswahl allgemeiner Pflichtteil der Wirkungsabschätzungsphase. Diese Auswahl orientiert sich an den Zielen der Ökobilanz und muss infolgedessen ausreichend Umweltthemen abbilden. Es ist stets für die Akzeptanz der Ergebnisse ratsam vorzugsweise Wirkungskategorien mit internationaler Akzeptanz, sowie wissenschaftlich anerkannte Kategorien auszuwählen und Doppelzählungen zu vermeiden (Albrecht et al., 2010). Tabelle 1 zeigt global anerkannte Wirkungskategorien auf:

Tabelle 1:   Auflistung gängiger Wirkungskategorien (Albrecht, 2010)

Kategorien	Wirkungskategorie	Beschreibung	Beispiele
Globale Kategorien	Ressourcenverbrauch	Nicht nachhaltiger Rohstoffeinsatz	Erdöl, Erz, ...
	Treibhauspotenzial (GWP)	Emissionen in Luft → negative Effekte auf Wärmehaushalt der Atmosphäre	CO_2, CH_4, ...
	Ozonabbaupotenzial (ODP)	Emissionen in Luft → Abbau der troposphärischen Ozonschicht	FCKW, ...

Die Wirkungsabschätzung beginnt mit der Klassifizierung der Inputs und Outputs der Sachbilanz. Folglich werden die Ergebniswerte der Sachbilanz den relevanten Umweltthemen bzw. den gewählten Wirkungskategorien zugeordnet. Es folgt eine Umrechnung der klassifizierten Inputs und Outputs in eine gemeinsame Einheit. Das Resultat stellen die sogenannten Wirkungsindikatorwerte dar. Um die Inputs und Outputs in eine gemeinsame Einheit umzurechnen, bedient man sich in der Wissenschaft anerkannter Modelle der Charakterisierung und den daraus resultierenden Charakterisierungsfaktoren.

Ein Charakterisierungsfaktor wird in der DIN EN ISO 14044 folgendermaßen definiert: „Faktor, der aus einem Charakterisierungsmodell abgeleitet wurde, das für die Umwandlung des zugeordneten Sachbilanzergebnisses in die gemeinsame Einheit des Wirkungsindikators angewendet wird" (DIN EN ISO 14044: 2006, 2006, S. 13). Durch die Charakterisierung können mittels Normierung ursächlich nicht vergleichbare Werte dennoch miteinander in Relation gesetzt werden. Abbildung 6 versucht diesen Zusammenhang am Beispiel von Kohlenstoffdioxid (CO_2) und Methan (CH_4) zu verdeutlichen.

Die Abbildung zeigt die Charakterisierung der beiden umweltschädlichen Stoffe, den jeweils dazugehörigen Charakterisierungsfaktor sowie die beispielhafte Berechnung der Wirkungsindikatorwerte bzw. des Wirkungspotenzials für die Wirkungskategorie Treibhauspotenzial. Es wird ersichtlich, dass Methan einen 25-fach höheren Einfluss auf das Treibhauspotential hat, als das Referenzmedium Kohlenstoffdioxid. Die Vorteilhaftigkeit der Wirkungsabschätzung liegt damit in der Überführung unterschiedlichster Outputs in ein gemeinsames Äquivalent bzw. Einheit. Zur Vervollständigung sei erwähnt, dass zusätzlich zum obligatorischen Teil einer Wirkungsabschätzungsphase nach DIN EN ISO 14044: 2006 ebenfalls optionale Bestandteile vollzogen werden können. Dazu gehören die Normierung, sprich Berechnung von Relationen zu Referenzwerten, die Ordnung, also Bestimmung eines Rankings, die Gewichtung, sprich Umwandlung und Zusammenfassung von Ergebnissen, sowie die Untersuchung der Datenqualität.

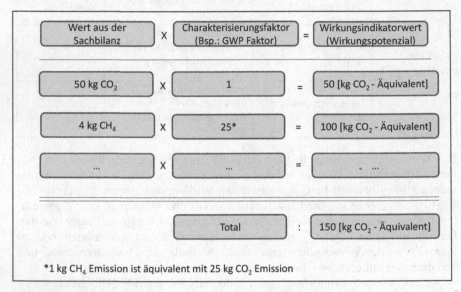

Abbildung 6:   Charakterisierung von Kohlenstoffdioxid und Methan (eigene Darstellung in Anlehnung an Albrecht, 2010)

Nach Beendigung der Wirkungsabschätzungsphase, kommt es zur Auswertung und Interpretation. Sie zielen darauf ab die Resultate der Sachbilanz und der Wirkungsabschätzungsphase zu bewerten und einzuschätzen und infolgedessen nachvollziehbarer zu machen. Dazu gehört auch das Erarbeiten von Restriktionen und Handlungsempfehlungen (DIN EN ISO 14040: 2009, 2009).

Nach Darstellung der Ökobilanzierung nach der DIN EN ISO 14040/14044, soll nun auf ausgewählte Ansätze der kennzahlenbezogenen Umweltleistungsbewertung eingegangen werden, um das im Rahmen der vorliegenden Arbeit zu entwickelnde multikriterielle Bewertungssystem zur Messung der Ökoeffizienz abzugrenzen.

3.3 Ausgewählte Ansätze der kennzahlenbezogenen Umweltleistungsbewertung

3.3.1 Die Methode der ökologischen Knappheit

Die Methode der ökologischen Knappheit bzw. BUWAL-Methode des Schweizerischen Bundesamtes für Umwelt, Wald und Landwirtschaft hat sich aus der ökologischen Buchhaltung heraus entwickelt. Dabei werden Umwelteinwirkungen bzw. -aspekte nach dem „Grad der ökologischen Knappheit" mittels sogenannter Ökopunkte oder Umweltbelastungspunkte bewertet. Ein Umweltbelastungspunkt ergibt sich aus dem Produkt eines Umwelteintrages (wie z.B. Tonnen Stickstoffdioxid - NO_2) und einem aus Grenzwerten des Ministeriums eines Landes ermittelten Öko-Faktor (bspw. 23 Öko-Punkte pro Gramm) (Balderjahn, 2004, S. 95). Es wird stets stoffflussorientiert vorgegangen. Ein Ökofaktor wird aus der Relation des IST-Wertes des aktuellen Stoffflusses in die Umwelt mit dem gesellschaftspolitisch als tolerierbar angesehenen Maximalwertes gebildet. Dieses Verhältnis wird auch als „Ökologische Knappheit" bezeichnet (Volkswagen AG, 2012, S. 22). Dabei erhalten Umwelteinwirkungen stets mehr Belastungspunkte, je näher sie den gesetzlichen Grenzwerten kommen. Auf diese Weise ist ein Verrechnen bzw. Führen einer Buchhaltung von unterschiedlichen Umweltaspekten möglich (Balderjahn, 2004, S. 95).

So werden die Daten der Sachbilanz im Rahmen der Methode der ökologischen Knappheit gewichtet und durch Umweltbelastungspunkte repräsentiert. Mittlerweile hat die Methode in der Schweiz sogar Gesetzesstatus erreicht, indem sie als Berechtigungsnachweis von Steuerbefreiungen bei besonders ökologischer Produktion dient (Ahbe, 2014, S. 10). Dabei wurde die Methode von Anfang an kontinuierlich weiterentwickelt und ihre Bewertungsbasis erneuert. Sie beinhaltet alle von den Umweltbehörden als relevant deklarierten Umweltbelastungen (Luft, Oberflächengewässer, Energie- und Frischwasserverbrauch sowie Erzeugung von Abfällen). So kann die Methode feststellen, ob ein Produktionsstandort im Vergleich zum Vorjahr seine Gesamt-Umweltbelastung senken konnte und infolge dessen welche Investitionen das größte Verbesserungspotential hinsichtlich eines höheren Umweltnutzens erzielen.

Der Begriff der „ökologischen Knappheit" beschreibt, dass die Umwelt eine begrenzte Schadstoffaufnahme verkraftet, bevor das biologische Gleichgewicht kippt und ein kritischer Zustand erreicht wird. Folglich ist das Aufnahmevermögen der Umwelt begrenzt, genauso wie die Verfügbarkeit von Ressourcen. Folglich verwendet die BUWAL-Methode die Umweltziele der obersten Umweltbehörden eines Landes, um aus ihnen die beschriebene „Knappheitssituation" so exakt wie möglich abzuleiten. Auf diese Weise kann gewährleistet werden, dass die entsprechenden Anwender der Methode die gleichen Umweltziele und damit die gleiche Bewertungsbasis anwenden, was zu einer aussagekräftigen Vergleichbarkeit führt. Diese ökologische Knappheitssituation hinsichtlich eines Schadstoffes definiert sich, wie bereits angesprochen, aus der Relation der aktuellen Belastung der Umwelt und der in dem entsprechenden Umweltzielsetzung bestimmten ökologischen Grenzwert, auch „kritische Umweltbelastung" genannt. So stellt jede Freisetzung von Schadstoffen, sowie jeder Verbrauch von Ressourcen eine solche Knappheitssituation dar, welche einer relativen Verschlechterung einer Verhältniszahl unterliegt. Diese kann folglich für alle Belastungen aufsummiert werden, sodass eine Gesamtumweltbelastung z.B. für ein Unternehmen zu einem bestimmten Zeitpunkt berechnet werden kann (Ahbe, 2014, S. 12). Die einzige Voraussetzung für die Anwendung der BUWAL-Methode stellt eine vollständige Quantifizierung der relevanten Belastungen der Umwelt eines Landes dar. Es sei nochmals hervorgehoben, dass der größte Nutzen der Methode auf der Herstellung einer Vergleichbarkeit hinsichtlich aller Umweltbelastungen beruht, ausgedrückt durch die „relative Verschlechterung der Knappheitssituation". So kann bspw. ein Unternehmen direkt feststellen, ob es hinsichtlich des Ressourcen- und Energieverbrauchs, des Abfallaufkommens oder der ausgestoßenen Menge an Treibhausgasen im Laufe eines Jahres ökologischer geworden ist oder nicht. Dabei bietet die BUWAL-Methode die Möglichkeit diese Umweltbelastungen zu hierarchisieren, budgetieren, und zu vergleichen, sowie in Summe Ziele abzuleiten und zu vereinbaren.

Im Großen und Ganzen können die Strukturen der Methode der ökologischen Knappheit hinsichtlich der betrieblichen Nutzung mit denen der betriebswirtschaftlichen Kostenrechnung verglichen werden. (Ahbe, 2014, S. 13).

3.3.1.1 Vorgehen bei der Berechnung der Umweltbelastungspunkte

Die beschriebenen Grenzmengen oder -werte, die nationale und internationale Normen definieren, sind von Land zu Land bzw. Region zu Region sehr unterschiedlich, weshalb im Rahmen der Methode Normierungen und Gewichtungen zur Herstellung einer Vergleichbarkeit vorgenommen werden. So beschreibt der Charakterisierungsfaktor die bestimmte Umweltwirkung eines Schadstoffes oder einer Ressource hinsichtlich einer Referenzsubstanz. Folglich hat bspw. Methan laut dem IPCC in etwa die 23-fache Treibhauswirkung von Kohlenstoffdioxid als Charakterisierungsfaktor (ASUE, 2006, S. 2).

Eine weitere Anpassung im Rahmen des Verfahrens stellt die Normierung dar, welche regionale oder zeitliche Unterschiede bei der Ermittlung der ökologischen Knappheit berücksichtigt. Zuletzt repräsentiert das Quadrat des Quotienten aus IST-Zustand der Umwelteinwirkung und Grenzmenge die Gewichtung.

Durch Bildung des Quadrats werden kleine Überschreitungen der Grenzmenge weniger stark gewichtet als große Überschreitungen, folglich fallen zusätzliche Emissionen stärker ins Gewicht je höher die Situation der Belastung schon ist (Frischknecht et al., 2013, S. 31 ff).

Dank der vorhandenen Charakterisierung, Normierung und Gewichtung können Unternehmen die BUWAL-Methode in sämtlichen innerbetrieblichen Bereichen als Entscheidungsgrundlage nutzen (Frischknecht et al., 2013, S. 21 ff). So erlaubt die Anwendung des Verfahrens z.B. die Umweltleistung hinsichtlich der Ökoeffizienz eines Unternehmens mit Umweltkennziffern zu bewerten und zu vergleichen (E2 Management Consulting AG, 2014). So basiert bspw. die Bewertung der Umweltauswirkungen an Standorten der Volkswagen Aktiengesellschaft auf der BUWAL-Methode (Volkswagen Aktiengesellschaft, 2013, S. 25).

3.3.1.2   Vor- und Nachteile der Methode der ökologischen Knappheit

Der Vorteil der BUWAL-Methode stellt der große Anwendungsrahmen sowie die Einfachheit der Handhabung dar, vorausgesetzt es sind genug quantifizierbare Daten eines Landes oder Region vorhanden sind, sodass anhand einer einzigen Umweltkennzahl Unternehmen vergleichbar werden. Jedoch sollte die Methode nicht alleine bei der Entscheidung hinsichtlich Prozess- und Produktoptimierungen Verwendung finden, da hierfür die einzelnen Umweltaspekte im Detail beleuchtet werden sollten. Die Bewertung mit der BUWAL-Methode stellt folglich eine Art Orientierungshilfe zur Identifizierung der Brennpunkte hinsichtlich der Umweltleistung eines Unternehmens dar. Des Weiteren sollte nicht außer Acht gelassen werden, dass dieser Ansatz auf politisch konstruierten Werten basiert und immer darauf abzielt, was technisch umsetzbar und kontrollierbar ist, was diese Werte nicht zu wissenschaftlichen Parametern deklariert (Powell et al., 1997, S 11-15).

Ein weiterer Nachteil des Verfahrens stellt die Definition bzw. Wahl der Grenzmengen bzw. Toleranzmengen zur Berechnung der ökologischen Knappheit dar. So gibt es zum einen politische Reduktionsziele einzelner Länder oder Regionen zum anderen aber auch internationale Normen und Gesetze, was vielfach zu Diskussionen führt, je nachdem wie das Ziel der Bewertung formuliert ist (z.B. globale Einflüsse versus regionale Gegebenheiten). So gibt es keine verbindlichen Richtlinien, wie eine korrekte Bestimmung von Umweltbelastungspunkten vollzogen werden soll (Finnveden, 1997, S. 163-169).

3.3.2 Der Ökologische Fußabdruck

3.3.2.1 Der Ökologische Fußabdruck als Instrument der ökologischen Buchhaltung

Der ökologischen Fußabdruck bzw. Ecological Footprint beschreibt die Fläche in Globalen Hektar pro Person und Jahr, die notwendig ist, um den Lebensstil bzw. -standard eines Menschen gemäß aktueller Produktionsbedingungen dauerhaft möglich zu machen. Unter Globale Hektar fallen die produzierten Güter wie Kleidung und Nahrung, aber auch verbrauchte Energie und der Müll samt dessen Beseitigung (Wackernagel, 2014).

Somit zeigt der ökologischen Fußabdruck die „angeeignete Tragfähigkeit" einer Fläche und macht damit „eine ökologische Buchhaltung [...] in physikalischen Messeinheiten" möglich (Wackernagel et al., 2001, S. 35). Aufgrund dieser sehr anschaulichen Darstellungsweise wird das Verfahren oft verwendet, um auf gesellschaftliche und individuelle Nachhaltigkeitsdefizite aufmerksam zu machen (Wackernagel, 2014).

3.3.2.2 Vor- und Nachteile der Methode des Ökologischen Fußabdrucks

Nachfolgend sollen die Vor- und Nachteile des Ökologischen Fußabdruckes anhand der Forschungsergebnisse eines vom Umweltbundesamt durchgeführten Forschungsvorhabens mit dem Titel „Wissenschaftliche Untersuchung und Bewertung des Indikators Ökologischer Fußabdruck" vorgestellt werden (Giljum, 2007).

Ein wesentlicher Vorteil des Ökologischen Fußabdruckes stellt seine Fähigkeit dar auf hohem Komplexitätsniveau Zusammenhänge und Wechselwirkungen von Produktions- und Konsumprozessen sowie deren Auswirkungen auf Ökosysteme auf simple und verständliche Weise aufzuzeigen. Folglich stellt das Verfahren ein hervorragendes Instrument für Kommunikations- und Bildungszwecke dar. Darüber hinaus ist die Methode vielseitig anwendbar (Unternehmen, Städte, Nationen). Dabei stellt der Ökologische Fußabdruck das derzeit einzige Messinstrument dar, für welches internationale Vergleichsdaten aller Nationen in einer Zeitreihe vorhanden sind (Giljum, 2007, S. 3).

Es sind jedoch auch zahlreiche methodische Kritikpunkte vorhanden, die mit den generellen Charakteristika des Konzeptes in Verbindung stehen. Es gibt unterschiedliche Umweltkategorien, wie z.B. die Nutzung erneuerbarer Rohstoffe bei deren Berechnung zu einem hochaggregierten Indikator eine mangelhafte Transparenz besteht. Des Weiteren wird mit der Konstruktion eines Globalen Hektars von der realen Flächennutzung abstrahiert. Ein weiterer wesentlicher

Kritikpunkt stellt die Tatsache dar, dass die elementare Dimension nicht-erneuerbarer Ressourcen nur indirekt einbezogen wird. Zuletzt macht die Vielzahl von teilweise konstruierten Annahmen die Fähigkeit des Instruments Grenzen eines nachhaltigen Nutzungsniveaus zu bestimmen und folglich eine Übernutzung des vorhandenen Naturkapitals quantifizieren zu können, fraglich (Giljum, 2007, S. 3).

Zusammenfassend kann gesagt werden, dass der Ökologische Fußabdruck für die bereits beschriebenen Kommunikations und -bildungszwecke als sehr geeignet eingestuft werden kann. Des Weiteren ist der Indikator sehr gut geeignet den gesamten Ressourcenkonsum einer Region oder Nation anschaulich zu analysieren. Hinzu kommt die internationale Harmonisierung der Bestimmung des Ökologischen Fußabdruckes, was vornehmlich für weltweite Vergleiche nützlich ist. Es gibt jedoch auch einige Themenfelder, wie die Biodiversität, die Erhaltung der Ökosysteme, Ressourcenmanagement (hier vor allem nicht-erneuerbare Ressourcen), Umweltauswirkungen der Ressourcennutzung, sowie Aspekte sozialer Nachhaltigkeit, in denen der Indikator als nicht geeignet eingestuft werden muss (Giljum, 2007, S. 4).

3.3.3 Der Organisation Environmental Footprint

Die große Anzahl an Ressourcenindikatoren bzw. ökologischen Messverfahren der Mitgliedstaaten der Europäischen Union führten in der Vergangenheit zu einer steigenden Intransparenz und förderten den Wunsch nach einer harmonisierten Methode für Europa. Aus diesem Grund entschied sich die EU-Kommission im Rahmen des Maßnahmenpakets "Schaffung eines Binnenmarkts für grüne Produkte" die Verwendung der Ökologischen Fußabdruck-Verfahren für Produkte (PEF - Product Environmental Footprint) und für Organisationen (OEF - Organisation Environmental Footprint) zu forcieren. In diesem Zusammenhang läuft derzeit eine Testphase, welche 2013 begann und noch bis 2016 durchgeführt wird. Die Resultate und Erfahrungen werden nach Abschluss hinsichtlich Benchmarks und Anreizsysteme bewertet und analysiert. Diese Bewertung stellt das Fundament für Vorschläge der weiteren Schritte bis 2020 dar. Die Basis des PEF, wie auch des OEF ist der Lebenszyklus-Ansatz der Normen ISO 14040 (Spindelbalker, 2014).

Im Folgenden soll im Rahmen der „Empfehlung der Europäischen Kommission vom 9. April 2013 für die Anwendung gemeinsamer Methoden zur Messung und Offenlegung der Umweltleistung von Produkten und Organisationen" der Organisation Environmental Footprint, welcher durch das Joint Research Centre (JRC) entwickelt wurde, dargestellt werden. Das JRC stellt den wissenschaftlichen „In-House-Service" der Europäischen Kommission dar. Die Aufgabe des JRC ist die Sicherstellung der EU-Ziele für 2020 hinsichtlich einer produktiveren Wirtschaft sowie eine sicheren und nachhaltigen Zukunft, indem es das wissenschaftliche Fundament für politische Entscheidungen in diesem Zusammenhang liefert (Pant et al., 2013, S. 3). Die nachfolgende Abbildung der OEF-Methode wird nach Pant, dem verantwortlichen Umweltingenieur für den Ökologischen Fußabdruck für Produkte und Organisationen des JRC vorgestellt (Zoom Information, 2014):

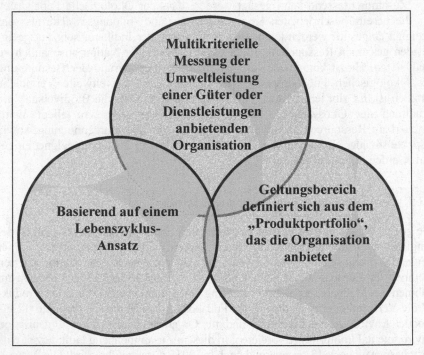

Abbildung 7:   Die Grundzüge des Organisation Environmental Footprints
                  (eigene Darstellung in Anlehnung an Pant et al., 2013, S. 7)

Wie das Schaubild zeigt, stellt der OEF ein multikriterielles System zur Messung der Umweltleistung einer Organisation dar, welches auf einem Lebenszyklus-Ansatz basiert und dabei einen Geltungsbereich bedient, der sich aus dem Produktportfolio der Organisation selbst ergibt (Pant et al., 2013, S. 7).

3.3.3.1   Ziele des Organisation Environmental Footprints

Die Methode des OEF soll eine umfassende Bewertung entlang des gesamten Lebenszyklus bereitstellen (vorgelagerten Lebensabschnitte - upstream und falls relevant nachgelagerte Lebensabschnitte - downstream). Dabei soll eine umfassende Abdeckung der potenziellen Umweltauswirkungen berücksichtigt werden (keine "Spezialbereich-Methode").

Infolgedessen soll eine bessere Vergleichbarkeit und Qualität sichergestellt werden. Dabei soll so weit wie möglich auf bereits vorhandenen Methoden aufgebaut werden. Zuletzt sollte das Verfahren ohne die Sichtung vieler anderer Unterlagen anwendbar sein (Pant et al., 2013, S. 8). Aus den dargestellten Zielen lassen sich folgende Anforderungen bzw. Aufgaben an den OEF ableiten:

- detailliertere Informationen darüber, wie die Umweltauswirkungen von Organisationen zu beurteilen sind,
- spezielle Leitlinien für Sektoren, wenn diese für Vergleiche verwendet werden,
- Leitlinien zur Datenerhebung und Berichterstattung,
- weniger und klarere Berechnungsmöglichkeiten, vor allem, wenn diese für Vergleiche verwendet werden (Pant et al., 2013, S. 10).

3.3.3.2   Ablauf und Systemgrenzen des Organisation Environmental Footprints

Nachdem die allgemeinen Ziele vorgestellt wurden, sollen nun die Ablaufschritte der OEF-Methode vorgestellt werden. Abbildung 8 veranschaulicht diesen Zusammenhang.

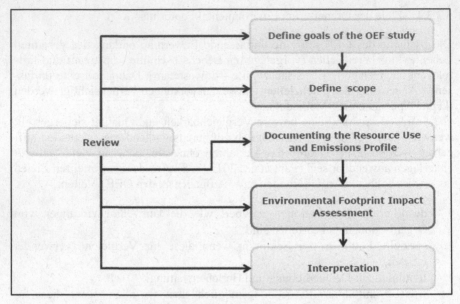

Abbildung 8:   Ablaufschritte des Organisation Environmental Footprints
                  (Pant et al., 2013, S. 11)

Wie die Abbildung zeigt müssen zunächst die Ziele der OEF-Studie definiert
werden, gefolgt von der Definition des Geltungsbereichs bzw. der Systemgrenzen. Dann folgt die Dokumentation des Ressourcenverbrauchs samt Erstellung
eines Emissionsprofils der Organisation. An dieser Stelle finden kontinuierliche Reviews bzw. Abgleiche zwischen Geltungsbereich und Dokumentation
statt, damit der OEF stets auf dem aktuellsten Stand ist. Sind die Ressourcenverbräuche dokumentiert und das Emissionsprofil erstellt, findet eine Wirkungsabschätzung des ökologischen Fußabdruckes statt. Dabei setzt das Verfahren stets die Fläche des Durchschnitts an vorhandenen Land- und Wasser-
flächen (Biokapazität) eines Menschen mit der Fläche an Land- und Wasser-
flächen gegenüber, welche verwendet werden, um den Lebensstil dieses Menschen in Form von Produktion von Gütern, sowie Abfallbeseitigung aufrecht
zu halten. Dieses Verhältnis stellt den ökologischen Fußabdruck dar (Borucke
et al., 2013, S. 518).

    Abschließend wird eine Interpretation der Ergebnisse der Wirkungsab-
schätzung des ökologischen Fußabdruckes durchgeführt (Pant et al., 2013, S.
11).

Im Zusammenhang mit den Systemgrenzen wird zwischen direkten und indirketen Grenzen unterscheiden. Abbildung 9 zeigt die Definition des Geltungsbereichs bzw. der Systemgrenzen im Rahmen der OEF-Methode grafisch auf:

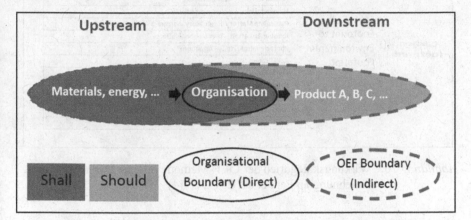

Abbildung 9: Geltungsbereich bzw. Systemgrenzen im Rahmen der OEF-Methode (Pant et al., 2013, S. 11)

Das Schaubild zeigt die vor- und nachgelagerten Lebenszyklusabschnitte einer Organisation (upstream und downstream). Dabei werden die dunkel unterlegten vorgelagerten Inputfaktoren der Organisation, wie Energie und eingesetzte Materialien als wichtiger hinsichtlich der Integration in die Systemgrenzen dargestellt (Shall) als der hell unterlegte nachgelagerte Bereich der Produkte (Should). Dies hängt damit zusammen, dass mit den Inputfaktoren schon ausreichend Informationen zur Durchführung der OEF-Methode vorhanden sind (Pant et al., 2013, S. 11).

Zuletzt sollen die wesentlichen Wirkungskategorien der OEF-Methode, welche aus der DIN EN ISO 14040: 2009 stammen und sich dabei primär auf direkte und vorgelagerte indirekte Systemgrenzen beziehen, vorgestellt werden (vgl. Abbildung 10).

Das Schaubild spielt mit der Aussage „From Carbon Footprint to Environmental Footprint" auf die generalisierende und ganzheitliche Funktionalität und Betrachtungsweise der OEF-Methode an. So wird mit diesem Messinstrument die Umweltleistung einer Organisation umfassend analysiert und bewertet. Dies wird durch die Existenz der zahlreichen Wirkungskategorien zusätzlich untermauert.

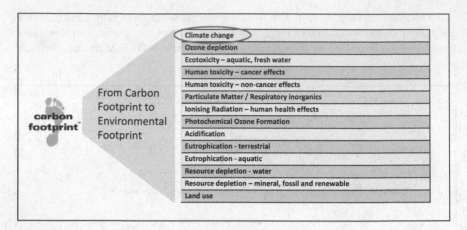

Abbildung 10:   Wirkungskategorien der OEF-Methode (eigene Darstellung in
Anlehnung an Pant et al., 2013, S. 14)

3.3.4   Die DIN EN ISO 14072 – Organisational Life Cycle Assessment

Die Vorteile und das Potential von Lebenszyklus-Ansätzen (Life Cycle Assessment – LCA) ist nicht auf eine Anwendung für Produkte beschränkt. Während
die LCA-Methodologie ursprünglich für Produkte entwickelt wurde, wird ihre
Anwendung auf der Ebene von Organisationen immer relevanter (Finkbeiner,
2013, S. 1-4).

Die Diskussionen des Kohlenstoffdioxid-Fußabdrucks von Unternehmen
mit integrierter Betrachtung vor- und nachgelagerter Stufen der Wertschöpfungskette zeigen, dass diese Lebenszyklus-Emissionen signifikant zum Fußabdruck einer Organisation beitragen können (Finkbeiner 2009, S. 91-94). Die
aktuell angewandten Evaluierungen fokussieren meist auf einen einzelnen As-
pekt, wie Kohlenstoff- oder Wasserfußabdrücke. Das Ziel der ISO 14072 ist es
einen Standard anzubieten, welcher einen generalisierenden und umfassenden
Ansatz darstellt, indem LCA-Methodologie auf Organisationen angewendet
wird. Das Dokument ISO 14072 ist aktuell noch in Bearbeitung. Es soll eine
technische Spezifikation mit dem Namen „Environmental management – Life
cycle assessment – Requirements and guidelines for Organizational Life Cycle
Assessment" werden. Das Hauptziel soll es sein zusätzliche Hilfe für Organisationen hinsichtlich einer einfacheren und effektiveren Anwendung der ISO 14040
und ISO 14044 auf Organisationsebene anzubieten mitsamt aller Vorteile, die
LCA den Organisationen vermittelt, die Systemgrenzen und die Beschränkungen

hinsichtlich der Berichterstattung, Umwelterklärungen und vergleichende Studien. Die ISO 14072 soll für jeden Organisationstyp der Interesse hat LCA anzuwenden, angeboten werden. Sie soll hierbei keine Interpretationshilfe für die ISO 14001 leisten, wobei sie die gleichen Ziele wie die ISO 14040 und ISO 14044 bedient (Klöpffer, 2014, S. 103).

Nachdem nun der Stand der Forschung in der Umweltleistungsbewertung dargestellt wurde, soll nachfolgend der Untersuchungsgegenstand der Wäschereibranche für das zu entwickelnde multikriterielle Bewertungssystem der Ökoeffizienz vorgestellt werden.

4 Die Wäschereibranche

4.1 Branchenvertretung und -struktur

Die gewerbliche Wiederaufbereitung, also das gewerbliche Waschen und Trocknen von Textilien, ist als Segment der Klasse „Wäscherei und chemische Reinigung" ein Teil des Wirtschaftszweiges „Erbringung von sonstigen überwiegend persönlichen Dienstleistungen" (Statistisches Bundesamt, 2012). Sie ist geprägt von einer großen Heterogenität an Betrieben. Im Jahr 2010 gab es in Deutschland laut Statistischem Bundesamt fast 4000 Betriebe, die der Klasse „Wäscherei und chemische Reinigung" zuzuordnen sind (Statistisches Bundesamt, 2012). Laut Deutschem Textilreinigungs-Verband e.V. (DTV) fallen darunter ca. 2200 Betriebe, die dem Sektor Wäscherei zuzuordnen sind.

Von diesen 2200 Betrieben stellen ca. 1200 sogenannte Mangelstuben dar, welche zum einen aufgrund ihrer Infrastruktur (meist elektrische statt Gas- bzw. Öl-Beheizung), sowie zum anderen oft wegen des Nicht-Einsatzes von Wasser (nur Mangel- bzw. Bügel-Service) nicht zur Nassreinigung und damit im Rahmen dieser Arbeit nicht zur klassischen Wäschereibranche und damit zum Untersuchungsgegenstand gezählt werden.

Des Weiteren wird die Wäsche bei diesen Betrieben meist vom Kunden selbst gebracht und nach Bearbeitung wieder abgeholt, sodass auch der Transport bei Mangelstuben im Vergleich zu gewerblichen Wäschereien kein elementarer oder überhaupt kein Bestandteil der Dienstleistung darstellt. Aufgrund dieser großen Unterschiedlichkeit der Dienstleister werden die Mangelstuben aus der Grundgesamtheit des Untersuchungsgegenstandes der Wäschereibranche exkludiert. Somit beträgt die definierte Grundgesamtheit ca. 1000 gewerbliche Wäschereien in Deutschland (GG - Gütegemeinschaft sachgemäße Wäschepflege e.V. (B), 2013).

450 der angesprochenen 2200 Betriebe sind Mitglied im DTV. Von diesen sind ca. 100 Betriebe mit mehr als 80 Angestellten als Großwäschereien und ca. 10 Betriebe mit über 250 Beschäftigten als Industriewäschereien zu klassifizieren (DTV-Branchenbericht, 2011). Neben dem DTV stellt die bereits im Jahr 1953 gegründete Gütegemeinschaft sachgemäße Wäschepflege e.V. (GG) eine wichtige Institution der Wäschereibranche dar. Ihr gehören mittlerweile in Deutschland rund 360 Betriebe an. Hauptaugenmerk der Mitglieder stellt die Qualitäts- und Hygienesicherung der wiederaufbereiteten Textilien mit einheitlichen bzw. standardisierten Mindestanforderungen für jede gewerbliche Wäsche-

rei, unabhängig von der Maschinenausstattung oder Betriebsgröße dar (GG (A), 2013). Die nachfolgende Darstellung der Wäschereibranche soll fortführend anhand der Mitgliedbetriebe der GG stattfinden, da ihr Marktanteil repräsentativ für die Branche gelten kann (darunter auch ca. die Hälfte der beschriebenen Industriewäschereien).

Die Mitgliedsbetriebe der GG unterstreichen die hohe Bandbreite an Betriebsgrößen der Branche. Beispielsweise bringt es der produktionsstärkste Betrieb auf eine tägliche Produktionsmenge von etwa 90 Tonnen, während 8 Prozent der Unternehmen weniger als eine Tonne Textilien am Tag wiederaufbereiten, wie die nachfolgenden Abbildungen verdeutlichen (GG (B), 2013):

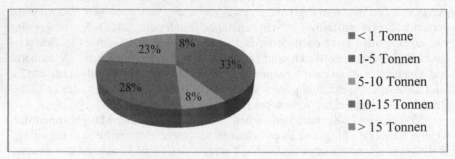

Abbildung 11: Durchschnittliche Tagesleistungen gewerblicher Wäschereien in Deutschland (GG (B), 2013)

Den Tagesleistungen sind folgende durchschnittliche Mitarbeiterzahlen zuzuordnen:

Tabelle 2: Durchschnittliche Mitarbeiterzahlen gewerblicher Wäschereien in Deutschland (GG (B), 2013)

Tagestonnage	Durchschnittliche Mitarbeiterzahl
< 1 Tonne	10
1 – 5 Tonnen	30
5 – 10 Tonnen	60
10 – 15 Tonnen	100
> 15 Tonnen	120

Die Mitglieder der GG bereiten ca. 5200 Tonnen Wäsche am Tag auf, was einem Marktanteil von etwas mehr als 70 Prozent aufbereiteter Gesamtwäschemenge entspricht. Folglich können die GG-Mitgliedsbetriebe die deutsche Wäschereibranche sehr gut abbilden.

Nachfolgend soll trotz der Vielzahl an Kunden eine Klassifizierung nach Hauptkundengruppen folgen. Hierbei stellt die Gruppe mit dem größten Marktanteil die Berufsbekleidung dar, was Abbildung 12 veranschaulicht. Die Gruppe Sonstiges repräsentiert hauptsächlich Krankenhäuser, sowie Handtuchrollen, Schmutzfangmatten und Putztücher. Dabei wird die Stationsbekleidung im Krankenhaus als Berufsbekleidung kategorisiert (Intex, 2012).

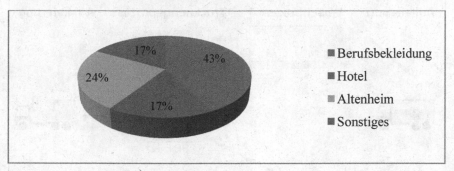

Abbildung 12: Verteilung der Kundengruppen gewerblicher Wäschereien in Deutschland (Intex, 2012)

Nachdem nun die Branchenstruktur gewerblicher Wäschereien in Deutschland aufgezeigt wurde, soll nachfolgend das „Betriebsmodell einer gewerblichen Wäscherei" vorgestellt werden.

4.2 Das Betriebsmodell einer gewerblichen Wäscherei

Zunächst soll der Begriff des gewerblichen Waschens genauer definiert werden: „Bei der gewerblichen Wäschepflege werden Textilien unter Anwendung von Wasser als Lösemittel gereinigt. Die Behandlung erfolgt dabei kontinuierlich in Taktwaschanlagen oder chargenweise in Waschschleudermaschinen" (Bech, 2013, S. 8). Taktwaschanlagen werden auch als Waschstraßen bezeichnet. Eine Waschstraße stellt eine Hintereinanderreihung von Einzelmaschinen dar, welche jeweils eine spezielle Aufgabe in der Ablauffolge des Waschprozesses haben.

Das Wasser wird anschließend in thermischen Behandlungsschritten verdampft. In Abhängigkeit der Textilbeschaffenheit erfolgt dies ohne Druckluft im Takttrockner oder geordnet auf Kleiderbügeln im Finisher. Weitere thermische Verfahren stellen die Verdunstung des Wassers mit Druckluft kontinuierlich auf Mangeln oder diskontinuierlich auf Pressen dar (Beeh, 2013, S. 8). Je nach Warensortiment ersetzt das diskontinuierliche Pressen das kontinuierliche Mangeln oder Finishen, technisch besteht hier wenig Unterschied. Das Pressen wäre im nachfolgenden Schaubild auf Höhe des Trocknungsprozesses angesiedelt, ist jedoch aus Vereinfachungsgründen nicht abgebildet.

Den vereinfachten Ablauf der gewerblichen Wiederaufbereitung von Textilien veranschaulicht die nachfolgende Prozesslandkarte:

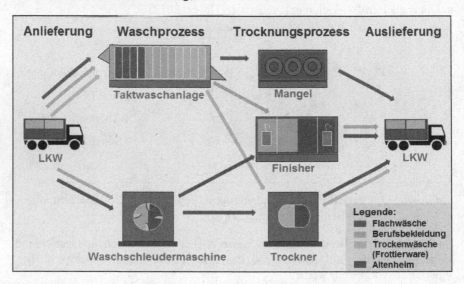

Abbildung 13: Prozesslandkarte der gewerblichen Wiederaufbereitung von Textilien (in Anlehnung an Beeh, 2013, S. 8)

In der Abbildung wird der Bearbeitungsplan der unterschiedlichen Wäschearten ersichtlich und damit, welche Kunden- bzw. Wäschearten in welchen Maschinentypen bearbeitet werden.

Natürlich haben unterschiedliche Maschinentypen auch unterschiedliche Ressourcen- und Energieverbräuche zur Folge, sei es beim Waschen oder bei der Trocknung. Auf diesen Sachverhalt soll im weiteren Verlauf näher eingegangen werden, um das in Kapitel 6 vorgestellte betriebsindividuelle ressourcen- und energiebezogene Benchmarksystem am Beispiel der Wäschereibranche besser darstellen zu können.

4.3 Inputbetrachtung einer gewerblichen Wäscherei

Der Sinnersche Waschkreis repräsentiert das in Wissenschaft und Praxis weit verbreitete und akzeptierte Medium zur Analyse des Waschprozesses. Er beschreibt den Waschprozess als Summe weitestgehend substituierbarer Teile oder Faktoren, welche mit der Zeit, der Chemie, der Temperatur, sowie der Mechanik repräsentiert werden (Wagner, 2005, S. 2). Der Faktor Wasser ist hierbei nicht gleichermaßen substituierbar, beeinflusst die anderen Faktoren aber dennoch, wie nachfolgend erläutert werden soll.

Abbildung 14 verdeutlicht den Gesamtzusammenhang:

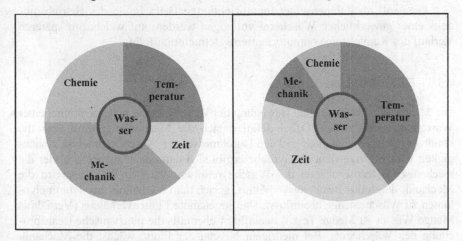

Abbildung 14: Unterschiedliche Waschprozesse mit gleicher Waschqualität (eigene Darstellung in Anlehnung an Henning (2006), S. 14)

Wie man erkennen kann, gibt es die unterschiedlichsten Konstellationen, einen Waschprozess zu gestalten. Dabei ist die Grenzrate der technischen Substitution (GRTS) der Faktoren des Sinnerschen Waschkreises besonders interessant. Grundsätzlich definiert sich die GRTS durch den „Betrag, um den die Menge eines Inputs reduziert werden kann, wenn eine zusätzliche Einheit eines anderen Inputs eingesetzt wird, so dass der Output konstant bleibt" (Pindyck und Rubinfeld, 2009, S. 282).

Dabei ist für die Grenzraten der Substitution der Faktoren des Sinnerschen Waschkreises stets charakteristisch, dass ein Faktor nie vollständig durch einen anderen substituierbar ist. Das Beispiel zeigt, dass Waschprozess A zwar einen höheren Chemikalien- und Mechanikeinsatz als Waschprozess B besitzt, jedoch einen geringeren Temperatur- und Zeiteinsatz. Laut dem Sinnerschen Waschkreis lässt sich somit innerhalb definierter Grenzen das gleiche qualitative Ergebnis (Output) mit unterschiedlichen Faktorkombinationen erreichen. Dabei beschreibt die Literatur weder Grenzen der Substituierbarkeit, noch optimale Faktorkombinationen, da der vorhandene Waschmaschinentyp, die wiederaufzubereitende Textilart, sowie die Anschmutzungsarten und zusätzliche Parameter den Wäschereibetrieb immer vor ganz eigenständige Herausforderungen stellt.

Vor diesem Hintergrund sollen nun die Faktoren des Sinnerschen Waschkreises im Einzelnen genauer erläutert werden und infolgedessen auf deren Einfluss auf den Ressourcen- und Energieverbrauch einer gewerblichen Wäschereien eingegangen werden.

Dies soll im Rahmen einer inputorientierten Betrachtung des Betriebsmodells einer gewerblichen Wäscherei vollzogen werden, auf welche im späteren Verlauf des Kapitels eine outputorientierte Betrachtung folgt.

4.3.1 Faktor Mechanik

Die Mechanik repräsentiert die Bewegung der Wäsche bspw. in der Trommel einer Waschschleudermaschine. Dabei definiert sich die Mechanik generell über die Umdrehungsgeschwindigkeit und den Durchmesser der Waschtrommel. In Abhängigkeit vom Eigengewicht der Wäsche ergibt sich dann der Fallwinkel α, der die mechanische Beanspruchung der Wäsche repräsentiert. Des Weiteren wird die Mechanik durch das Beladungsverhältnis, sprich dem Verhältnis aus Trommelvolumen zu Wäschemenge beeinflusst. Das sogenannte Flottenverhältnis (Verhältnis Menge Wasser zu Menge Textil) beeinflusst ebenfalls die mechanische Beanspruchung des Wäscheguts. Bei niedrigem Niveau der Flotte wächst die Mechanik aufgrund stärkerer Reibungskräfte zwischen den Wäschestücken. Zuletzt spielen natürlich auch konstruktionstechnische Merkmale, wie die Bauart der Waschtrommel, eine Rolle (Education and Culture (A), 2007, S. 8).

Generell kann konstatiert werden, dass die Mechanik beim Wasch- wie auch beim Trocknungsprozess sehr stark mit dem Ressourcen- und Energieverbrauch pro Kilogramm sauberer Wäsche korreliert. Beim Waschprozess kann dies vor allem an den Waschstraßen bzw. Taktwaschanlagen im Vergleich zu Waschschleudermaschinen festgemacht werden.

Wie bereits erläutert, stellt eine Waschstraße eine Hintereinanderreihung von Einzelmaschinen dar, welche jeweils eine spezielle Aufgabe in der Ablauffolge des Waschprozesses haben. Die einzelnen Programmschritte Vorwaschen, Klarwaschen, Spülen, Neutralisation, Entwässern laufen in Waschstraßen aufeinander folgend in separierten Kammern ab (Hohenstein Academy, 2013, Kapitel 7, S. 10).

Diese Vorgehensweise ist sehr ökonomisch, da Dampf, Wasser und Waschmittel, sowie Waschzeiten reduziert werden können. Waschstraßen wurden ursprünglich zur Wiederaufbereitung großer Wäschemengen ähnlicher Zusammensetzung (z.B. Hotelwäsche weiß) konzipiert. Durch die Weiterentwicklung der Technik wurde die universelle Einsetzbarkeit der Waschstraßen weiter verbessert, sodass moderne Großbetrieben die zu bearbeitenden Textilien überwiegend in diesen Anlagen bearbeiten, da hier Durchsatzmengen von ca. 1 Tonne pro Stunde die Norm darstellen (Beeh, 2013, S. 14).

Bei Waschschleudermaschinen ist eine große Diversität an Maschinengrößen erhältlich. Die kleinste Beladeemenge gewerblicher Maschinen liegt bei 5,5 kg und damit in der Größenordnung von Haushaltswaschmaschinen, die größten Maschinen fassen mittlerweile mehr als 450 kg trockene Wäsche.

Bei Waschstraßen ist eine enorme Spannweite von 25 bis 130 kg Belademenge je Bearbeitungskammer bei Kombinationen aus Ein- und Doppeltrommeln, unterschiedlichen Maschinenlängen, sprich der Anzahl der Kammern, sowie vielen weiteren Kriterien verfügbar. So kommt es zu einer kaum überschaubaren Vielfalt an Maschinetypen (Beeh, 2013, S. 15).

An dieser Stelle soll der Trocknungsprozess ebenfalls in die Diskussion einfließen, obwohl er selbst nicht Teil des Konzeptes des Sinnerschen Waschkreises ist, da er einerseits eine starke mechanische Beanspruchung auf das Textil und andererseits einen erheblichen Einfluss auf den Ressourcen- und Energieverbrauch einer gewerblichen Wäscherei ausübt.

Auch im Trocknungsprozess führen unterschiedliche Technologien zu unterschiedlichen Ressourcen- und Energieverbräuchen. Die Leistung, die der Trocknungsbereich eines Betriebes aufbringen muss, korreliert sehr stark mit dem Restfeuchtegehalt der Textilien nach der Entwässerung. So weist die Wäsche nach dem Entwässern durchschnittlich einen Restfeuchtewert von ca. 35 - 55 Prozent des Eigengewichts auf. Ein wichtiger Teil stellt hierbei der in der Waschstraße meist integrierte Takttrockner dar. Dieser hat je nach Wäscheart verschiedene Funktionalitäten. Einerseits soll er die Textilien zur Weiterverarbeitung auflockern und vortrocknen (Mangel- und Presswäsche), sowie bei Frottier- und Unterwäsche volltrocknen (Beeh, 2013, S. 15).

Die Mangel hingegen ist für feuchte Flachwäsche entwickelt worden. Sie besteht aus rotierenden und bewickelten Walzen, welche der Flachwäsche entsprechend geformt sind und in beheizten Mulden mit Druckluft bei paralleler Absaugung der Feuchtigkeit das Wäschestück glätten und trocknen (Beeh, 2013, S. 17). Mangeln sind speziell für Laken, Bezüge, Tischdecken' und Servietten geeignet. Sie sind in Verbindung mit einer großen Vielfalt an manuellen und automatischen Eingabe- und Faltmaschinen in der Praxis anzutreffen.

Der Finisher stellt eine Trocknungsart für konfektioniertes Wäschegut, wie Kittel oder Hemden, dar. Die Wäsche wird erst langsam von der Heiz- und Finishzone aufgeheizt, um bearbeitet werden zu können. In der Trockenzone wird sie dann der größten Hitze ausgesetzt, um dann im Rahmen eines „Cool-Down" in der Kühlzone wieder abgekühlt zu werden. Dabei hat das Gewebe Raumtemperatur beim Eingang in den Finisher, erreicht eine Höchsttemperatur von bis zu 170 Grad Celsius und hat beim Ausgang zwischen 75 und 120 Grad Celsius (Hohenstein Institute, 2008). Dieser Zonenverlauf ist wichtig, damit das Finishergebnis optimal ausfallen kann. Es handelt sich dabei um auf Wäschearten fein justierte Abläufe - bzw. Finishprogramme.

Zusammenfassend kann festgehalten werden, dass die Mechanik bzw. Technologie und damit die Maschinenausstattung beim Wasch-, wie beim Trocknungsprozess sehr starken Einfluss auf den Ressourcen- und Energieverbrauch einer gewerblichen Wäscherei ausüben.

4.3.2 Faktor Chemie

Der Faktor Chemie spielt vor allem im Zusammenspiel mit der Temperatur eine große Rolle für den Wascherfolg. So ging der Trend der letzten Jahre verstärkt in Richtung „Kaltwaschprogramme", bei welchen ein verstärkter Chemikalieneinsatz angewendet wird. Dies hängt vornehmlich mit der Entwicklung der Energiepreise zusammen, welche im Vergleich zu den Preisen für Waschmittel überproportional angestiegen ist. So kann situationsabhängig (je nach Maschinentyp, Wäscheart, Verschmutzungsart) eine Verminderung der Temperatur von 60 auf 40 Grad Celsius zu einer Energieeinsparung von bis zu 50 Prozent pro Waschgang führen. Aus ökologischer Perspektive sind niedrigere Wassertemperaturen, wie bereits beschrieben, umweltfreundlicher hinsichtlich des Einleitens in Gewässer. Jedoch kann der hierbei eingesetzte verstärkte Chemikalieneinsatz diesen positiven Effekt negieren (GG – Gütegemeinschaft sachgemäße Wäschepflege e.V. (C), 2013).

Die Hauptinhaltsstoffe der industriellen Waschmittel sind in Tabelle 3 übersichtsartig zusammengefasst.

Tabelle 3: Hauptinhaltsstoffe und Eigenschaften industrieller Waschmittel
(eigene Darstellung)

Hauptinhaltsstoffe	Eigenschaften
Tenside (waschaktive Substanzen)	ermöglichen Bildung von Dispersionen[1] → wirken als Lösungsvermittler
Alkalien	erhöhen den pH-Wert → sorgen für Faseraufquellung und damit bessere Schmutzentfernung (durch Vergrößerung der Oberfläche) → bessere Fettentfernung
Gerüststoffe	tragen zur Wasserenthärtung und Verstärkung der Wirkung von Tensiden bei
Builder	entfernen Härtebildner (Magnesium und Calcium)
Phosphate	enthärten das Wasser
Bleichmittel (Chlor- bzw. Sauerstoffbleiche)	zerstören Farbstoffe
Enzyme	Katalysatoren → Entfernung spezieller Anfleckungen, (z.B. Blut, proteinhaltig)
optische Aufheller	farblose Farbpigmente, die UV-Licht absorbieren und sichtbares blaues Licht reflektieren → Wäsche erscheint weißer
Schaumregulatoren	verhindern Überschäumen
Stellmittel	sorgen für bessere Rieselfähigkeit des Waschpulvers
Korrosionshemmer	verhindern Korrosion der Maschine → kein Übertrag auf Wäsche
Inhibitoren	schaffen Farbechtheit
Duftstoffe	sorgen für angenehmen Geruch

Der Einsatz von Chemie steht in substitutionaler Relation zur angewendeten Temperatur im Waschprozess. Wird viel Chemie im Waschprozess eingesetzt, kann man bei niedrigeren Temperaturen waschen. Auf diese Weise kamen, wie bereits erwähnt, viele „Kaltwaschprogramme" zum Einsatz. Allerdings müssen bei Temperaturen von ca. 40 Grad Celsius wesentlich aggressivere Einsatzstoffe verwendet werden, um den Schmutz aus dem Textil zu lösen, als zum Beispiel bei 60 Grad Celsius. So geht mit einer solchen Vorgehensweise auch immer ein erhöhtes Risiko der chemischen Schädigung der Textilien einher. So hat seit Beginn der Wäschereigeschichte der Satz „Heiß macht weiß" immer noch seine Berechtigung, sprich mit wenig Chemie aber dafür unter hohen Temperaturen zu

---

1   In einer Dispersion liegen eine oder mehrere Komponenten in feiner Verteilung in einem Lösungsmittel vor. Dabei sind die Komponenten in dem Lösungsmittel kaum oder nicht löslich bzw. chemisch miteinander reaktiv (heterogenes Gemisch) (Bartz, 2010, S. 149).

waschen. Dabei darf jedoch nicht außer Acht gelassen werden, dass eine Überhitzung des Textils auch zu Schädigungen führen kann (Hohenstein Academy, 2012a, Kapitel 5, S. 9).

Hohe Temperaturen wirken sich natürlich sehr stark auf den Energieverbrauch pro Kilogramm saubere Wäsche aus, währenddessen höhere Einsätze von Chemikalien ebenfalls einen erhöhten Ressourcen- und Energieeinsatz, verlagert auf die Herstellung und Entsorgung der Chemikalien, haben. Hinzu kommen selbstverständlich immer Kostenargumente, die im Betriebsalltag meist die Entscheidung erleichtern, wie bereits beim Faktor Chemie beschrieben. Anhand dieser Zusammenhänge, welche auf alle Faktoren des Sinnerschen Waschkreis erweitert werden können, wird die stetige Korrelation bzw. Abhängigkeit zum Energie- und Ressourcenverbrauch einer gewerblichen Wäscherei offensichtlich.

In der Praxis ist mit der Zunahme an Taktwaschanlagen gleichzeitig die Automatisierung der Chemikaliendosierung vorangeschritten. Bei gewerblichen Wäschereien sind Flüssig- und Pastenprodukte dominant, sodass eine Beförderung der Chemikalien mit Pumpen erreicht wird. Pulverwaschmittel stellen die gängigsten Waschmittel bei Maschinen mit automatischen Dosieranlagen dar. Eine Dosierung von Hand erfolgt meist bei kleinen Waschschleudermaschinen, bei denen sich Investitionen in die dazu erforderliche Technik nicht lohnen.

4.3.3 Faktor Temperatur

In der Geschichte der Wäschereibranche wurde, wie bereits erwähnt, stets „heiß" gewaschen. Dies ist auch nicht verwunderlich, da in der jüngeren Vergangenheit keine Chemikalien zur Verfügung standen, welche bei „kalten" Temperaturen unter 40 Grad Celsius ausgereicht hätten die Verschmutzungen zu entfernen. So ist eine erhöhte Waschtemperatur aus vielerlei Hinsicht von Vorteil. Bei erhöhter Temperatur steigt bspw. die kinetische Energie vieler der vorgestellten Hauptinhaltsstoffe der industriellen Waschmittel, was die Effektivität der Entfernung des Schmutzes verbessert, wobei sich Schmutz naturgemäß bei höheren Temperaturen besser löst, unabhängig vom Waschmitteleinsatz. Die Ausnahme stellen Enzyme dar, die ab Temperaturen größer 60 Grad Celsius zerstört werden und so ihre Eigenschaften verlieren. Des Weiteren weisen erhöhte Temperaturen auch Desinfektionspotenzial auf (Education and Culture (E), 2007, S. 30).

Abbildung 15 veranschaulicht die antibakterielle Wirkung einer ansteigenden Waschtemperatur anhand der Quantität überlebensfähiger Bakterien (Streptococcus faecalis) auf einem halben Quadrat-Inch eines Gewebes nach dem Spülprozess:

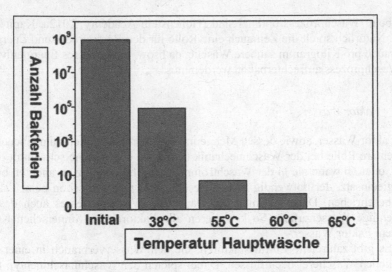

Abbildung 15: Desinfizierende Wirkung einer erhöhten Waschtemperatur
(Kelsey, et al., 1969)

Es wird ersichtlich, dass die Anzahl überlebensfähiger Bakterien schon bei
65 Grad Celsius auf beinahe 0 herabsinkt.

Zusammenfassend kann festgestellt werden, dass der Faktor Temperatur
vornehmlich mit dem Chemieeinsatz negativ korreliert und infolgedessen direkt
mit dem Energieverbrauch einer gewerblichen Wäscherei in Verbindung steht.

4.3.4 Faktor Zeit

Die Zeit ist ein nicht zu unterschätzender Faktor im Rahmen eines Waschprozesses. Sie steht im umgekehrten Verhältnis zum Waschmitteleinsatz, der einwir-
kenden Mechanik, sowie der Temperatur. So braucht das Waschmittel eine bestimmte Einwirkzeit, um die angestrebten Wechselwirkungen zwischen
Schmutz, Textilfaser und wirksamen Waschmittelkomponenten zu entfalten. Mit
fortschreitender Zeit wird die optimale Relation zwischen der Oberfläche der
Faser und dem zirkulierendem Wasser erreicht. Dieser optimale Zeitpunkt kann
jedoch auch überschritten werden, sodass es im schlimmsten Fall sogar zur Wie-
derablagerung von Pigmentschmutz auf dem Waschgut kommen kann. Ver-
grauungen und eine mechanische Schädigung des Textils können die Folge sein.

So ist der jeweiligen Textil- und Verschmutzungsart entsprechend spezifisch zu entscheiden, welche Anteile aus Chemie, Mechanik, Temperatur und

Zeit beim Waschprozess optimal sind (Hohenstein Academy, 2012a, Kapitel 5, S. 9). Natürlich spielt die Zeit auch eine Rolle für den Ressourcen- und Energieverbrauch pro Kilogramm saubere Wäsche, da bspw. ein gewisses Energieniveau im Waschprozess aufrechterhalten werden muss.

4.3.5 Faktor Wasser

Der Faktor Wasser, sowie dessen Menge im Waschprozess, spielt zum einen eine elementare Rolle bei der Waschmechanik (bspw. ob die Wäsche schwimmt oder nicht, oder ab wann sie in der Waschtrommel herabfällt) und zum anderen beim Energieeinsatz, der notwendig ist um diese zu erhitzen, wie schon beim Faktor Zeit beschrieben. Dabei definiert die Dauer des Waschprozesses auch dessen notwendige Wasserzufuhr. So korrelieren alle Faktoren im Sinnerschen Kreis mit dem Faktor Wasser.

Es gibt zahlreiche Einflussfaktoren, die den Wasserverbrauch in einer gewerblichen Wäscherei beeinflussen. Dabei spielen der Waschmaschinentyp und damit die Mechanik eine grundlegende Rolle, also ob prinzipiell Waschschleudermaschinen oder Waschstraßen verwendet werden. Die Waschprogrammauswahl mit der damit einhergehenden Dosiereinstellung der Chemie spielt ebenfalls eine enorme Rolle hinsichtlich des Wasserverbrauchs. Natürlich orientiert sich die Waschprogrammauswahl an der Art der Wiederaufbereitungsaufgabe und damit an der Textil- bzw. Wäscheart, sowie der Verschmutzungsart. Aber auch die Einstellungen hinsichtlich des Flottenverhältnisses in den Waschmaschinen tragen maßgeblich zur verbrauchten Wassermenge bei. Das Flottenverhältnis spielgelt, wie bereits beschrieben, das Verhältnis der eingesetzten Menge Wasser zur eingesetzten Menge Textil wieder (Hohenstein Academy, 2012a, Kapitel 5, S. 12).

Die Art des Textils spielt beim Wasserverbrauch eine enorme Rolle, sprich ob Wolle, Seide, Baumwolle, Polyester oder Mischgewebe im Einsatz sind. So charakterisieren diese Textilien ganz unterschiedliche Wasseraufnahmemengen. Dabei spielt nicht nur die Faserart, sondern auch die Konstruktion des Textils, sowie das Alter eine Rolle. Die Wasseraufnahme und das Flottenverhältnis stehen somit in direktem Zusammenhang und korrelieren stark miteinander.

Zuletzt sei noch auf den wichtigen Einflussfaktor des Schmutzaufkommens hingewiesen. Natürlich trägt der Verschmutzungsgrad des Textils maßgeblich zur eingesetzten Menge an Wasser bei, um dieses wiederaufzubereiten. Der Spülvorgang jedoch verursacht den höchsten Wasserverbrauch. So wird zum Spülen immer Frischwasser benötigt, unabhängig vom jeweiligen Maschinentyp. Der Spülvorgang stellt den letzten Teilprozess im Nassbereich der Wiederaufbereitung dar, weshalb er sehr sensibel zu handhaben ist. Infolgedessen kann kein

Wasser wiederverwendet werden, da eventuelle Rückstände auf den Textilien zu erwarten wären und so zahlreiche Probleme, wie Wechselwirkungen mit der Haut oder ein inadäquates Gesamterscheinungsbild die Folge wären (Education and Culture (A), 2007, S. 7-8).

Zusammenfassend stellt der Faktor Wasser ein Ausnahmekriterium dar, welches einen direkten Einfluss auf alle Faktoren des Sinnerschen Waschkreises aufweist. So kann ein ungefähr gleich großer Einfluss des Faktors Wasser hinsichtlich des Faktors Mechanik, da mit ihm das Verhältnis der Oberfläche der Faser und dem zirkulierendem Wasser bestimmt wird, hinsichtlich des Faktors Chemie aufgrund der Chemiekonzentration im Waschwassers, hinsichtlich des Faktors Temperatur, da das aufzubringende Temperaturniveau wasservolumenabhängig ist und hinsichtlich des Faktors Zeit, was mit dem Einhalten des Temperaturniveaus einhergeht, ausgemacht werden. Natürlich gibt es zahlreiche weitere Einflussfaktoren, welche die Charakteristika des Faktors Wasser in diesem Zusammenhang unterstreichen. Infolgedessen steht der Faktor Wasser direkt mit dem Ressourcen- und Energieverbrauch einer gewerblichen Wäscherei in Verbindung.

Nachdem nun eine inputorientierte theoretische Betrachtung des Betriebsmodells einer gewerblichen Wäscherei anhand des Konzeptes des Sinnerschen Waschkreises vollzogen wurde, soll nun anwendungsorientiert das prinzipielle Vorgehen bei der Erstellung eines Waschverfahrens vorgestellt werden.

Waschverfahren für den Haushalts-, Krankenhaus und Objektbereich

Zur Erstellung eines Waschverfahrens muss zunächst geklärt werden, welche Art von Textilien wiederaufbereitet bzw. gewaschen werden, da dies das Verfahren maßgeblich beeinflusst. Handelt es sich um Baumwoll-Textilien kann mit einer Beladung von 1:10 (bezogen auf das Trommelvolumen) bis 1:14 je nach Verschmutzungsart und -intensität ausgegangen werden, bei Mischgeweben hingegen mit 1:16 bis 1:20 (Hohenstein Academy, 2012b, Kapitel 8, S. 22).

Des Weiteren spielen die Farbechtheit hinsichtlich der Temperatur, den Alkalien, der Niotensidkonzentration sowie dem Bleichmitteleinsatz eine zentrale Rolle. Die Verschmutzungsart, sowie der -grad stellen weitere wesentliche Faktoren für die Erstellung eines Waschverfahrens dar.

Differenziert man nun nach Verschmutzungen, sind leicht entfernbare Flecken meist mit Einlaugenverfahren entfernbar. Für Industriewäsche hingegen, wie bspw. Wäsche aus fischverarbeitenden Betrieben sind 3-Laugen-Verfahren mit Zwischenspülen absolut notwendig. Für spezielle Verschmutzungen, wie z.B. Blut oder Mineralöl sollten auch spezifische Verfahrensabläufe (enzymatische Vorwäsche, bzw. heiße Vorwäsche bei 70 Grad Celsius) Verwendung finden (Hohenstein Academy, 2012b, Kapitel 8, S. 22).

Tabelle 4: Flecken- und Schmutzentfernung im Rahmen verschiedener Aufbereitungsverfahren (Hohenstein Academy, 2012b, Kapitel 8, S. 22)

Waschen	Bleichen			Spezial-verfahren (Säuren)	Chem. Reinigung, Detachur
	oxidativ		reduktiv		
Tenside ――― Alkalien ――― Enzyme	Sauer-stoff-bleiche ――― H₂O₂ ――― Per-säuren ――― Perborat	Chlor-bleiche ――― Chlor-bleich-lauge ――― Organo-chlor-träger	Ent-färber	Oxal-säure ――― Essig-säure ――― Phosphor-säure	Orga-nische Löse-mittel

Natürlich spielt auch der Maschinentyp eine zentrale Rolle beim Erstellen eines Waschverfahrens. Dabei muss zunächst geklärt werden, ob die Maschine für die Waschaufgabe und damit für die wiederaufzuarbeitende Wäscheart überhaupt geeignet ist (Teilung der Trommel, Schongang, Dosiermöglichkeiten, Temperatur- und Flottensteuerungsmöglichkeiten, etc.). Des Weiteren stellt die Wassersituation (Weichwasser-, Rohwasserverfügbarkeit, Eisengehalt des Weichwassers, Bicarbonathärte) in der betreffenden Wäscherei ein weiteres wesentliches Kriterium dar. Abschließend spielen auch Waschhilfsmittel (Produkte zur Verbesserung der Waschleistung neben dem Hauptwaschmittel) bei der Gestaltung des Waschverfahrens eine große Rolle (Eignung für das vorhandene Dosiersystem, Stammlaugeneignung, Schaumwirkung, etc.).

Dabei basieren die Qualitätsanforderungen stets auf den Prüfbestimmungen nach RAL-GZ 992 und fokussieren folglich auf Sauberkeit, Fleckenfreiheit, Hygiene und dem Werterhalt. Nachfolgend sollen am Beispiel Weißwäsche (flach) allgemeine Verfahrensgrundsätze zur Erstellung eines Waschverfahrens vorgestellt werden (Hohenstein Academy, 2012b, Kapitel 8, S. 23).

Tabelle 5: Beispiel eines Verfahrensaufbaus für Weißwäsche (Hohenstein Academy, 2012b, Kapitel 8, S. 23)

Temperatur / Zeit	Mechanik / Chemie	Faserart					
		Baumwolle			Mischgewebe		
		Hotel	Kranken-haus	Industrie	Hotel	Kranken-haus	Industrie
		Faserart					
Temperatur °C							
85-90		x	x	x			
60-70			(evtl.)				
40-60					(evtl.)	x	x
< 30						(evtl.)	
Mechanik							
Drehzahl		normal	normal	normal	normal	normal	normal
Flottenhöhe		niedrig	niedrig	mittel	mittel	mittel	mittel
Chemie							
Alkalität (Soda)		niedrig	mittel	hoch	niedrig	mittel	hoch
Waschaktive Substanzen		wenig	mittel	viel	wenig	mittel	viel
Enzyme		-	(evtl.)	(evtl.)	-	(evtl.)	(evtl.)
Bleiche		wenig	wenig	viel	wenig	wenig	viel
Desinfektion		-	normal	-	-	normal	(evtl.)
Zeit							
Vorwäsche		kurz	normal	lang	kurz	normal	lang
Takt- u. Durchlaufzeiten		kurz	normal	lang	kurz	normal	lang

Anhand dieser Tabelle kann die allgemeine Vorgehensweise eines Waschmittel-Dosierers (Mitarbeiter in einer gewerblichen Wäscherei) nachvollzogen werden, der aus diesen kausalen Grundzusammenhängen und der individuellen Betriebssituation ein filigranes Waschverfahren ableitet.

Nachfolgend soll der Stand der Forschung und Technik in der Wäschereibranche vorgestellt werden, um ein umfassendes Bild einer gewerblichen Wäscherei zu erhalten.

4.4 Stand der Forschung und Technik in der Wäschereibranche

Deutschland ist Spitzenreiter moderner Einsparungstechnologien für Ressourcen und Energie. Dennoch zeigt sich in der Branche der gewerblichen Wäschereien eine enorme Bandbreite an Energiebedarfswerten zur Erzeugung eines Kilogramms saubere Wäsche. Die Werte bewegen sich hier von ca. 0,7 bis ca. 6 Kilowattstunden (kWh). Beim Frischwasserverbrauch geht die Bandbreite zur Erzeugung eines Kilogramms saubere Wäsche ebenfalls stark auseinander. Sie reicht von 3,5 - 25 Liter (Everts, 2009). Diese große Schwankungsbreite in den Kennzahlen ist mit der angesprochenen Problematik der Heterogenität zu erklären, welche vornehmlich auf die Wäschereibranche zutrifft. So besitzen Großbetriebe meist Taktwaschanlagen aufgrund einer besseren finanziellen Liquidität, woraus ein geminderter Frischwassereinsatz folgt. So ist es nicht verwunderlich, dass der Einsatz modernster Technologien vornehmlich in kapitalstarken Großwäschereien in Deutschland anzutreffen ist. Sie besitzen bei 6 Prozent Branchenanteil (Gesamtbranche entspricht ca. 1.000 Wäschereien) 50 Prozent des Gesamtumsatzes (DBU, 2012, S. 13).

In einem Pilotprojekt im Rahmen des Aufbaus einer neuen gewerblichen Wäscherei wurden alle bestehenden Wasser- und Energieströme ressourcen- und energieeffizient optimiert. Hieraus resultierte ein Energieverbrauch von 1 kWh bei einem Frischwasserverbrauch von 6,5 Liter pro Kilogramm saubere Wäsche (SN-Fachpresse Hamburg, 2010). Dies konnte unter anderem durch die Wiederverwendung des Abwassers aus der Waschzone und der Abluft aus den Trocknungsverfahren realisiert werden. Die Abluft wurde wiederum zum Erwärmen des Frischwassers verwendet. Zusätzlich wurden ressourcen- und energiesparende Durchlaufwaschanlagen mit Spülschleudertechnik und direkt gasbeheizte Trockner eingesetzt, die die Abluft zum Erwärmen frischer Luft wiederverwenden, sowie zusätzlich programmgesteuert durch integrierte Oberflächentemperatursensoren agieren.

Durchlaufwaschanlagen ohne Dampfzufuhr zu benutzen, indem Niedrigtemperaturwaschmittel mit Abwasserwärmetauschern zum Erhitzen des Wassers mit einer innovativen frischwassersparenden Maschinentechnik im Verbund eingesetzt werden, bietet weitere Verbesserungen. Diese Technologie stellt den aktuellen Stand der Technik dar und setzt eine präzise Prozessabstimmung der eingesetzten Chemie, des Frischwassers und der Energie voraus (DBU, 2012, S. 13).

Höhere Temperaturen des Spülwassers lassen die verbleibende Restfeuchte im Textil während der Wäschevorbereitung bzw. Lagerung vor dem Trocknungsprozess schneller verdunsten, sodass dies in einem vorteilhaften geminderten Energieverbrauch im Trocknungsprozess resultiert. So bedeutet eine kleinere Differenz zwischen der Temperatur der Wäsche nach dem Spülen und dem Trocknungsprozess faktisch, dass weniger Heizleistung im Trockner notwendig ist. Seit ca. drei Jahren werden auch Wärmetauscher eingesetzt, welche die Wärmeenergie aus der Abluft der Wrasen (Wasserdampf) der Waschmaschinen, sowie den Trocknern und den Mangeln ziehen können, welche dann wiederum zum Erhitzen des Wassers eingesetzt werden kann.

Bei der „dampflosen" Wäscherei kommen wiederum mehrere Energieeinsparungs- und damit Wiederverwendungsmaßnahmen im Verbund zum Tragen, welche das zusätzliche Erwärmen des Waschwassers durch Dampf unnötig machen, wie bspw. die Verwendung angepasster Chemie, niedriger Flottenverhältnisse (Verhältnis zwischen Beladungsmenge und Wasser in der Trommel), Wasserrecycling und dem Einsatz von Wärmeaustauschern. Allerdings ist eine solche „dampflose" Wäscherei nur für große Waschstraßen bzw. Taktwaschanlagen bei leicht verschmutztem Wäschegut zu verwirklichen. Folglich stellt dieses Konzept wiederum einen in der Praxis wenig Anklang findenden „State-of-the-Art-Ansatz" dar.

Auch bei den Trocknern und Mangeln gibt es zahlreiche Möglichkeiten die Energieeffizienz eines Betriebs zu erhöhen. Durch eine optimierte Entwässerung, kann man die Restfeuchte des Textils weiter senken, was mit enormen Einsparpotentialen in den sehr energieintensiven Trocknungsprozessen einhergeht. Mit der Textiloberflächentemperaturerfassung besitzen die neuesten Trockner eine auf die Beladungsmenge bezogene Technologie, welche eine Über- bzw. Untertrocknung des Wäscheguts unmöglich machen soll. Zusätzlich kann hier durch optimierte Luftführung in Abhängigkeit der Luftfeuchtigkeit die erwärmte Prozessluft wiederverwendet werden. (DBU, 2012, S. 14).

Die Umsetzung ressourcen- und energiespezifischer Einsparungen birgt jedoch bei ungenügender ganzheitlicher Analyse der Prozessabläufe großes Gefahrenpotential. So besitzt jede Wäscherei hinsichtlich der Justierung des Ressourcen- und Energieverbrauchs ein empfindliches Gleichgewicht. Bereits eine kleine Fehljustierung kann gravierende Auswirkungen auf die Qualität der Wasch- und Trocknungsprozesse haben. So ist, wie bereits Erwähnung fand, keine Ressourcen- oder Energieeinsparung gerechtfertigt, wenn sie damit die Prämisse einer einwandfreien primären und sekundären Waschqualität konterkariert. Hieraus resultiert unwillkürlich eine notwendige filigrane Abstimmung des Einsatzes an Waschchemie, Frischwasser und vor allem Energie.

Auch das Thema Messtechnik und Energiebilanzerstellung in gewerblichen Wäschereien darf zur Abbildung des Stands der Technik nicht fehlen. Die Wäschereibranche stellt hier eine rückständige Branche im Vergleich mit anderen Industriebranchen dar. Die meisten gewerblichen Wäschereien haben bspw. kein detailliertes Bild davon, ob ihre Energieverbrauchswerte angesichts der anzutreffenden Infrastruktur optimal sind. Alles was von der Unternehmensführung zur ökonomischen Analyse herangenommen wird, sind die von den Versorgungsunternehmen zur Abrechnung notwendigen Daten für den aggregierten Energie- und Wasserverbrauch, welche meist jährlich erstellt werden. Vereinzelt gibt es auf Initiative der Maschinenhersteller maschinenbezogene Energieverbrauchswerte, welche analysiert werden können (DBU, 2012, S. 17). Dann ist eine individuelle ressourcen- und energieoptimierte Anpassung des Stoff- und Energieverbrauchs für die betroffene Maschine möglich. Dies ist jedoch, wie bereits erwähnt, nur sehr selten der Fall und darüber hinaus fehlt dabei immer die notwendige Abstimmung mit vor- und nachgelagerten Prozessen, sodass trotz optimierter Teilprozesse ganzheitlich ineffiziente Resultate erzielt werden.

Der Autor versucht diesen Umständen in der deutschen Wäschereibranche Rechnung zu tragen, indem er einen ganzheitlichen Ansatz für das im Rahmen dieser Dissertation zu entwickelnde Bewertungs- und Entscheidungsunterstützungssystem gewählt hat. Auf diese Weise können Handlungsempfehlungen ohne den kostenintensiven Einsatz von Messtechnik abgeleitet werden.

Bis dato sind keine speziell auf gewerbliche Wäschereien zugeschnittenen Software-Programme auf dem Markt vorhanden. Es gibt zwar Standard-Software aus dem Facility-Management-Bereich, allerdings steht hier der finanzielle Aufwand der branchenspezifischen Anpassung in keinem Verhältnis zum Nutzen des Wäschereibetriebes.

Im Gegensatz zu diesen zu generalisierenden Software-Lösungen gibt es speziell für einzelne Wiederaufbereitungsphasen entwickelte Simulationsmodelle und Rechnersoftware für die Erfassung der Betriebsdaten. Anbieter sind verschiedene Produzenten von Waschmaschinen auf der technischen Seite und Waschmittelhersteller auf der chemischen Seite. Allerdings sind diese Teilsysteme nicht miteinander zu kombinieren und somit wieder nicht ganzheitlich und zusammenhängend nutzbar.

Zuletzt sei noch erwähnt, dass sich die konstruktions-, verfahrens- und steuerungstechnische Forschung ebenfalls an einem ganzheitlichen Ansatz einer ressourcen- und energiebezogenen Optimierung gewerblicher Wäschereien versucht. Es sollen aus den maschinenspezifisch erfassten Messdaten aggregiert Berechnungsmodelle ganzer Maschinenverbünde und Prozesse entwickelt werden, sodass letztendlich ein ganzheitliches ressourcen- und energiebezogenes Berechnungswerkzeug für gewerbliche Wäschereien entsteht. Dabei versucht man immer aus Beispiel-Betrieben, in der Manier eines Baukastens, ein System zu entwickeln, welches eine gewerbliche Wäscherei energetisch abbilden kann (DBU, 2012, S. 18).

Nach Meinung des Autors ist dieser Ansatz zu ambitioniert, als dass er in der Praxis zu aussagekräftigen Ergebnissen führen kann. Es gibt schon seit langem betriebsspezifische Beratung, von Ingenieurbüros oder auch Experten nachhaltiger Technologien. Diese doch sehr spezifischen und speziell vor allem verfahrenstechnisch auf den jeweiligen Betrieb abgestimmten Beratungslösungen können jedoch sehr schlecht verallgemeinert auf alle Betriebe der Wäschereibranche in Form eines Gesamtberatermodells integriert werden. Es kommen dabei zu viele technische Faktoren zum Tragen, wie bspw. die Infrastruktur, Dämmung und die gesamte Haustechnik des jeweiligen Betriebes. Hinzu kommt noch die immer ganz individuelle Zusammenstellung des Kundenmixes einer gewerblichen Wäscherei, sowie vieler anderer Charakteristika (Unterscheidungskriterien) mit Einfluss auf den Ressourcen- und Energieverbrauch, welche im Rahmen dieser Dissertation ganz bewusst aufgegriffen werden, jedoch in der technischen Forschung vernachlässigt werden.

In Kapitel 6 wird durch Anwendung des in Kapitel 5 entwickelten branchenunabhängigen Messkonzeptes aufgezeigt, wie diesen Charakteristika im Rahmen eines betriebsindividuellen ressourcen- und energiebezogenen Benchmarksystems begegnet werden kann und so für jede gewerbliche Wäscherei der Branche individuelles Verbesserungspotential abgeleitet und so Handlungsempfehlungen generiert werden können.

Nachfolgend soll nach einer inputorientierten Darstellung der Wäschereibranche, sowie der Beschreibung des Stands der Forschung und Technik eine outputorientierte Analyse und Darstellung der Branche folgen.

4.5 Outputbetrachtung einer gewerblichen Wäscherei

4.5.1 Eingrenzung der Outputbetrachtung

Es bleibt an dieser Stelle vorwegzunehmen, dass es für Wäschereibetriebe in Deutschland zwar bestimmte Grenzwerte für umweltbelastende Faktoren gibt (vornehmlich für Abwasser), diese jedoch in der Praxis von den Unternehmen aus Eigeninitiative nicht gemessen werden, da diese üblicherweise in korrekten Betrieben ohnehin eingehalten werden. Dies führt zu einer Eingrenzung der nachfolgenden Outputbetrachtung gewerblicher Wäschereien, sodass vornehmlich das Thema Abwasser näher erläutert werden soll.

4.5.2 Quellen der Abwasserbelastung und Maßnahmen zur Minderung

Es gibt vielseitige Quellen der Abwasserbelastung. Die grundlegenden sind in Abbildung 16 exemplarisch dargestellt.

Ursächlich für die Abwasserbelastung sind in erster Linie natürlich die Waschmittel selbst, sowie der aus der Wäsche kommende Schmutz. Abwasserbelastende Inhaltsstoffe der Waschmittel sind insbesondere Tenside, Bleichmittel, Chlor, die Alkalität und Phosphate. Beim Schmutz aus der Wäsche stellen vor allem aus der Berufsbekleidung, den Breitwischbezügen und Matten stammende Mineralöle, Schwermetalle, Partikel, Sand und Flusen Probleme für das Abwasser dar. Aber auch das Einleiten von zu warmem bzw. heißem Wasser von meist über 40 Grad Celsius stellt die Umwelt vor enorme Probleme, da warmes Wasser sauerstoffärmer ist und somit für Fische, aber auch Kleinstlebewesen eine Bedrohung für das empfindliche biologische Gleichgewicht darstellt. Diese Temperaturen kommen durch den erzeugten Dampf zur Maschinenbeheizung und der Hitze aus dem Waschprozess zustande. Hinzu kommt die Problematik, dass bei der Maschinenbeheizung durch Korrosion Partikel freigesetzt werden und ebenfalls ins Abwasser gelangen. Auch das Frischwasser selbst enthält regionen- bzw. kommunenabhängig umweltbelastende Elemente, wie Partikel, Sand und Mikroorganismen. Zuletzt seien noch die umweltbelastenden Reaktionen zwischen Schmutz und Waschmittel- bzw. Wasserinhaltsstoffen erwähnt, wie adsorbierbare organisch gebundene Halogene (AOX), wie Fluor, Chlor und Brom. Dabei spielt Chlor die wichtigste Rolle in Bezug auf Abwasser (Education and Culture (B), 2007, S. 4).

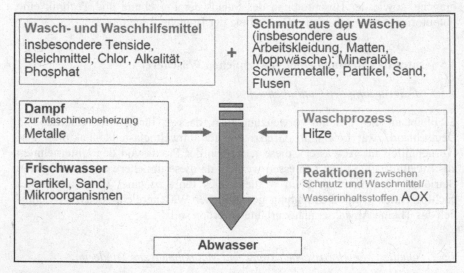

Abbildung 16: Quellen der Abwasserbelastung (Education and Culture (B), 2007, S. 4)

Es gibt verschiedene Möglichkeiten die Abwasserbelastung zu vermindern bzw. die Abwasserqualität zu verbessern. Diese hängen stark mit der Herkunft der Belastung zusammen. Parameter, die auf den Waschprozess zurückzuführen sind, können auch durch Änderungen im Waschprozess beeinflusst werden. Parameter hingegen, die auf Schmutzbelastung zurückzuführen sind, können nur durch eine Abwasseraufbereitung beeinflusst werden (Hohenstein Academy, 2008, Kapitel 4, S. 1).

Die Optimierung des Waschprozesses hinsichtlich eines zu hohen pH-Wertes kann durch Waschmittelart bzw. -dosis beeinflusst werden. Dies kann meist durch eine Reduktion des Waschmitteleinsatzes realisiert werden, was ebenfalls Ressourcen spart und damit die Abwasserbelastung minimiert, nicht nur in Bezug auf den pH-Wert, sondern auch hinsichtlich anderer Abwasserparameter. Zusätzlich kann man die Kosten zur Abwassereinleitung deutlich mindern, sodass mehrere positive Effekte in Summe zu erwarten sind. Bezüglich des Einleitens von zu warmem Wasser können Niedrigtemperatur-Verfahren Abhilfe schaffen.

Zusätzlich kann der Waschprozess hinsichtlich der Abwasserbelastung optimiert werden, indem phosphatfreie Alternativen eingesetzt werden, die alternative wasserenthärtende Bestandteile enthalten, wie z.B. Komplexbildner. So können Waschmittel unterschiedliche Phosphatanteile aufweisen, sodass der Phosphor-Gehalt im Abwasser über die Auswahl des Waschmittels und dessen Dosierung beeinflusst wird (Education and Culture (B), 2007, S. 7-8). Zu viele Phosphate in Gewässern führen zur Eutrophierung bzw. Überdüngung, das Algenwachstum wird beschleunigt, was letztendlich zu einem Mangel an Sauerstoff und damit „Umkippen" des Ökosystems, sprich Sees oder Gewässers führen kann (OECD, 2012, S. 256).

Verfahrenstechnisch kann der Waschprozess durch einen verminderten Chloreinsatz optimiert werden, was mit einer geringeren Umweltbelastung einhergeht, wie bereits erwähnt. So geht das sehr reaktive Chlor in der Flotte eine chlororganische Verbindung ein, welche aggregiert als AOX festgestellt werden können. Diese Verbindungen sind meist giftig für Mensch, Tier- und Pflanzenwelt, weshalb zu deren Unterbindung Grenzwerte geschaffen wurden, die durch die Abwasserbehörde kontrolliert werden.

In der Praxis ersetzen gewerbliche Wäschereien deswegen das Chlor durch Alternativen wie Wasserstoffperoxid und Peressigsäure (Education and Culture (B), 2007, S. 9-11).

4.5.3 Abwasseraufbereitung

Betriebe, die stark verschmutzte Wäsche, wie bspw. Berufsbekleidung, Möppe und Matten bearbeiten, sollten ihre Abwasserparameter stets im Auge haben. Die meisten dieser Betriebe müssen Abwasser aufbereiten, um Grenzwerte nicht zu überschreiten und dementsprechend das Abwasser überhaupt einleiten zu dürfen. Betroffene Wäschereien bereiten folglich ihr Prozesswasser auf oder führen Wasser ohne Aufbereitung im Kreislauf, um es dem Prozess wieder zurückzuführen und Frischwasser einzusparen. Dies geschieht, indem das Prozesswasser in einem Kreislauf bzw. Kaskadensystem gehalten wird, z.B. das Spül- oder Pressenwasser zur Wiederverwendung in die Vor- oder Klarwäsche geleitet wird. Dabei kann immer die Problematik einer Aufkonzentration von Abwasserparametern bestehen, da die Schadstoffe auf eine geringere Wassermenge verteilt werden.

Die gebräuchlichsten Waschverfahren sind biologische Verfahren, die Fällung bzw. Flockung, die Membranfiltration, sowie die Ultrafiltration. Dabei gibt es grundsätzlich zwei Arten der Abwasserentsorgung. Wäschereibetriebe, die die Abwasserentsorgung in Oberflächengewässer vollziehen, sogenannte Direkteinleiter und Betriebe, die ihr Abwasser erst in die Kläranlage leiten, sogenannte Indirekteinleiter (Education and Culture (C), 2007, S. 9). Abbildung 17 verdeutlicht diesen Zusammenhang:

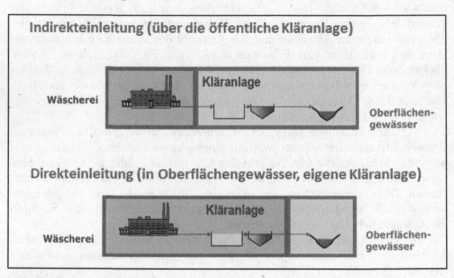

Abbildung 17: Der Wäschereibetrieb als Direkt- oder Indirekteinleiter
(Education and Culture (C), 2007, S. 9)

Ob die Wäscherei eine eigene Abwasseraufbereitung besitzt, hängt von der Zusammensetzung des Abwassers ab, sodass für jede Wäscherei individuell geklärt werden muss, welche Aufbereitungsmethode zu wählen ist. Von zentraler Relevanz sind dabei Schwermetallionen, Kohlenwasserstoffe, AOX und Flusen.
Für den Erhalt der Qualität des Abwassers muss eine niedrige chemische Belastung gemessen durch den chemischen Sauerstoffbedarf (CSB) und niedriger Salzgehalt, die Abwesenheit von Metallen und Farbpigmenten, sowie eine negative biologische Aktivität beachtet werden.
An dieser Stelle soll schemenhaft auf die klassischen Aufbereitungsmethoden in gewerblichen Wäschereien eingegangen werden:

- Die Fällung bzw. Flockung hat das Ziel Schwebstoffe, Kolloide, sowie natürliches organisches Material zu entfernen.
- Die biologischen Methoden bauen ebenfalls organisches Material, sowie Stickstoff und Eisen ab.
- Die Filtration entfernt Schmutz je nach Partikelgröße (Hohenstein Academy, 2008, Kapitel 4, S. 4-6).

4.5.4 Wasserrecht in Deutschland – Abwasser-Grenzwerte für gewerbliche Wäschereien

Gewerbliche Wäschereien sehen sich vielen Abwasser-Grenzwerten ausgesetzt, welche jedoch, wie bereits erwähnt, aufgrund moderner Waschverfahren bzw. -programme meist kein Problem für diese darstellen. Dabei sind die Vorgaben der europäischen Länder elementar. Ob es sich um einen Direkt- oder Indirekteinleiter handelt, regelt grundsätzlich, welche Anforderungen zu erfüllen sind. Die Ursachen für diese Grenzwerte sind leicht nachvollziehbar. Letztendlich soll der ökologische Zustand von Vorflutern und Seen nachhaltig bewahrt werden. Unter Vorflutern versteht man der Kläranlage nachgeschaltete Bäche oder Flüsse. Weitere Ziele stellen die Bewahrung des ökologischen Gleichgewichts hinsichtlich der Kläranlage, der Arbeitsschutz und die Arbeitssicherheit für die dort arbeitenden Menschen, sowie eine Einnahmequelle aus Sicht des Staates dar. Nachfolgend sollen die einzelnen relevanten Parameter für das Einleiten von Abwasser vorgestellt werden:

Der pH-Wert des Abwassers unterliegt allgemeinen Einleitungsauflagen in die städtische bzw. kommunale Kläranlage. Ein erhöhter pH-Wert zerstört Mikroben im Belebungsbecken, des Weiteren besteht Korrosionsgefahr bei Rohrleitungen (Hohenstein Academy, 2008, Kapitel 1, S. 5).

Die Temperatur stellt ebenfalls einen wichtigen länderübergreifenden Grenzwert dar. So zerstört zu große Hitze Rohrleitungen, vornehmlich im Zusammenhang mit einem hohen pH-Wert. Eine zu hohe Temperatur des eingeleiteten Abwassers kann sogar die komplette Mikrobenflora zerstören (Hohenstein Academy, 2008, Kapitel 2, S. 6).

Die Adsorbierbaren organisch gebundene Halogene (AOX) sind Fluor, Chlor und Brom. Dabei spielt Chlor die wichtigste Rolle beim Einleiten von Abwasser. (Hohenstein Academy, 2008, Kapitel 1, S. 4).

Der Biologische Sauerstoffbedarf (BSB) bewertet den Bedarf an Sauerstoff im Abwasser, indem er den Sauerstoffverbrauch in Milligramm pro Liter Wasser berechnet, um die im Wasser vorhandenen organischen Stoffe biologisch abzubauen. Hierfür müssen Restriktionen und ein bestimmter Zeitraum eingehalten werden (Hohenstein Academy, 2008, Kapitel 1, S. 1).

Der chemische Sauerstoffbedarf (CSB) sagt aus, wieviel chemisch oxidierbare Stoffe im Abwasser vorhanden sind. Im Gegensatz zum BSB bestimmt er den benötigten Sauerstoffeinsatz um alle im Abwasser bestehenden oxidierbaren Stoffe zu oxidieren und misst somit die gesamten oxidierbaren Stoffe (Hohenstein Academy, 2008, Kapitel 1, S. 1).

Die absetzbaren Stoffe, die sich in einem definierten Zeitrahmen am Boden einer Wasserprobe ansiedeln, sind elementar für die Bewertung des chemischen Sauerstoffbedarfs des Abwassers. Es ist sehr wichtig diese Feststoffe zu analysieren, da sie sich teilweise im Zeitverlauf mit dem Wasser verbinden und auflösen (Hohenstein Academy, 2008, Kapitel 1, S. 6).

Die Grenzwerte für Schwermetalle differieren länderspezifisch sehr stark. Gelangen Schwermetalle, wie Cadmium, Arsen, Kupfer und Zink erst einmal in die Nahrungskette, stellen sie eine ernst zu nehmende Bedrohung dar. Vor allem stark verschmutzte Berufsbekleidung ist für ihr Aufkommen verantwortlich (Hohenstein Academy, 2008, Kapitel 1, S. 7).

Die soeben aufgeführten Abwasserparameter unterliegen zwar bestimmten Grenzwerten, diese werden jedoch in der Praxis in Deutschland von den Wäschereibetrieben meist nicht fortführend gemessen, da automatisch durch gängige Waschverfahren und -programme eine Einhaltung gewährleistet werden kann. Infolgedessen können entsprechende Messwerte auch nicht zur Entwicklung des multikriteriellen Bewertungssystems zur Messung der Ökoeffizienz beitragen. So werden wichtige ökobilanzielle Größen wie der bereits erwähnte Beitrag zum Treibhauseffekt weder von Wäschereiseite noch von den Behörden überwacht (Hohenstein Expertenrunde, 2012).

Dennoch braucht jede gewerbliche Wäscherei eine Genehmigung zum Einleiten von Abwasser. In Deutschland ist das Wasserrecht Ländersache. Dabei muss stets nach dem Stand der Technik gehandelt werden. Der Wäscher unterliegt einer Duldungspflicht für Grundstücksbegehungen und Probenahmen und gegebenenfalls einer Eigenüberwachung oder sogar Fremdüberwachungspflicht. Zusätzlich zu diesen länderrechtlichen Vorschriften hat jede Kommune eine eigene Abwassersatzung. Diese haben primär eine Schutzfunktion für die Kläranlage selbst, die Kanalisation sowie des Personals. Diese kommunalen Abwassersatzungen differieren regional sehr stark. So besitzt jede Kommune unterschiedliche Richtwerte (Hohenstein Academy, 2008, Kapitel 2, S. 1).

Der Anhang 55 „Wäschereien" der Verordnung über Anforderungen an das Einleiten von Abwasser in Gewässer enthält darüber hinaus jedoch spezielle Auflagen bzw. Vorschriften für Wäschereibetriebe, weshalb er nachfolgend kurz erläutert werden soll (Abwasserverordnung – AbwV, 2004).

Der Anhang 55 "Wäschereien"

Anhang 55 "Wäschereien" legt unter anderem sein Hauptaugenmerk auf die Anforderungen an Teilströme. Es wird prinzipiell zwischen vier „Abwasserteilströmen" hinsichtlich der bearbeiteten Wäscheart bzw. deren Schmutzfracht differenziert. Die Teilströme sind die Allgemeinwäsche aus bspw. Haushalten, Restaurants und Hotels, welche prinzipiell keine Schadstoffe in sich birgt, die Krankenhaus- und Altenheimwäsche, die Berufsbekleidung des fleisch- und fischverarbeitenden Gewerbes, sowie die Berufsbekleidung aus speziellen Industriebereichen, wie z.B. Maschinenbau, Kraftfahrzeug-Betriebe und chemische Betriebe.

Infolgedessen beschäftigt sich der Anhang mit der Definition von Auflagen, Verboten und Grenzwerten der vier Teilströme. Dabei dürfen die Grenzwerte nicht durch Bei- oder Vermischung zwischen den Teilströmen oder auch infolge einer mit Frischwasser angereicherten Verdünnung erzielt werden.

Anhang 55 legt generell fest, dass das Abwasser weder AOX, chlororganische noch chlorabspaltende Verbindungen enthalten darf (Hohenstein Academy, 2008, Kapitel 2, S. 1-7). So schränkt Anhang 55 den Chloreinsatz bei der gewerblichen Wiederaufbereitung drastisch ein. Besonders für Abwasser aus Berufskleidung, sowie aus speziellen Bereichen wie Putztüchern, Teppichen und Matten hat er strenge Auflagen bzw. Grenzwerte für Schadstoffe erstellt.

Abschließend bleibt festzuhalten, dass bei Nicht-Einhaltung aller aufgezeigten länder-, wie kommunenspezifischen Vorschriften, als auch Vorgaben nach Anhang 55 auf die gewerbliche Wäscherei Schadensersatzpflicht (§ 22 Wasserhaushaltsgesetz - WHG), z.B. gegenüber Wasserversorgungsunternehmen zukommen kann. Darüber hinaus ist der Betrieb strafrechtlich belangbar, da eine Minderung der Gewässerqualität nach § 324 Strafgesetzbuch zu ahnden ist (Education and Culture (D), 2007, S. 30-31).

Zusammenfassend zeigt die Praxis in der Wäschereibranche jedoch, dass die soeben dargestellten gesetzlichen Rahmenbedingungen genug Spielraum oder Reaktionszeit für einen Betrieb zulassen diese einzuhalten. Dabei stellen die Grenzwerte für die meisten gewerblichen Wäschereien ohnehin kein Problem dar, da durch gängige deutsche Waschverfahren und -programme eine automatische Einhaltung gewährleistet ist. Folglich fehlt es der deutschen Wäschereipraxis zum einen an Selbstmotivation, als auch an Druck von staatlicher Seite weitere Umweltaspekte neben der Schadstoffbelastung im Abwasser zu untersuchen und somit ein echtes Monitoring zu vollziehen. Spätestens im Falle des Nachbesserns können sämtliche Grenzwerte meist leicht eingehalten werden. So zeigt der Wäschereialltag, dass zwar Auflagen oder Mahnungen von der Abwasserbehörde kommen können, es aber meist kein Problem für die jeweilige Wäscherei darstellt mittels Nachjustierung der Inputfaktoren im Sinne des Sinnerschen Waschkreises zu reagieren. So kann aufgrund der weitestgehend fehlenden Messwerte auch keine empirisch unterlegte Input-Output-Bewertung zur Entwicklung des Bewertungssystems zur Messung der Ökoeffizienz beitragen, da wie bereits angesprochen, keine weiteren Umweltaspekte und -auswirkungen, wie bspw. der Beitrag zum Treibhauseffekt durch Emissionen aus Abwärme oder Abluft von Wäscherei - oder Behördenseite überwacht werden (Hohenstein Expertenrunde, 2012). Die genauen Zusammenhänge sollen nachfolgend erläutert werden.

Im folgenden Kapitel soll die Anwendung der Ökobilanzierung nach der DIN EN ISO 14040/14044 (Life Cycle Assessment) am Beispiel der Wäschereibranche vorgestellt werden. Da die Norm nur eine Input- wie auch Outputbetrachtung eines Produktes behandelt, wird repräsentativ für einen Wäschereibetrieb und damit für die Branche ein Mehrweg-Operationstextil verwendet. So unternimmt das Folgekapitel den Versuch die Möglichkeiten der Anwendung der Norm für die Wäscherei-Branche aufzuzeigen.

4.6 Anwendung der Ökobilanzierung in der Wäschereibranche

Nachfolgend soll anhand des Beispiels von Mehrweg-Operationstextilien eine Sachbilanz als elementarer Teil einer Ökobilanz aufgezeigt werden, welcher auch der Lebensabschnitt „Wäscherei" angehört. Dabei soll verdeutlicht werden, warum die Erstellung einer Sachbilanz-Studie für eine gewerbliche Wäscherei, insbesondere für die gesamte Wäschereibranche, eine kaum zu bewerkstelligende Herausforderung darstellt.

Das Hauptproblem der Anwendung der Ökobilanzierung auf eine gewerbliche Wäscherei und insbesondere der Wäschereibranche ist, dass die Aufgliederung der verwendeten Waschmittel in Inhaltstoffe entweder zu komplex oder aufgrund mangelnder Zugänglichkeit zu Informationen der Hersteller unmöglich ist. Selbst wenn die Inhaltsstoffe bekannt sind, ist meist keine ökobilanzierbare Vorkette zuweisbar. In der Literatur ist meist nur eine Grundverteilung in Waschmittel, Waschkraftverstärker und Bleichmittel aufgezeigt (Mielecke, 2006, S. 45).

So stellt auch die verwendete Quelle hinsichtlich der Waschmittelinhaltsstoffe im aufgezeigten Beispiel von Mehrweg-Operationstextilien nach Mielecke höchstens Richtwerte für die Wiederaufbereitung dar, da diese sich eigentlich auf die Reinigung von verschmutzter Arbeitskleidung bezieht (Eberle et al., 2000, S. 39). So stellt die Sachbilanzerstellung der OP-Wäsche keine Ansprüche auf Vollständigkeit, ist aber als Beispiel an dieser Stelle dennoch geeignet.

Abbildung 18 zeigt, wie das Waschen der OP-Textilien im Rahmen der Sachbilanzerstellung definiert wurde:

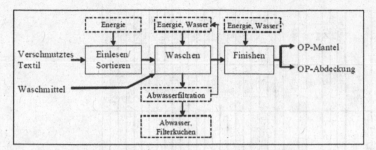

Abbildung 18: Darstellung der Wäscherei im Rahmen der Sachbilanzerstellung (Mielecke, 2006, S. 90)

Dabei wurde die Herstellung der Waschmittel folgendermaßen verarbeitet:

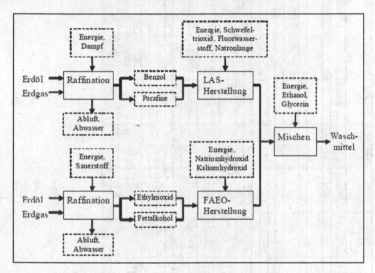

Abbildung 19: Darstellung der Waschmittel-Herstellung im Rahmen der Sachbilanzerstellung (Mielecke, 2006, S. 90)

Bei der angesprochenen OP-Wäsche handelt es sich um OP-Kittel. Tabelle 6 veranschaulicht auszugweise die unterschiedlichen Inputs und Outputs sowie Auswirkungen, jeweils spaltenweise auf die Lebenszyklusphasen bezogen.

Tabelle 6: Sachbilanz OP-Kittel mit allen Lebenszyklusphasen (Mielecke, 2006, S. 103)

Modell / Auswirkung		Rohstoff-herstellung	Faser-herstellung	Flächen-gebilde-herstellung	Textil-veredlung	Konfektion	Sterilisation	Verpackung	Wäscherei	Wäschemittel	Entsorgung	Wasserauf-bereitung	Summe
Input	Elektrizität	4,62E-01 MJ	1,17E-01 MJ	1,92E-01 MJ	6,90E+00 MJ	3,72E+00 MJ	2,72E-01 MJ	1,55E-01 MJ	3,47E+00 MJ	1,07E-01 MJ		1,93E-02 MJ	1819,6 MJ
	Prozesswärme												0,0000 MJ
	Farbstoff				2,08E+01 g								20,8 g
	Textilgrund-chemikalien				2,67E+02 g								266,6 g
	Textilhilfsmittel												
	Waschkraft-verstärker				6,49E+01 g				3,58E+00 g				64,9 g
	Waschmittel												286,8 g
Output	Abwasser	1,27E+02 l	4,79E-01 l		9,87E-01 l			1,57E+01 l	1,72E-01 l	1,25E-01			1376,4 l
	Fernwärme								1,22E-01 l		2,63E+00 MJ		2470,9
	Elektrizität										7,02E+00 MJ		2,6310 MJ
													7,0185 MJ
Ressourcenverbrauch	Abwärme	-3,02E-11 MJ	-3,00E-12 MJ	-5,51E-12 MJ	-1,75E-12 MJ	-8,83E-13 MJ	-7,01E-14 MJ	-5,19E-02 MJ	-8,93E-13 MJ	-1,31E-14 MJ		-2,50E-11 MJ	-1104 MJ
	Atomkraft	3,48E-01 MJ	1,09E+01 MJ	2,00E+01 MJ	6,35E+00 MJ	3,21E+00 MJ	2,54E+00 MJ	1,33E+01 MJ	3,24E+00 MJ	1,34E-02 MJ		9,18E-01 MJ	1984,9 MJ
	Biomasse	1,17E+00 MJ	4,94E+00 MJ	9,07E-01 MJ	2,88E-01 MJ	1,43E-01 MJ	1,11E-02 MJ	8,78E-01 MJ	1,47E-01 MJ	2,63E-03 MJ		4,13E+00 MJ	99,4 MJ
	Braunkohle	2,68E+01 MJ	8,41E+00 MJ	1,55E-01 MJ	4,91E+00 MJ	2,45E+00 MJ	1,97E+00 MJ	8,65E+00 MJ	2,51E+00 MJ	3,98E-02 MJ		2,16E+00 MJ	1036,5 MJ
	Eisen-Schrott	2,73E-01 g	1,41E+00 g	2,58E+00 g	8,21E-01 g	4,14E-01 g	3,99E-02 g	1,70E+00 g	4,19E-01 g	7,21E-04 g		1,18E-01 g	215,3 g
	Erdgas	1,51E+01 MJ	2,94E+00 MJ	4,07E+00 MJ	1,71E-01 MJ	8,65E-01 MJ	6,08E-02 MJ	3,37E+00 MJ	1,02E+00 MJ	2,20E-01 MJ		4,78E-01 MJ	3977,7 MJ
	Erdöl	1,99E+00 MJ	4,07E-01 MJ	7,48E-01 MJ	2,38E-01 MJ	1,20E-01 MJ	9,52E-03 MJ	9,17E-01 MJ	1,21E-01 MJ	1,46E-01 MJ		5,58E+00 MJ	101,9 MJ
	Erze	2,03E-01 g	4,92E+00 g	9,03E+00 g	2,87E+00 g	1,45E+00 g	1,15E-01 g	6,05E+00 g	1,47E+00 g	4,37E-03 g		4,11E-01 g	657,2 g
	Fe-Schrott	1,14E-08 g	1,75E-09 g	3,21E-09 g	1,02E-09 g	5,15E-10 g	4,08E-11 g	2,11E-09 g	5,21E-10 g	7,64E-12 g		1,44E-08 g	0,0000 g
	Geothermie	1,01E-03 MJ	3,08E-05 MJ	5,66E-05 MJ	1,80E-05 MJ	9,07E-06 MJ	7,20E-07 MJ	3,71E-05 MJ	9,18E-06 MJ	1,93E-09 MJ		2,57E-04 MJ	0,0061 MJ
	Luft	1,01E+00 g	2,45E-01 g	4,51E-01 g	1,43E-01 g	7,23E-02 g	5,74E-03 g	1,68E+00 g	7,31E-02 g	1,36E-04 g		2,05E+00 g	193,0 g
	Abwraken	6,72E-02 g	4,75E-01 g	8,72E-01 g	2,77E-01 g	1,40E-01 g	1,11E+00 g	5,74E-01 g	1,42E-01 g	1,11E-02 g		4,79E-02 g	7160,7 g
	Müll	8,41E+00 MJ	2,63E+00 MJ	4,63E+00 MJ	1,53E+00 MJ	7,74E-01 MJ	6,14E-02 MJ	3,17E+00 MJ	7,83E-01 MJ	1,15E-04 MJ		2,20E-01 MJ	369,4 MJ
	NE-Schrott	3,41E-02 g	3,63E-03 g	1,99E-02 g	5,05E-03 g	2,53E-03 g	2,02E-04 g	1,04E-02 g	3,34E-03 g	1,69E-06 g		1,43E-02 g	1,2618 g
	Sekundärrohstoffe	4,68E-02 MJ	1,25E-02 MJ	2,08E-02 MJ	7,31E-03 MJ	3,69E-03 MJ	2,93E-04 MJ	1,51E-02 MJ	3,74E-03 MJ	2,88E-03 MJ		1,03E-02 MJ	1,9512 MJ
	Steinkohle	3,11E+00 MJ	7,67E+00 MJ	1,41E+01 MJ	4,48E+00 MJ	3,26E+00 MJ	1,79E+00 MJ	8,12E+00 MJ	2,29E+00 MJ	4,83E-05 MJ		6,47E+00 MJ	966,4 MJ
	Wasser	3,64E+03 l	1,11E+00 l	2,03E+01 l	5,16E+00 l	3,26E+00 l	2,14E+00 l	2,40E-01 l	1,22E+00 l	3,48E-01 l		9,07E-01 l	6937,1 l
	Wasserkraft	1,93E+00 MJ	5,81E-01 MJ	1,07E+00 MJ	3,39E-01 MJ	1,71E-01 MJ	1,36E-02 MJ	7,04E-01 MJ	1,73E-01 MJ	1,63E-03 MJ		4,90E-02 MJ	80,0 MJ
	Wind	6,36E-01 MJ	2,01E-01 MJ	3,68E-01 MJ	1,17E-01 MJ	5,91E-02 MJ	4,69E-03 MJ	2,42E-01 MJ	5,99E-02 MJ	8,67E-01 MJ		1,68E+00 MJ	6959,5 MJ

Wenn man sich die einzelnen Abschnitte vergegenwärtigt, fällt auf, dass die Wäscherei die bedeutendste Lebensphase darstellt. Wie bereits erwähnt, stellen die in den Abbildungen dargestellten Werte für OP-Kittel lediglich Vergleichswerte für ökobilanzrelevante Größen wie bspw. Emissionswerte dar. Diese Unsicherheit in der Bilanzierung ist umso gravierender, da es sich um einen signifikante Lebensphase im Beispiel handelt, während in den anderen Abschnitten wohl von einer Vollständigkeit der Sachbilanz ausgegangen werden kann (Mielecke, 2006, S. 57). Das Beispiel der OP-Wäsche macht deutlich, dass schon eine Sachbilanzerstellung für eine spezifisch definierte Wäscheart mit entsprechenden Verschmutzungsarten aufgrund einer notwendigen Verwendung von Vergleichswerten mit Unsicherheit behaftet ist und lediglich Orientierungshilfe schafft. In diesem Sinne wird nachfolgend auf eine beispielhafte Wirkungsanalyse verzichtet.

Der Versuch der Anwendung der Ökobilanzierung einer gesamten gewerblichen Wäscherei würde aufgrund der Produktbezogenheit des Life Cycle Assessments und damit der ISO 14040/44 konsequenter Weise eine Betrachtung aller wesentlichen oder repräsentativen Wäschearten des Betriebes bedeuten. Bedenkt man nun zusätzlich die Anzahl an möglichen verschiedenen Verschmutzungsarten, kommt wieder die Problematik der großen Heterogenität der Betriebe zum Ausdruck, sodass eine repräsentative Ökobilanz zum einen aufgrund des immensen Komplexitätsniveaus schwer umsetzbar und zum anderen wegen der schlechten Zugänglichkeit zu Informationen hinsichtlich der Inhaltsstoffe der Chemikalien meist unmöglich ist.

Mielecke selbst betrachtet die Ergebnisse der Sachbilanz als groben Richtungshinweis hinsichtlich der Stoff- und Energieflüsse, welche durch die verschiedenen OP-Textilien ausgehen. Dies hängt zum einen mit der schlechten Qualität der in der Literatur zu beziehenden Daten, welche eine exakte Analyse des Lebenszyklus und damit Übertragung einer Ökobilanzierung eines T-Shirts oder Arbeitsjacke auf ein OP-Textil unmöglich macht und zum anderen mit der teilweise verdeckten Bewertung einzelner Module zusammen. So werden häufig einzelne Module lediglich mit Outputwerten beschrieben ohne Informationen hinsichtlich der verwendeten Verarbeitungsverfahren bereitzustellen, was keine aussagekräftigen Ergebnisse zur Folge hat (Mielecke, 2006, S. 61-62).

So empfehlen sich speziell für die Lebensphase Wäscherei Weiterentwicklungen bzw. andere Lösungen und Werkzeuge, da hier wie bereits erläutert die größten Ressourcen- und Energieeinsparpotentiale bestehen. Infolgedessen kann an dieser Stelle die Notwendigkeit eines effizienzorientierten branchenspezifischen Messkonzeptes hervorgehoben werden, da zum einen klassische Ökobilanzierung aufgrund der Komplexität der Heterogenität nicht durchführbar ist, sowie zum anderen nur auf Produktebene agiert wird. Hinzu kommt der bereits beschriebene mangelhafte Druck von staatlicher Seite ein echtes Monitoring zu vollziehen (siehe Kapitel 4.5.4). Folglich ist ein Bewertungssystem notwendig, welches alle Produkte generalisierend bewertet und damit auf Organisationsebene agiert. Dies soll mit dem im Rahmen der vorliegenden Arbeit zu entwickelnden multikriteriellen Bewertungssystem zur Messung der Ökoeffizienz umgesetzt werden.

Zum Abschluss dieses Kapitels sollen die wesentlichen ressourcen- und energiespezifischen Charakteristika im Betriebsablauf einer gewerblichen Wäscherei dargestellt werden.

4.7 Wesentliche ressourcen- und energiespezifische Charakteristika im Betriebsablauf einer gewerblichen Wäscherei

Nachfolgend soll das in Kapitel 4 aufgezeigte Bild der Wäschereibranche bzw. gewerblicher Wäschereien um wichtige branchenspezifische Zusammenhänge ergänzt und folglich durch eine weiterführende Charakterisierung abgerundet werden. Dabei fokussiert die Charakterisierung vornehmlich auf Ressourcen- und Energieaspekte sowie die Waschqualität einer gewerblichen Wäscherei.

4.7.1 Auswirkung der Maschinenausstattung bzw. Infrastruktur auf den Ressourcen- und Energieverbrauch einer gewerblichen Wäscherei

Die Maschinenausstattung eines Wäschereibetriebes stellt einen wesentlichen Einflussfaktor auf dessen Ressourcen- und Energieverbrauch dar. Dies wurde bereits in Kapitel 4.3.1 am Beispiel des Frischwasserverbrauchs von Waschstraßen im Vergleich zu Waschschleudermaschinen verdeutlicht. So kann konstatiert werden, dass das Verhältnis von Waschschleudermaschinen zu Waschstraßen maßgeblich für die durchschnittlichen Ressourcen- und Energieverbräuche einer gewerblichen Wäscherei ist. Die Maschinenausstattung und damit das angesprochene Maschinenverhältnis korreliert sehr stark mit der Tagestonnage eines Wäschereibetriebes. So erreichen große Betriebe mit bspw. über 40 Tonnen wiederaufbereiteter Wäsche pro Tag nur deshalb solche immensen Outputmengen, da sie über die liquiden Mittel verfügen modernste Waschstraßen zu beziehen. Auf solchen Maschinen ist die Bewältigung von 1-2 Tonnen Wäsche pro Stunde keine Seltenheit. Große Waschschleudermaschinen mit einem Fassungsvermögen von bspw. 50 Kilogramm hingegen kommen nicht annähernd auf diese Werte. Des Weiteren sind sinkende Kostenverläufe für den Energie- und Ressourceneinsatz pro Kilogramm saubere Wäsche mit ansteigender Tagestonnage in der

Praxis zu beobachten. Dies hängt zum Beispiel mit größeren Abnahmemengen beim Hersteller, wie bspw. bei Waschmitteln, zusammen.

4.7.2 Auswirkung der Kundengruppen auf den Ressourcen- und Energieverbrauch einer gewerblichen Wäscherei

Die Kundengruppen stellen einen wesentlichen Einflussfaktor auf den Ressourcen- und Energieverbrauch einer gewerblichen Wäscherei dar. Dies ist leicht nachzuvollziehen, da unterschiedliche Kundengruppen ebenfalls unterschiedliche Energie- und Ressourceneinsätze der bearbeitenden Wäscherei zur Folge haben, wie bspw. Hotels im Vergleich zu Altenpflegeheimen.

Nachfolgend werden die wichtigsten Kundenmixe der Wäschereibranche in Tabelle 7 dargestellt. Die Begrifflichkeit von Kundenmixen, sowie übergreifend vom Kundenmix zu sprechen, ist zielführend, da diese wiederum meist aus mehreren sehr ähnlichen Kundengruppen und damit einem jeweils eigenen Kundenmix bestehen. Tabelle 7 zeigt die branchenübliche detaillierte Aufschlüsselung der „Kundenmixe" dezidiert bis auf die Ebene der einzelnen Wäschestücke.

Die Tabelle zeigt in den Spalten von links nach rechts, welche Kundengruppen mit den dazugehörigen Wäschearten hinter einem Mix stehen. Die Klassifizierung nach Kundengruppen ist, wie bereits erwähnt, wesentlich für den Ressourcen- und Energieverbrauch eines Wäschereibetriebes. Auch die in den Spalten weiter rechts dargestellte Klassifizierung nach Wäschearten und Verschmutzungsarten ist äußerst interessant, da unterschiedliche Ressourcen- und Energieverbräuche zugeordnet werden können und damit die Vielfalt an bspw. Verschmutzungen zu typologisiert bzw. eingeordnet werden kann. So ist bspw. stark verschmutzte Hotelbettwäsche (z.B. Make-Up-Anschmutzungen) anders ressourcen- und energiespezifisch zu bewerten als stark verschmutzte Altenheimbettwäsche (bspw. Rückstände von Desinfektionsmitteln). In diesem Sinne bedeutet eine Klassenbildung nach Kundengruppen eine absolut relevante Zusatzinformation, welche für die Charakterisierung einer gewerblichen Wäscherei unerlässlich ist. In der Praxis bestehen genau aus diesem Grund für verschiedene Kundengruppen verschiedene Waschprogramme, da die Anschmutzungen oder Flecken selbstverständlich kundenbezogen vielseitig sind. So kann durch die dargestellte Klassifizierung eine Art Sortimentskomplexität gewerblicher Wäschereien dargestellt werden.

Tabelle 7:   Die Zusammensetzung der Kundengruppen
            (Hohenstein Institute, 2010)

Kunden-mix 1	Hotel	Flachwäsche	Flachwäsche, Küchenwäsche (ohne BK), etc.
		Trockenwäsche	Handtücher, Kissen, Decken, etc.
Kunden-mix 2	Krankenhaus	Flachwäsche	Allgemeine Stationswäsche
			Pflegeheime
		Trockenwäsche	Allgemeine Stationswäsche (Handtücher, Kissen und Decken etc.)
		Formwäsche Richtwert Teil entspricht ca. 200g	Bekleidung Station (weiß und farbig)
			OP-Bereichsbekleidung (meist farbig)
			Rettungsdienstkleidung weiß
	Textile Medizinprodukte	OP-Mäntel und OP-Abdeckungen, Thromboseprophylaxestrümpfe, Fixierbänder für OP etc., keine OP-Bereichskleidung – siehe KH	
Kunden-mix 3	Berufs-bekleidung	Formteile (Arbeitsmäntel, Kasacks und Hosen, etc.) Richtwert ca. 400g	Blaumann, Supermärkte, etc.
			Lebensmittelverarbeitende Betriebe (Bedientheken, Küchen)
			Industrie
			Pflegepersonal
	Textile persönliche Schutzausrüstung	Warnschutzkleidung, Chemikalienschutzkleidung, Schweißer- und Hitzeschutz, Rettungsdienstkleidung etc. (z. B. rot oder rot/gelb)	
Kunden-mix 4	Privatwäsche und Heime- & Pflegeeinrichtungen	Flachwäsche - Flachwäsche, Küchenwäsche (ohne BK), etc	
		Trockenwäsche - Handtücher, Kissen, Decken, etc.	
		Formwäsche - Bewohnerbezogene (bewohnereigene) Wäsche (Oberbekleidung, Leibwäsche, etc.)	

4.7.3 Auswirkung der Wäschearten auf den Ressourcen- und Energieverbrauch einer gewerblichen Wäscherei

Die Wäschearten haben ebenfalls einen enormen Einfluss auf den Energie- und Ressourcenverbrauches einer gewerblichen Wäscherei, wie soeben beschrieben wurde. Die gängigsten Wäscheart-Typen sind die „Flach"-, „Trocken"- und „Formwäsche". Diese drei Wäschearten unterscheiden sich aus ressourcen- und energetischer Sicht vor allem im Trocknungsprozess. Flachwäsche, wie bspw. Bett- und Kissenbezüge werden gemangelt, während Trockenwäsche, wie Kissen, Decken und Frotteehandtücher im Tumbler getrocknet werden. Formwäsche, wie konfektionierte Arbeitskleidung hingegen geht durch den Finisher, einem Art Trocknungsschrank, und wird dort „trockengeblasen".

4.7.4 Auswirkung der Verschmutzungsarten auf den Ressourcen- und Energieverbrauch einer gewerblichen Wäscherei

Die Verschmutzungsarten haben auch großen Einfluss auf den Ressourcen- und Energieverbrauch einer gewerblichen Wäscherei, da zu deren Entfernung unterschiedliche Faktoren des erläuterten Sinnerschen Waschkreises (Kapitel 4.3) angepasst bzw. verstärkt werden müssen. Die gängigsten Verschmutzungstypen gewerblicher Wäschereien stellen „normal verschmutzt", „stark verschmutzt" und „Sonderwäsche" (meist Kot, Blut) dar.

4.7.5 Die ressourcen- und energiebezogenen Verbrauchskriterien einer gewerblichen Wäscherei

Die wesentlichen ressourcen- und energiespezifischen Verbrauchskriterien einer gewerblichen Wäscherei stellen gleichermaßen, neben den Personalkosten, deren größte Kostentreiber bzw. -verursacher dar (Hohenstein Institute, 2010).

So fokussieren die Geschäftsführer bzw. Produktionsleiter stets auf den Chemie-, Wasser- und Energieverbrauch bei der Wiederaufbereitung, sowie auf den Transport der Wäsche.

Die verursachten Ressourcen- und Energieverbräuche stehen jedoch immer im direkten Zusammenhang mit der Qualität der gewaschenen und getrockneten Wäsche. Eine einwandfreie Waschleistung bzw. -qualität ist jedoch nicht nur mit der Fleckentfernung (primäre Waschwirkung) gegeben. Von den Wäschereien als Zulieferer von bspw. Hotels wird vielmehr auch ein tadelloses Ergebnis hinsichtlich der sekundären Waschwirkung verlangt. Dies stellt einen weit verbreiteten Branchenstandard dar. Die sekundäre Waschwirkung wird durch fünf Kriterien repräsentiert, welche nachfolgend vorgestellt werden sollen.

4.7.5.1 Die Kriterien der sekundären Waschwirkung als Qualitätsstandard in der Wäschereibranche

Es gibt fünf Kriterien der sekundären Waschwirkung, deren Bestimmung in vielen Richtlinien des Robert-Koch-Instituts (RKI) und des Deutschen Instituts für Gütesicherung und Kennzeichnung (RAL) dargelegt werden und repräsentativ für die Qualität in der Wäschereibranche stehen. So steht bspw. die Richtlinie der Wiederaufbereitung für Textilien nach RAL-GZ 992/1 für Hotels, RAL-GZ 992/2 für Krankenhäuser, RAL-GZ 992/3 für Berufsbekleidung und RAL-GZ 992/4 für Alten- und Pflegeheime (RAL, 2011).

Gegenstand der Untersuchungen ist ein 50-mal gewaschenes Waschgangkontrollgewebe (WGK), welches nun hinsichtlich der folgenden fünf Kriterien analysiert wird.

Beim Kriterium der Festigkeitsminderung bzw. des Reißkraftverlustes wird die aufgewendete Kraft gemessen bis das WGK reißt. Bei der chemischen Faserschädigung handelt es sich um ein Verfahren, das die Grenzviskositätszahl des WGK in Relation zu einem neuen WGK berechnet. Bei annähernd gleicher Viskosität bzw. Zähflüssigkeit handelt es sich um eine geringe chemische Faserschädigung. Beim Kriterium der anorganischen Inkrustation bzw. Glühasche wird das WGK in einen Muffelofen bei 800 Grad Celsius gelegt. Dabei zersetzt es sich vollständig, nur die anorganischen Inkrustationen bleiben übrig und können genau bestimmt werden. Der Grundweißwert bzw. Y-Wert wird wie der Weißgrad bzw. WG-Wert in einem Spektralverfahren unter einer Xenonlampen-Beleuchtung und ausreichender Annäherung an die Normallichtart ermittelt, allerdings zusätzlich unter Ausfilterung des UV-Lichtanteils. Auf diese Weise können optische Aufheller nicht wirken und das tatsächliche „Weißbild" kommt zum Vorschein (RAL, 2011).

4.7.5.2 Von den Kriterien der sekundären Waschwirkung zum Werterhalt

In der Praxis werden seit Jahrzehnten im Rahmen von RAL-Begehungen die gängigen WGK, welche nur den Waschprozess betrachten, verwendet um die Qualität der Textilwiederaufbereitung einer gewerblichen Wäscherei zu überprüfen. Es bleibt jedoch ungeklärt, wieso ein ganz wesentlicher Teilprozess der Textilwiederaufbereitung, die Trocknung, im Rahmen dieses Verfahrens bis heute ausgeklammert wird. Will man die Ressourcen- und Energieverbräuche eines Wäschereibetriebes bewerten, sollte dies über die gesamte Prozesskette geschehen. Darüber hinaus rückt das Textil, vor allem im Zeitalter des Textilleasings, immer weiter in den Besitz des Wäschers und stellt diesen damit vor erhebliche Kapitalinvestitionen. Der Erhalt des Textils im Sinne eines längeren Gebrauchs beim Kunden spart letzten Endes ebenso viel Ressourcen und Energie ein, wie eine ganzheitliche Optimierung des Betriebes, vor allem angesichts ansteigender Baumwollpreise. So stellt jeder Waschzyklus, den das Textil übersteht ohne seinen „Wert" wesentlich zu verlieren, direkten Umsatz für den Wäschereibetrieb dar. Infolgedessen soll nachfolgend der Werterhalt eines Textils erläutert werden. Unter dem Begriff Werterhalt, welcher durch die Anzahl an Waschzyklen gemessen werden kann, wird der gesamte Wiederaufbereitungsprozess verstanden, also nicht nur wie bei den vorausgehenden WGK-Gewebe-Analysen das Waschen, sondern auch das Trocknen der Textilien. So repräsentiert der Werterhalt von Textilien ein wirklich repräsentatives Bild über die Qualität der Wäsche.

Der Autor hat vor diesem Hintergrund als Weiterentwicklung der in der Praxis angewandten WGK-Gewebe-Analysen ein Werterhalt-Modell als repräsentatives ganzheitliches Werkzeug der Waschqualität für gewerbliche Wäschereien entwickelt, welches als Zusatz in der Anwendung der erarbeiteten Methodik dieser Arbeit in Kapitel 6.4.6.6 im Rahmen einer Fallstudie vorgestellt wird. Es seien an dieser Stelle nur vorab einige Charakteristika und Hintergründe dieses Modells aufgezeigt, welche die spätere Anwendung leichter verständlich machen sollen.

Das Werterhalt-Modell bezieht den Trocknungsprozess, wie bereits erläutert, in die Bewertung mit ein, sodass die Waschqualität nun den gesamten Textilwiederaufbereitungsprozess beschreibt. Das Ziel ist es eine für jede Trocknungsart differenzierte Bewertung vollziehen zu können, da diese Trocknungsarten sehr unterschiedliche Auswirkungen auf den Ressourcen- und Energieeinsatz haben können. Wie eine Bewertung der WGK-Gewebe-Analysen, also das ausschließliche Waschen, vollzogen werden könnte, wird in der Fallstudie einer anonymen Wäscherei in Kapitel 6.4.6.5 anschaulich dargestellt.

Ein Unterschied im Werterhaltmodell ist, dass statt des WGK aus 100 Prozent Baumwolle das angesprochene Standardtestgewebe bzw. Mischgewebe aus 50 Prozent Polyester und 50 Prozent Baumwolle 50-mal gewaschen wird. Der Autor entschied sich zu diesem Testgewebe, da die Wiederaufbereitung von Mischgewebe in der heutigen Zeit von Wäschereikunden mehr nachgefragt wird und damit für das Thema Waschqualität bzw. Werterhalt besser geeignet ist.

Nun musste noch das Bewertungsmaß des Werterhalts eines Textils bestimmt werden. Dem Autor wurde nach ausgiebiger Diskussion mit Experten der Hohenstein Institute empfohlen, den Y-Wert bzw. die Vergrauung als Bewertungsmaß für den Wasch-, wie auch Trocknungsprozess zu wählen. Der prozessuale Ablauf in der Wäscherei ist dabei wie folgt. Es werden immer zwei Exemplare des beschriebenen Standardtestgewebes sporadisch aneinander genäht, um leicht voneinander getrennt werden zu können. Ein Exemplar soll immer nur gewaschen und das dazugehörige zusätzlich noch getrocknet werden. Auf diese Weise soll sichergestellt werden, dass die beiden zusammengehörenden Exemplare nicht versehentlich in einen anderen Prozess mit einem anderen Exemplar geraten. Bei 3 verschiedenen Trocknungsarten differieren praxisgemäß auch die Waschprogramme. Zum Beispiel werden Textilien die gemangelt werden, wie Bettwäsche im Hotel, in der Regel nicht so starken Waschprogrammen unterzogen, wie Textilien, die durch den Finisher gehen, wie bspw. Berufsbekleidung.

Es stellt jedoch eine zu aufwendige, eventuell sogar impraktikable Herausforderung dar, jedes angewandte Waschprogramm einer gewerblichen Wäscherei spezifisch zu bewerten, da es hier weitaus mehr Konstellationen als die drei beim Trocknen angewandten Prozesstypen gibt.

So orientiert sich das Werterhaltmodell im Teil „Waschen" an den in der Praxis angewandten WGK-Analysen (Kapitel 4.7.5.1) mit nur einem repräsentativen Waschgang, ohne zu differenzieren.

Es findet jedoch eine Unterscheidung des Trocknungsprozesses in „Trockner", „Mangel" und „Finisher" statt, welche den dazugehörigen Wäschearten Flach-, Trocken- und Formwäsche entsprechen. Um nun genau zu differenzieren, ist es notwendig die individuellen Wäscheanteile einer gewerblichen Wäscherei diesen Trocknungsarten anteilig zuzuordnen.

Infolgedessen kann pro Trocknungsprozessart die Differenz bzw. das Delta des Grundweißwertverlustes (Vergrauung) ermittelt werden. Der genaue Ablauf wird in Kapitel 6.4.6.6 anhand einer Fallstudie mit einem anonymen Wäschereibetrieb ausführlich dargestellt.

Die Vergrauung stellt ein großes Problem bei Mischgeweben dar, weshalb ein solches Standardtestgewebe gewählt wurde. Die Vergrauung ist somit für die Wäscher, wie auch deren Kunden ein kostspieliges Problem, da sie oft zu kapitalintensiver Anschaffung neuer Textilien zwingt. Dabei spielt es eigentlich keine Rolle, ob die Wäsche vom Kunden gemietet wird oder dessen Eigentum darstellt. Selbst wenn der Kunde die Wäsche mietet und sie nicht mehr aufgrund der Vergrauung akzeptiert, wälzt der Wäscher die Mehrkosten der Neubeschaffung auf den Kunden ab. Aus diesen und den zuvor genannten Gründen stellt die Vergrauung ein gutes Bewertungsmaß für den Werterhalt des Textils dar. Denkt man einen Schritt weiter, bedeutet eine geringe Vergrauung eine Erhöhung der Waschzyklenanzahl, da das Textil nicht ausgemustert werden muss. So stellt der Werterhalt ein ganz entscheidendes Kriterium für eine gewerbliche Wäscherei und zwar in ökologischer, wie auch ökonomischer Hinsicht dar. Der Gesamt-Grundweißwertverlust ergibt sich dann aus dem Grundweißwertverlust im Teil Waschen und im Teil Trocknen, wobei der Trocknungsteil, wie bereits beschrieben, etwas komplexer ausfällt. Die Fallstudie in Kapitel 6.4.6.6 zeigt im Detail, wie der Werterhalt und damit der Gesamt-Grundweißwertverlust für einen Betrieb ermittelt werden kann. Abbildung 20 zeigt vorab den schematischen Ablauf des Werterhaltmodells.

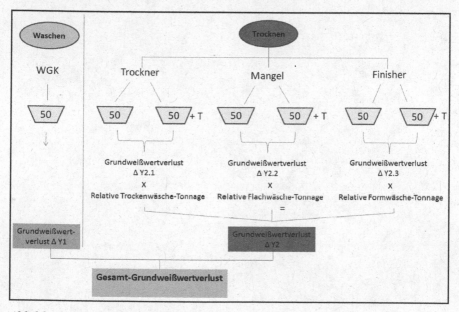

Abbildung 20: Das Werterhaltmodell

Nachfolgend soll nach abgeschlossener Darstellung der Grundlagenkapitel des Konzeptes des nachhaltigen Wirtschaftens, des Stands der Forschung in der Umweltleistungsbewertung und der Wäschereibranche im Sinne der Zielstellung dieser Arbeit die angesprochene Methodik eines branchenunabhängig anwendbaren aber dennoch -spezifischen ressourcen- und energiebezogenen Benchmarksystems vorgestellt werden.

5 Methodik des branchenunabhängigen ressourcen- und energiebezogenen Benchmarksystems

5.1 Problematik bei der Messung der Nachhaltigkeit

Wie bereits zu Beginn dieser Arbeit dargestellt, ist als Folge des Arbeitskreises-Benchmarking der Gütegemeinschaft sachgemäße Wäschepflege e.V. heraus die Idee bzw. die Herausforderung entstanden ein betriebsindividuelles Benchmarksystem der Ressourcen- und Energieeffizienz für gewerbliche Wäschereien zu entwickeln, welches eindeutig voneinander abgegrenzte Kundengruppen berücksichtigt. So galt es anfangs erst einmal der großen Diversität an gewerblichen Wäschereien mit all ihren Betriebs- und Umfeldkonstellationen gerecht zu werden und damit der Heterogenität der Branche entgegenzuwirken.

So kann meist auch ganz branchenunabhängig festgestellt werden, dass kein Betrieb in Deutschland direkt mit einem anderen vergleichbar ist, jeder hat verschiedene Einkaufspreise aufgrund unterschiedlicher Bezugsmengen, bearbeitet anteilig verschiedene Kundengruppen und ist damit verschiedenen Ressourcen- und Energieverbräuchen ausgesetzt.

Aufgrund dieses Sachverhaltes sowie des dargestellten Mangels branchenspezifischer Messkonzepte möchte die vorliegende Arbeit Lösungsansätze hinsichtlich der aufgezeigten *Problematiken der Definition repräsentativer Bewertungskriterien der Nachhaltigkeit* (hinsichtlich der Ökoeffizienz), sowie *der Heterogenität der zu bewertenden Branchen* liefern und dies nachfolgend im Rahmen der Entwicklung der Methodik eines branchenunabhängigen ressourcen- und energiebezogenen Benchmarksystems darstellen.

Auf diese Weise soll das Ziel der Herstellung einer aussagekräftigen Vergleichbarkeit der Umweltleistung heterogener Unternehmen branchenunabhängig gewährleistet werden.

Es konnte im Rahmen dieser Arbeit in Erfahrung gebracht werden, dass kein bestehendes System zur Messung der Umweltleistung dem beschriebenen Forschungsbedarf der Herstellung einer aussagekräftigen Vergleichbarkeit der Ressourcen- und Energieverbräuche der Betriebe einer heterogenen Branche begegnet.

Ausgehend von diesem konkreten Forschungsbedarf soll die Entwicklung einer allgemeinen und branchenunabhängig anwendbaren Methodik zur Herstellung der Vergleichbarkeit der Ressourcen- und Energieeffizienz von Unternehmen einer Branche vollzogen werden. In einem ersten empirischen Test soll die Methodik anhand des Untersuchungsgegenstandes der Wäschereibranche in Form von 40 ausgewählten Wäschereibetrieben angewendet werden, sodass aussagekräftiges betriebsindividuelles Benchmarking der Ressourcen- und Energieverbräuche völlig unterschiedlicher und bislang nicht vergleichbarer Betriebe möglich wird. Zunächst müssen jedoch branchenspezifische repräsentative Bewertungskriterien der Ressourcen- und Energieeffizienz ermittelt werden.

Abschließend soll es möglich sein betriebsspezifische Brennpunkte zu identifizieren und somit Handlungsempfehlungen zur Optimierung der Ressourcen- und Energieeffizienz der Wäschereibetriebe abzuleiten, sodass eine zielorientierte Reduzierung des Ressourcen- und Energieverbrauchs folgen kann.

Der Untersuchungsgegenstand dieser Arbeit, die Wäschereibranche, zeichnet sich durch eine starke Heterogenität aus, welche durch unterschiedlichste Betriebskonstellationen angefangen von technischer Ausstattung, Kundengruppen, Wäschearten bis hin zu Verschmutzungstypen hervorgerufen wird.

Allein die Fragestellung der *Definition repräsentativer Bewertungskriterien* stellt eine komplexe Herausforderung dar. So besitzt jede Branche unterschiedliche ressourcen- und energiebezogene Kriterien und Abhängigkeiten zur Erbringung einer Dienstleistung oder eines Produktes, welche für eine repräsentative Messung des IST-Zustands der Nachhaltigkeitsleistung bekannt sein müssen. Diese Kriterien stellen bspw. der Liter Diesel bzw. Benzin oder das Metall bzw. der Kunststoff bei der Produktion eines PKWs dar.

Das Problem der *Heterogenität der zu bewertenden Branchen* stellt ein weiteres und tendenziell größeres Problem dar, welches ebenfalls für den angesprochenen Mangel an Messkonzepten verantwortlich ist. Betrachtet man diese Heterogenität vor dem Hintergrund der Ökoeffizienz, drückt sich diese in großen Schwankungsbreiten der betrieblichen Kenndaten der Nachhaltigkeitsleistung aus. Hier liegt das Kernproblem und damit die bislang nicht bewerkstelligte Hauptherausforderung effizienzorientierter branchenspezifischer Ansätze. So sind diese IST-Zustände meist nicht aussagekräftig miteinander vergleichbar, was damit begründet werden kann, dass Unternehmen derselben Branche meist sehr unterschiedliche Produkte herstellen oder Dienstleistungen erbringen, welche per se unterschiedliche Technologien und infolgedessen unterschiedliche Ressourcen- und Energieinputs benötigen. Für die einzelnen Unternehmen einer solch heterogenen Branche bringt ein Benchmarking anhand rein klassischer Kennzahlen folglich keinen Mehrwert, da ihre betriebsindividuellen Konstellationen und damit auch IST-Zustände aufgrund unterschiedlichster betriebsinterner wie externer Effekte stark variieren. Dies kann neben den genannten unterschiedlichen Produkten und Dienstleistungen weitere Ursachen haben. So könnte beispielsweise auch die Infrastruktur und damit die Maschinenausstattung oder die Produktvielfalt einen starken Einfluss auf den Ressourcen- und Energieverbrauch pro produzierter Einheit haben.

Aufgrund der beiden dargestellten Problematiken möchte die vorliegende Arbeit Lösungsansätze im Rahmen der Entwicklung der Methodik eines branchenunabhängigen aber dennoch -spezifisch anwendbaren ressourcen- und energiebezogenen Benchmarksystems erarbeiten. Auf diese Weise kann das Ziel der Definition repräsentativer Bewertungskritcrien, sowie der Herstellung einer aussagekräftigen Vergleichbarkeit der individuellen Ressourcen- und Energieeffizienz (Ökoeffizienz) der Unternehmen einer Branche erreicht werden.

5.2 Das Konzept des individuellen Gesamtgewichtungsfaktors

Die Herstellung einer aussagekräftigen Vergleichbarkeit der Ressourcen- und Energieeffizienz von heterogenen Unternehmen branchenunabhängig zu gewährleisten, stellt das Ziel der zu entwickelnden Methodik dar.

Um der in Kapitel 5.1 beschriebenen Komplexität der Heterogenität zu begegnen und diese angemessen abzubilden, müssen die relevanten Unterscheidungskriterien, welche zur Charakterisierung und damit auch Differenzierung der Betriebe der entsprechenden Branche dienen, empirisch erhoben werden. Diese wesentlichen Unterscheidungskriterien, wie bspw. Kundengruppen, werden dazu benutzt eine einheitliche Vergleichsbasis hinsichtlich der ressourcen- und energiespezifischen Bewertungskriterien, wie z.B. dem Energieverbrauch pro produzierter Einheit, zu schaffen. Dies geschieht in Form der Generierung von individuellen Gewichtungen, welche auf den Einschätzungen der Unternehmen bezüglich dieser wesentlichen Unterscheidungskriterien basieren.

Zusammenfassend stellt das Konzept eines individuellen Gesamtgewichtungsfaktors (GGF-Konzept), welcher die gesamte individuelle Situation eines Betriebes hinsichtlich aller wesentlichen Unterscheidungskriterien samt Subkriterien einer Branche repräsentiert und zusammenfasst eine Art Operationalisieren der Herstellung der angestrebten Vergleichbarkeit dar. Dieser individuelle Gesamtgewichtungsfaktor wird auf die IST-Werte der ressourcen- und energiespezifischen Bewertungskriterien (BK) angesetzt, um diese mit dem Branchendurchschnitt und ebenfalls gewichteten Betrieben direkt vergleichbar machen zu können. Denn wie bereits in Kapitel 4.7 anhand der Wäschereibranche beschrieben, haben bestimmte betriebsbezogene Charakteristika bzw. Unterscheidungskriterien einer Branche erheblich variierende Ressourcen- und Energieverbräuche zur Folge.

Auf diese Weise kann der angesprochenen Problematik der Heterogenität begegnet und ein aussagekräftiges Benchmarking aufgrund der hergestellten Vergleichbarkeit vollzogen werden.

Abbildung 21 veranschaulicht das Konzept des individuellen Gesamtgewichtungsfaktors:

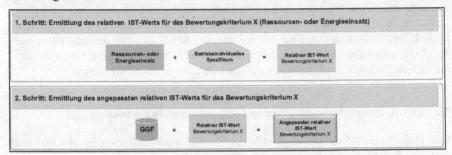

Abbildung 21:   Konzept des individuellen Gesamtgewichtungsfaktors

Die Abbildung zeigt zunächst, wie die relativen IST-Werte der für die jeweilige Branche relevanten und quantitativ erfassbaren ressourcen- und energiebezogenen Bewertungskriterien ermittelt werden. Dies geschieht durch Division des jeweiligen Verbrauchskriteriums, wie bspw. dem jährlichen Energieverbrauch, durch die Gesamtmenge des jeweiligen jährlichen Outputs. Der daraus resultierende Quotient entspricht dem relativen IST-Wert des Bewertungskriteriums (z.B. Einsatz an Kilowattstunden pro produziertem PKW).

Es folgt die Anpassung dieses relativen IST-Wertes mit dem dargestellten individuellen Gesamtgewichtungsfaktor, welcher die individuelle Situation des Betriebes repräsentiert, um die angesprochene Vergleichbarkeit für ein aussagekräftiges Benchmarking herzustellen. Ein GGF mit dem Wert 1 soll dabei exakt dem Branchendurchschnitt bzw. Branchendurchschnittsbetrieb entsprechen. Ein Wert für den GGF kleiner 1 sagt aus, dass der relative IST-Wert des jeweiligen Bewertungskriteriums wie z.B. dem Kilowattstundenverbrauch pro produzierter Einheit hinsichtlich des Branchendurchschnitts „herabgesetzt" wird, damit der Betrieb mit dem Branchendurchschnitt vergleichbar ist. Folglich ist dieser Betrieb im Vergleich zum Branchendurchschnittsbetrieb einer „schwereren Betriebssituation" ausgesetzt, sodass dessen relative IST-Werte vermindert werden, um einen aussagekräftigen Vergleich des Ressourcen- und Energieverbrauchs mit dem Branchendurchschnitt oder ebenfalls „gewichteten" Betrieben vollziehen zu können. Dies kann bspw. durch ressourcen- und energieintensiver Kundenanforderungen bzw. -gruppen verursacht worden sein. Umgekehrt bedeutet ein Wert größer 1, dass die relativen IST-Werte der jeweiligen Bewertungskriterien eines Betriebes hinsichtlich des Branchendurchschnitts „heraufgesetzt" werden, um mit dem Branchendurchschnitt vergleichbar zu werden. Somit wäre dieser Betrieb im Vergleich zum Branchendurchschnitt einer „leichteren Betriebssituation" ausgesetzt.

Zusammenfassend kann festgestellt werden, dass der Kern der Methodik dieser Arbeit die Generierung eines betriebsindividuellen Gesamtgewichtungsfaktors (GGF-Konzept) darstellt, welcher als Art Operationalisierung der Herstellung einer angestrebten Vergleichbarkeit angesehen werden kann und damit der Problematik der Heterogenität begegnet.

Grundsätzlich muss zur Anwendung der in diesem Kapitel entwickelten Methodik eine repräsentative Stichprobe der entsprechenden Branche vorhanden sein, um das GGF-Konzept auch repräsentativ anwenden zu können. Dies wird beispielhaft am Untersuchungsgegenstand der Wäschereibranche in Kapitel 6 dargestellt.

Bevor die relevanten ressourcen- und energiebezogenen Unterscheidungskriterien einer spezifischen Branche definiert und ermittelt werden, sind jedoch zunächst die relevanten ressourcen- und energiebezogenen Bewertungskriterien als Bewertungsgrundlage zu bestimmen, was nachfolgend dargestellt werden soll.

5.2.1 Die ressourcen- und energiebezogenen Bewertungskriterien

Nachfolgend soll erläutert werden, welche Kriterien zur Bewertung eines Betriebes bezüglich der Ressourcen- und Energieeffizienz geeignet sind. Die relevanten ressourcen- und energiebezogenen Bewertungskriterien (BK) einer spezifischen Branche können natürlich hinsichtlich ihrer Art und Anzahl völlig unterschiedlich sein. Es sollte sich jedoch immer um Kriterien handeln, die Verbrauchsmengen repräsentieren, gut quantitativ erfassbar sind und mit dem Output in Relation gesetzt werden können, sodass die bereits erwähnten relativen IST-Werte bestimmt werden können.

Es gilt:

$$BK_j = \frac{VK_j}{PE} \qquad \boxed{\text{Formel 2}}$$

$BK_j \equiv$ Bewertungskriterium;
$VK_j \equiv$ Verbrauchskriterium bzw. Input eines Produktionsprozesses;
$PE \equiv$ Produktionseinheit bzw. Output eines Produktionsprozesses;
$j \equiv$ Anzahl der Kriterien bzw. Einheit für j = 1...J

Das Bewertungskriterium (BK), wie bspw. der Kilowattstundenverbrauch pro Produktionseinheit, muss für alle Betriebe der betroffenen Branche von Relevanz und ein Vergleich von großem Interesse sein. Die Bewertungskriterien sollten im Verbund ein repräsentatives, aussagekräftiges und vor allem ganzheitliches Bild der Ressourcen- und Energieeffizienz eines Betriebes abgeben.

Sind die Bewertungskriterien für eine spezifische Branche bestimmt, kann mit der entsprechenden Ermittlung der Unterscheidungskriterien (UK) begonnen werden.

5.2.2 Die ressourcen- und energiebezogenen Unterscheidungskriterien

Es gibt meist eine ganze Reihe von Kriterien, nach denen man einen Betrieb differenzieren kann. So ist es für den logischen Aufbau des Benchmarksystems wesentlich stets mit dem wichtigsten Kriterium bei der Differenzierung (nach dargelegter Begründung bzw. Argumentation) zu beginnen, worauf dann die anderen Unterscheidungskriterien nacheinander in absteigender Wichtigkeit folgen. Die Unterscheidungskriterien stellen somit die Basis des betriebsindividuellen Benchmarksystems dar. Dabei unterliegen sie mit dem dargestellten logischen Aufbau einer Art Strukturhierarchie bzw. Reihenfolge, welche der eines Entscheidungsbaumes ähnelt.

So ist es von Relevanz, ob sich Kriterium A, z.B. der Kundenmix nach Kriterium B, der Wäscheart differenziert oder Kriterium B die Wäscheart nach der jeweiligen Ausprägung von Kriterium A dem Kundenmix unterschieden wird. Dabei ändert sich zwar die Anzahl der Elemente (normales ziehen aus einer Urne) nicht, dennoch sollte es sich um eine inhaltlich logische Strukturhierarchie bzw. Aufbau im Bewertungssystem handeln, da dies die Bedeutung und auch Definition der Unterscheidungskriterien ändern kann.

So sollte der Anwender der entwickelten Methodik die Unterscheidungskriterien im Rahmen des Bewertungssystems dahingehend differenzieren bzw. gliedern, sodass diese Gliederung alle Konstellationen der Branche so exakt wie möglich abbildet.

Des Weiteren sollte jedes Unterscheidungskriterium mit Sub-Unterscheidungskriterien ausgestattet sein, damit eine möglichst große Differenzierung stattfinden kann. Dabei sollten sich die Unternehmen hinsichtlich der verschiedenen Unterscheidungskriterien hinreichend unterscheiden. Mit anderen Worten, es sollten immer möglichst unabhängige Kriterien, ohne gemeinsame Schnittmenge verwendet werden, sodass die Aussagekraft der Gewichtungen maximiert wird. Dies gilt ebenfalls für die jeweiligen Sub-Unterscheidungskriterien. Es ist dabei elementar, dass die Unterscheidungskriterien im Detail von der Branche verstanden werden.

Da die Kriteriengewichtungen wie auch die relativen Wichtigkeiten (Kapitel 5.4.1) aus multiplen Kriterien zur Abgrenzung bzw. Unterscheidung generiert werden, fällt die Thematik aus methodischer Sicht in den Bereich einer Entscheidungsunterstützung bei Mehrfachzielsetzung. So liefert die Entscheidungstheorie, respektive deren Verfahren geeignete Unterstützung.

Das Folgekapitel stellt infolgedessen die Entscheidungstheorie grundlegend vor und fokussiert dabei im Rahmen eines Methodenvergleichs auf die Herausstellung des für die Generierung der beschriebenen Kriteriengewichtungen und relativen Wichtigkeiten geeigneten Verfahrens.

5.3 Ermittlung des geeigneten Bewertungsverfahrens bei Mehrfachzielsetzung im Rahmen des Konzeptes des individuellen Gesamtgewichtungsfaktors

Das Treffen komplexer Entscheidungen stellt für Menschen oft eine fast unlösbare Aufgabe dar. Dies hängt mit der Herausforderung der gleichzeitigen Betrachtung einer Vielzahl an Alternativen und deren unterschiedlichsten Konsequenzen zusammen. Infolgedessen kann die Strukturierung des Entscheidungsprozesses von enormem Nutzen sein. Solch ein Entscheidungsprozess durchläuft dabei unterschiedliche Schritte, in die nicht nur objektive Bestandteile, wie z.B. der Verbrauch eines Autos, eingehen, sondern auch subjektive vom Entscheider selbst ausgehende, wie z.B. die Beurteilung des Designs eines Autos. Folglich soll ein strukturierter Entscheidungsprozess helfen, das Entscheidungsproblem mit all seinen Facetten zu erfassen und adäquat zu bewerten.

Zur Darstellung komplexer Entscheidungsprobleme gibt es unterschiedliche Ansätze, welche jedoch generell die folgende Grundstruktur aufweisen:

- *Alternativen*
- *Zielsystem*
- *Kriterien*
- *Präferenzen*
- *Kriteriengewichtungen*

Basierend auf diesen Grundbestandteilen können infolgedessen durch Strukturierung der komplexen Entscheidungsprobleme unter Einsatz von Methoden des Multi-Criteria-Decision-Making (MCDM) Informationen und Handlungsempfehlungen generiert werden.

Nachfolgend soll die angesprochene Grundstruktur zur Aufbereitung komplexer Entscheidungsprobleme nach Geldermann (Geldermann, 2013, S. 5-9) erläutert und definiert werden, da in der Literatur die Begrifflichkeiten oft unterschiedlich verwendet werden. Dies hängt meist mit der Komplexität des Themenbereichs zusammen:

Alternativen

Die Wahlmöglichkeiten zur Lösung des Entscheidungsproblems werden als Alternativen bezeichnet. Dabei handelt es sich um die potenziellen Handlungsoptionen oder Maßnahmen, welche sich aus dem Entscheidungsproblem ableiten lassen. Charakteristisch für die einzelnen Alternativen ist dabei, dass sie sich gegenseitig ausschließen, sodass man sich am Ende für genau eine Alternative entscheiden muss. So werden immer mindestens zwei Alternativen miteinander verglichen. Ein Beispiel für Alternativen könnten verschiedene Automodelle sein. Alternativen können entweder bereits zu Beginn bekannt sein oder andererseits erst im Verlauf des Entscheidungsprozesses bestimmt werden. Infolgedessen besteht die Möglichkeit einer nachträglichen Generierung von Alternativen. Um einen Vergleich der Alternativen mit Hilfe der MCDM-Methoden zu vollziehen, muss zunächst eine charakteristische und entscheidungsrelevante Beschreibung der Merkmale erfolgen. Dieser Arbeitsschritt der Datenerhebung ist in der Regel aufwändig. Dazu müssen jedoch alle Merkmale zur Beschreibung der Alternativen für sämtliche Alternativen gelten bzw. definiert werden können, damit ein direkter Vergleich vollzogen werden kann. Kann dies nicht bewerkstelligt werden, sollten entweder die Alternativen überdacht oder neue Merkmale zur Beschreibung in Betracht gezogen werden.

Zielsystem

Ohne eine klare Bestimmung der verfolgten Ziele gibt es keine gelungene Entscheidungsunterstützung. Die Wahl eines umweltfreundlichen Autos stellt bspw. solch ein Ziel dar. Dabei sollten die bestimmten Ziele gut messbar sein und eine ausreichende Realitätsnähe besitzen. Besonders wichtig für ein Zielsystem ist, dass jegliches Ziel möglichst eindeutig definiert ist, sodass bei allen Beteiligten ein übereistimmendes Verständnis und Klarheit herrscht. So ist im erwähnten Autokauf-Beispiel der Benzinverbrauch direkt messbar und damit eine Umsetzung realitätsnah, da dieses Ziel für alle Beteiligten im Entscheidungsprozess gut nachvollziehbar und ein gemeinsames Verständnis vorhanden ist. Es muss hervorgehoben werden, dass die Ziele jedoch vom Entscheider individuell bestimmt werden und dementsprechend dessen individuelle Präferenzen repräsentieren. Im Rahmen komplexer Entscheidungen, die gleichzeitig verschiedene Ziele verfolgen, kann es häufig zu Abhängigkeiten oder sogar zu Widersprüchlichkeiten bzw. Konflikten kommen. Bezüglich des Autokauf-Beispiels könnte so ein Zielkonflikt darin bestehen, dass auf der einen Seite ökologische Ziele, wie eine „umweltfreundlichere Mobilität" und gleichzeitig auf der anderen Seite das ökonomische Ziel „minimale Kosten" verfolgt werden. So ist für ein strukturiertes Zielsystem die Formulierung eines Oberziels, welches das Gesamtziel des Entscheidungsproblems darstellt, elementar. Darauf folgt die Unterteilung dieses Oberziels in kleinere in sich stimmige bzw. logische Unterziele, die zur Konkretisierung dienen. Besonders bei Mehrzielproblemen mit widersprüchlichen Zielen können hier Methoden der multikriteriellen Entscheidungsunterstützung Hilfestellung leisten, um das Entscheidungsproblem aufzubereiten und darzustellen, damit es infolgedessen bewertet und eine Handlungsempfehlung gegeben werden kann.

Kriterien

Sind die Ziele eindeutig festgelegt, kann mit der Definition der relevanten Kriterien fortgefahren werden. Die Kriterien haben die Aufgabe den Zielerreichungsgrad zu überprüfen. Auf diese Weise wird es bei der multikriteriellen Entscheidungsunterstützung möglich durch Einsatz mehrerer Kriterien unterschiedliche Ziele gleichzeitig in die Lösung des Entscheidungsproblems zu integrieren. Für die Bestimmung der relevanten Kriterien ist das Vorhandensein eines logischen Zusammenhangs der Kriterien zum jeweilig entsprechenden Ziel elementar. Zur Verdeutlichung der Struktur sowie sämtlicher Zusammenhänge zwischen unterschiedlichen Zielen und der damit in Verbindung stehenden Kriterien, wird häufig eine Kriterienhierarchie aufgestellt. Begonnen wird hierbei mit dem bereits erwähnten Oberziel, gefolgt von den sich daraus ableitenden Unterzielen.

Beim Beispiel des Kaufs eines Autos könnten die bereits dargestellten Unterziele „umweltfreundlichere Mobilität" und „minimale Kosten" wiederum mit Kriterien beschrieben werden. Für das Unterziel der „minimale Kosten" könnten die „Anschaffungskosten" und der „Spritverbrauch" Anwendung finden. Folglich werden stets für jedes Unterziel dazu passenden Kriterien definiert, welche zum Schluss in Form von quantifizierbaren Attributen konkretisiert werden. So legen die Attribute zum einen die Maßeinheit fest und zum anderen ob das Unterziel maximiert oder minimiert werden soll. Für das Beispiel der Kriterien „Anschaffungskosten" und „Spritverbrauch" des Unterziels „Kosten", könnten die zu minimierenden Attribute „Preis in Euro", sowie „Liter pro 100 Kilometer" verwendet werden. Als Folge daraus werden konkrete Werte für eine bestimmte Alternative meist als Kriterienausprägung definiert.

Zusammenfassend stellt die Bestimmung der Kriterienhierarchie einen elementaren Bestandteil des Entscheidungsprozesses dar, da auf diese Weise relevante Informationen generiert und die Struktur des Entscheidungsproblems verdeutlicht wird, was zu einer immensen Verbesserung des Problemverständnisses führt. Abbildung 22 verdeutlicht diesen Zusammenhang am Beispiel des Kaufs eines PKWs:

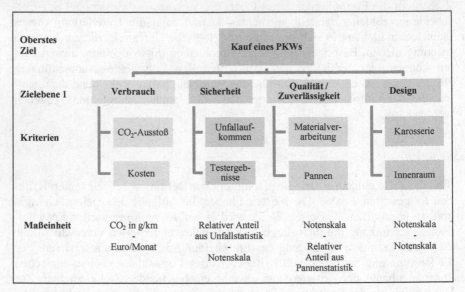

Abbildung 22: Kriterienhierarchie beim Kauf eines PKWs (in Anlehnung an Geldermann, 2013, S. 7)

Präferenzen

Präferenzen stellen die positive oder negative Haltung bzw. Einstellung des Entscheiders gegenüber den Konsequenzen, die mit den Alternativen vor dem Hintergrund des Zielsystems verbunden sind, dar. Die korrekte Abbildung der Präferenzstruktur des Entscheidungsträgers ist somit zentraler Bestandteil von MCDM-Verfahren. Dabei wird zwischen unterschiedlichen Präferenzbegriffen differenziert. Bei „strikter Präferenz" wird eine Alternative vor einer anderen konkret vorgezogen. Mit der sogenannten „Indifferenz" zwischen zwei Alternativen wird ausgedrückt, dass beide Alternativen als gleichwertig angesehen werden. Es gibt auch die Konstellation, dass eine Alternative als mindestens gleichwertig eingestuft wird. Hier spricht man nur von „Präferenz". Im Kontext von MCDM-Methoden kommen sogar noch die Begriffe der „schwachen Präferenzen" und „Unvergleichbarkeiten" hinzu. Um die Präferenzstruktur eines Entscheidungsträgers adäquat abzubilden, werden zum einen Präferenzfunktionen eingesetzt, welche den direkten Vergleich von Ausprägungen zweier Alternativen heranziehen. Durch die Ermittlung der Differenz zwischen den Ausprägungen kann die Art der Präferenz (Indifferenz, schwache Präferenz und strikte Präferenz) abgeleitet werden. Zum anderen kommen auch Nutzenfunktionen zur Ermittlung der Höhe der Präferenz einer Alternative hinsichtlich eines Kriteriums zum Einsatz. Infolgedessen wird mit der Kriteriengewichtung die Wichtigkeit des jeweiligen Kriteriums für das Gesamtproblem berücksichtigt, sodass letztendlich die Präferenz abgebildet werden kann.

Präferenzen sind als Bewertungsgrundlage elementar. Durch sie kann ein Ranking bezüglich der entscheidungsrelevanten Alternativen ermittelt werden. Dieses Ranking stellt das Fundament für die Generierung von Handlungsempfehlungen hinsichtlich der einzelnen Alternativen dar.

Kriteriengewichtung

Bei MCDM-Methoden wird dem Entscheidungsträger zusätzlich die Möglichkeit eingeräumt, die Wichtigkeit der Kriterien in Form der Angabe seiner subjektiven Einschätzung bezüglich der Lösung der Gesamtproblematik miteinzubeziehen. Diese persönliche Einschätzung wird durch sogenannte Gewichtungen bzw. Gewichtungsfaktoren ausgedrückt. Es gibt zahlreiche Methoden zur Ermittlung der Kriteriengewichtungen. Die Gewichtungsfaktoren stellen nicht-negative Zahlen auf einem kardinalen Skalenniveau dar und werden meist in einem Intervall von 0 bis 100 Prozent angegeben. Folglich werden für jedes Kriterium des Entscheidungsproblems der subjektiven Einschätzung des Entscheidungsträgers entsprechend Werte zwischen 0 und 100 Prozent generiert, welche zusammen 100 Prozent ergeben. Die Ermittlung der Gewichtungsfaktoren stellt jedoch eine Herausforderung dar, da diese auf der Basis subjektiver Einschätzung aufbauen. So hat der Entscheider bei Mehrzielentscheidungen mit zahlreichen Kriterien oft das Problem seine subjektiven Gewichtungen nur vage beschreiben zu können und damit die Wichtigkeit der Kriterien schwer gegeneinander einschätzen zu können. So wurden zahlreiche Ansätze zur Unterstützung bei der Strukturierung der Ermittlung von Gewichtungsfaktoren entwickelt. Der rudimentärste Ansatz nimmt eine Gleichverteilung der Kriteriengewichtungen vor. Nachteilig dabei ist, dass die persönliche Einschätzung des Entscheidungsträgers hierbei vernachlässigt wird. Es existieren jedoch auch viele Verfahren, die das Ziel anstreben für jedes Kriterium ein individuelles Gewicht zu ermitteln, das die subjektive Vorstellung des Entscheiders repräsentiert. Jedoch werden immer persönliche Einflüsse bei den Bestrebungen um Objektivierung der Ermittlung der Gewichtungsfaktoren bestehen. Dies hängt mit den Vergleichen der Wichtigkeit von unterschiedlichen, oft in Konflikt stehenden Kriterien zusammen.

Bei der Ermittlung der Gewichtungsfaktoren kann grundsätzlich hierarchisch oder nicht-hierarchisch vorgegangen werden. Hierarchische Ansätze stellen dabei auf der Kriterienhierarchie ab, sodass alle Elemente einer Ebene auch nur innerhalb dieser Ebene gewichtet werden und damit zusammen 100 Prozent ergeben müssen. So kann letztendlich die Gewichtung eines Attributes über die Multiplikation der dazugehörigen Gewichtungen aller Vorgängerkriterien entlang der Hierarchie ermittelt werden. Nichthierarchische Methoden hingegen gewichten sämtliche Attribute gleichzeitig. Die Durchführung einer Sensitivitätsanalyse ist unabhängig von der Wahl der MCDM-Methode empfehlenswert, da die Gewichtungsfaktoren einen enormen Einfluss auf das Resultat der Entscheidungsfindung ausüben und aufgrund ihrer Subjektivität nur schwer in korrekter Weise zu ermitteln sind. Dabei wird geprüft, wie stabil das Ergebnis hinsichtlich einer Verlagerung der einzelnen Gewichte ist und damit ob eine andere Angabe hinsichtlich einzelner Gewichte Auswirkungen hätte.

Klassifizierung und Abgrenzung der MCDM-Verfahren

Nachdem nun die Grundstruktur komplexer Mehrzielentscheidungen erläutert und in diesem Zusammenhang die Begrifflichkeiten geklärt wurden, soll nun eine Klassifizierung und Abgrenzung der MCDM-Verfahren folgen. Diese Vorgehensweise ist notwendig, um die Struktur, sowie Systematik des zu entwickelnden Bewertungssystems zu verstehen, sowie die Wahl der zugrundeliegenden Bewertungsmethode des Analytischen Hierarchieprozesses (AHP) zu begründen.

Die Anzahl an verschiedenen Unterscheidungskriterien, welche die Basis der Ermittlung des betriebsindividuellen Gesamtgewichtungsfaktors (GGF-Konzept) darstellen, machen das im Rahmen dieses Kapitels zu entwickelnde Messkonzept zu einem MCDM-Problem. So besitzt jedes Unterscheidungskriterium für sich eigenständige Subkriterien (und gegebenenfalls Sub-Subkriterien). Dieser Sachverhalt macht deutlich, dass eine Entscheidungsunterstützung mit Mehrfachzielsetzung im Sinne der MCDM-Verfahren notwendig ist.

Man spricht von MCDM-Verfahren, wenn für den Entscheider nicht nur ein Ziel, sondern mehrere verschiedene Ziele wichtig sind. MCDM-Modelle nehmen sich dieser Problematik an, indem sie durch eine Fülle unterschiedlicher Kriterien die Realität besser beschreiben als die Entscheidungsmodelle mit nur einer Zielsetzung. So verwundert es nicht, dass sich in der Literatur viele Beiträge zur Entscheidungslehre mit der Typisierung und Erfassung multipler Zielsetzungen auffinden lassen (Rommelfanger et al., 2002, S. 133). Mit der Anzahl an Zielen und deren Relationen zueinander, sowie der Anzahl der Alternativen erhöht sich auch die Komplexität des gesamten Entscheidungsmodells. Bei MCDM-Modellen soll der angesprochenen Komplexität begegnet und so dem Entscheider bei der Suche nach einer Lösung geholfen werden. Diese Lösungen stellen meistens einen Kompromiss dar. Folglich können nicht alle Ziele gleichzeitig optimal erreicht werden. Diese Kompromisslösungen repräsentieren folglich verschiedene Zielerreichungsgrade. Für MCDM-Probleme ist eine große Anzahl an pareto-optimalen Lösungen charakteristisch.[2] So ist es deren Ziel die pareto-optimale Lösung zu ermitteln, welche den Zielpräferenzen des Entscheiders am ehesten entspricht (Hüftle, 2006a, S. 3). Um eine Klassifizierung der Bewertungsverfahren vorzunehmen, stellt zunächst die Menge der möglichen Alternativen eine primäre Einteilung der Entscheidungsverfahren dar. So wird in der Literatur zwischen den multiobjektiven Verfahren (Multi Objective Decision Making - MODM) und den multiattributiven Verfahren (Multi Attributive Decision Making - MADM) unterschieden (Zimmermann et al., 1991, S. 25ff; Weber, 1983, S. 11).

Die MODM definieren sich dadurch, dass keine explizite Menge von Alternativen vorbestimmt ist. Es sind hierbei alle Alternativen zulässig, welche die definierten Bedingungen erfüllen, sodass der Lösungsraum unendlich viele Elemente beinhaltet (stetige Lösungsmenge). MODM-Verfahren haben viele Bezeichnungen, wie Vektoroptimierungsmodelle, Lineare-Modelle, sowie Modelle der mathematischen Programmierung. Der Begriff "Objectives" bezeichnet dabei, dass es sich um quantifizierbare Zielfunktionen handelt. Auf diese Weise ist eine klar definierte Wertzuordnung der Alternativen bezüglich jedes Ziels möglich, sodass die optimale Alternative aus dem Lösungsraum heraus exakt berechnet werden kann. Bspw. könnte beim Kauf eines PKWs in diesem Kontext auf Basis der subjektiven Präferenzen des Entscheidungsträgers ein optimal ausgestaltetes Auto mit einer optimalen Mischung aus den Kriterien Verbrauch, Sicherheit, Qualität/Zuverlässigkeit und Design aus den Zielfunktionen heraus berechnet werden.

Bei MADM-Verfahren hat der Entscheidungsträger die Alternativen schon im Vorhinein definiert, sodass die Menge der zulässigen Alternativen explizit bekannt und damit endlich ist. Der Lösungsraum ist folglich diskret. Bewertet wird jede Alternative durch Attribute, die die Ziele des Entscheiders repräsentieren. Besonders dabei ist, dass die Attribute nicht notwendigerweise in Zahlen beschrieben sein müssen. Die optimale Alternative wird durch Paarvergleiche ausgewählt, indem die Attribute untereinander und die Ausprägungen der Alternativen bezüglich eines Attributes miteinander in Relation gesetzt werden. An-

---

2 Pareto-optimale Lösungen stellen einen Zustand dar, in dem man sich in einem Ziel nur noch verbessern kann, indem man sich in einem anderen Ziel verschlechtert.

ders als bei MODM-Verfahren wird die Analyse aller möglichen Alternativen hierbei nicht zwingend vorausgesetzt. Untersucht werden nur die Alternativen, die vom Entscheidungsträger vorher festgelegt wurden bzw. in der Realität verfügbar sind. Ein Beispiel hierfür wäre beim Kauf eines PKWs, dass der Entscheidungsträger schon alle relevanten PKWs definieren kann, wie bspw. „VW Polo", „Opel Corsa", „Ford Fiesta" und „Renault Clio".

Die MADM-Verfahren werden auf der einen Seite weiter in Outranking bzw. Prävalenzverfahren und auf der anderen Seite in die multikriteriellen Bewertungsverfahren unterteilt, da die Abbildung der Präferenzstruktur des Entscheidungsträgers bei den beiden Verfahrenstypen gänzlich unterschiedlich aufgefasst wird (Zimmermann et al., 1991, 25ff). Abbildung 23 zeigt die dargelegte Gesamt-Klassifizierung der MCDM-Verfahren.

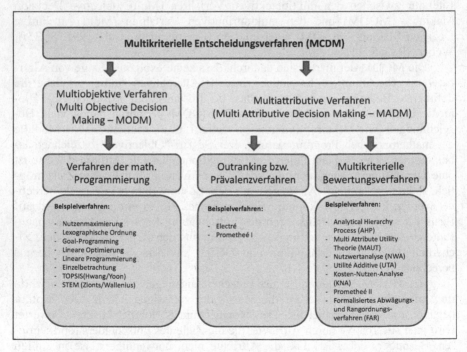

Abbildung 23: Entscheidungsunterstützung bei Mehrfachzielsetzung (in Anlehnung an Ruhland, 2004, S. 10; Von Nitzsch, 1992, S. 30)

Nachfolgend soll auf die verschiedenen Verfahren zum einen zu deren Abgrenzung voneinander und zum anderen zur Analyse der Eignung zur Generierung von relativen Wichtigkeiten (RW) und Kriteriengewichtungen im Rahmen des GGF-Konzeptes näher eingegangen werden.

5.3.1 Verfahren der mathematischen Programmierung (MODM)

MODM-Methoden versuchen dem Entscheider beim Auffinden der optimalen Lösung in Entscheidungssituationen zu unterstützen, die sich durch eine stetige (nicht-abzählbare) Menge an Alternativen und einer notwendigen Berücksichtigung mehrerer Zielfunktionen auszeichnen. So wird die optimale Alternative bzw. Kompromisslösung anhand klar definierter Zielfunktionen berechnet. Folglich kann jeder Alternative ein Wert zugeordnet werden.

Dabei kommen mathematische Verfahren zum Einsatz, welche die Lösung des MODM prozesshaft generieren. Die häufig verwendete Bezeichnung der Vektoroptimierung verdankt das Verfahren den zu optimierenden Zielfunktionen (Wittberg, 2013, S. 250).

Die Begründung, warum MODM-Verfahren im Rahmen der zu entwickeln-den Methodik nicht zur Anwendung kommen, liegt vor allem an der meist feh-lenden Existenz klar definierbarer Zielfunktionen der Branchen, da das erhobene empirische Datenmaterial hierfür nicht geeignet ist. Ursache hierfür ist die zu rudimentäre Präferenzstruktur der befragten Betriebe, sodass die Generierung exakter Zielfunktion unmöglich oder zu fehlerhaft wäre.

Folglich sollen sich fortan die Erläuterungen der MCDM-Verfahren auf den für diese Arbeit relevanten Teil der MADM-Verfahren konzentrieren, welche keine exakten Zielfunktionen zur Entscheidungsunterstützung benötigen.

5.3.2 Klassifikation multiattributiver Verfahren

Die Analyse und Verarbeitung der Präferenzstruktur des Entscheidungsträgers kann bei der Entscheidungsunterstützung auf vielfältige Weise vorgenommen werden, sodass eine grundsätzliche Unterteilung der MADM-Verfahren in Prä-valenzverfahren und multikriterielle Bewertungsverfahren erfolgen muss. Nach-folgend soll die Klasse der Prävalenzverfahren bzw. Outranking vorgestellt wer-den.

5.3.2.1 Prävalenzverfahren bzw. Outranking

Anfang der 1960er Jahre begann die Entwicklung der Prävalenzverfahren in Europa, insbesondere in Frankreich, weshalb man von der europäischen bzw.

französischen Schule spricht. Die wörtliche Bedeutung kann mit „im Rang überragen" übersetzt werden. Hierbei wird keine „echte" Nutzenfunktion generiert, sondern nur auf den Abstand zwischen zwei Alternativen geachtet. Übersteigt dieser Abstand einen bestimmten Grenzwert, wird die Alternative als absolut besser gewertet (Fleßa, 2010, S. 26).

Die am häufigsten angewendeten Vertreter der Outranking-Verfahren stellen die Verfahren Electré (Elimination Et Choix Traduisant la Realité) und Prometheé (Preference Ranking Organisation Method for Enrichment Evaluation) samt Erweiterungen und Modifikationen dar. Das zentrale Differenzierungskriterium von Prävalenzverfahren und multikriteriellen Bewertungsverfahren stellt die angesprochene Präferenzstruktur des Entscheiders dar. Bei Prävalenzverfahren wird dem Entscheidungsträger eingeräumt, dass ihm seine Präferenzen nicht exakt bewusst sind und er diese auch nicht ausdrücken kann (Geldermann, 2008, S. 13). Outranking-Verfahren „[…] unterscheiden sich primär von anderen Bewertungsverfahren durch die Erweiterung des Begriffs ‚Präferenz', indem - neben strikter Präferenz und Indifferenz - auch schwache Präferenz und Unvergleichbarkeit in der Bewertung […] möglich sind. Grundsätzlich liegt das Ziel der Outranking-Verfahren nicht in der Berechnung einer ‚optimalen' Planungsalternative, sondern im Aufzeigen von Wertebeziehungen (Outranking-Relationen) zwischen verschiedenen Planungsalternativen" (Harth, 2006, S. 71). Beim meistvertretenen Prävalenzverfahren Prometheé wird eine bekannte Anzahl an diskreten Alternativen untersucht. Hierbei bedient man sich des Mittels der Paarvergleiche, welche die Basis der Ermittlung der Präferenzintensität darstellen. In diesem Zusammenhang werden mit Hilfe von Präferenzfunktionen die Alternativen über die Differenzen verglichen, welche sie bezüglich einzelner Kriterien und den damit verbundenen Ausprägungen zeigen.

Zusammenfassend sollen iterativ mit dem Entscheider neue Informationen generiert werden. Ziel ist zum einen die Identifikation einer Alternativen, welche einen guten Kompromiss darstellt, sowie zum anderen die Darstellung eines Ranking, welches auch Unvergleichbarkeiten miteinbezieht (Geldermann, 2013, S. 54). Beim Autokauf-Beispiel stellt die Abbildung des Mehrzielproblems mit einem Entscheider, der sich hinsichtlich des Verhältnisses der Kriterien „Sicherheit" und „Design" absolut unschlüssig ist und diese als „unvergleichbar" deklariert, ein klassisches Entscheiderproblem der Prävalenzverfahren dar.

Für die Bearbeitung des Entscheidungsproblems im Rahmen dieser Arbeit stellen Prävalenzverfahren nicht die geeignete Wahl dar, da angenommen werden kann, dass sich zum einen die befragten Betriebe der meisten Branchen ihrer Präferenzen bewusst sind (wenngleich auch nicht in dem Detaillierungsgrad, wie sie die MODM verlangen) und diese auch mitteilen können und zum anderen auch keine Unvergleichbarkeiten bei korrekter Aufstellung der Unterscheidungskriterien wahrgenommen werden.

Dieser Sachverhalt führt nun zu der anderen Klasse der MADM, der multikriteriellen Bewertungsverfahren, die nachfolgend dargestellt werden sollen.

5.3.2.2 Multikriterielle Bewertungsverfahren

Neben den Prävalenz-Verfahren, entwickelten sich in den USA, also in der amerikanischen Schule, die multikriteriellen Bewertungsverfahren als zweite Denkrichtung. Hier geht man davon aus, dass der Entscheider eine exakte Vorstellung über den Nutzen seiner Kriterienausprägungen und -gewichtungen hat, ihm also seine Präferenzen bewusst sind (Geldermann, 2008, S. 13). Bei multikriteriellen Bewertungsverfahren wird eine komplette Abbildung der Präferenzstruktur des Entscheiders in einem Modell vorgenommen. Dabei wird die optimale Alternative verfahrensabhängig durch spezifische Vorschriften in der Bewertung bestimmt. Die Alternative mit dem höchsten Nutzwert gewinnt, da diese die subjektiv beste Lösung darstellt und folglich die Präferenzfunktion des Entscheiders am besten widerspiegelt. Die am häufigsten angewendeten und damit bekanntesten Vertreter der multikriteriellen Bewertungsverfahren stellen die Nutzwertanalyse (NWA), die Multiattributive Nutzentheorie (MAUT) und der Analytische Hierarchieprozess (AHP) dar (Zimmermann et al., 1991, S. 25ff). Nachfolgend sollen diese drei multikriteriellen Bewertungsverfahren genauer vorgestellt werden.

5.3.2.2.1 Die Nutzwertanalyse

Die ursprünglich aus den Vereinigten Staaten stammende NWA kam auch Anfang der 1970er Jahre in Deutschland auf und wurde schnell zu einem der am häufigsten angewendeten multikriteriellen Verfahren. Die NWA stellt ein heuristisches Bewertungsverfahren dar[3]. Sie ist in der Literatur auch als Scoring-Modell bekannt (Vahs et al., 2002, S. 203). Die NWA „wurde als Erweiterung der Kosten-Nutzen-Analyse entwickelt, da sie nicht nur monetäre Bewertungen,

---

3   Heuristische Verfahren werden eingesetzt, wenn Optimierungsverfahren aufgrund eines nicht zu rechtfertigenden Rechenaufwands bei anwendungsbezogenen Problemgrößen scheitern. Sie richten sich bei der Lösungsfindung nach bestimmten Regeln, welche sich die vorliegende Modellstruktur in erfolgreicher Art und Weise zu Eigen machen. Im Gegensatz zu grundsätzlichen Optimierungsverfahren, die eine optimale Lösung auffinden und auch nachweisen müssen, verlangt ein heuristisches Verfahren nur eine gut eingeschätzte Lösung (Domschke, 2006, S. 2).

sondern auch die persönlichen Präferenzen des Entscheiders berücksichtigt"
(Hüftle, 2006b, S. 9). Zentrales Differenzierungskriterium der NWA zur Kosten-
Nutzen-Analyse (KNA) stellt der Verzicht auf eine Monetarisierung der relevanten Bewertungsgrößen dar. Bei der NWA werden aus den qualitativen, wie auch
quantitativen Attributen der Alternativen Nutzwerte generiert, die wiederum in
ein Punktesystem überführt werden. Auf diese Weise können Alternativen verglichen werden, die bei der KNA nicht vergleichbar gewesen wären. Bestehen
bei den Alternativen keine Kostenunterschiede können mit der NWA Lösungen
nach dem „Maximalprinzip"[4] (Alternative mit höchstem Nutzwert wird gewählt)
gefunden werden. Bestehen Kostenunterschiede kann sie jedoch auch Lösungen
nach dem „Optimalprinzip"[5] liefern und leistet damit einen wesentlichen Beitrag
hinsichtlich der Wirtschaftlichkeit der Entscheidung (OLEV, 2012).

Um die Stabilität bzw. Robustheit der Entscheidung zu prüfen ist eine Sensitivitätsanalyse bei der NWA zu empfehlen, was an späterer Stelle in diesem
Abschnitt noch ausführlich dargestellt werden soll.

Die Art der Zielerfassung sowie der Bewertung in Form verschiedener
Punkteskalen und unterschiedlicher Gewichtungsermittlungen haben zu zahlreichen Modellvariationen geführt (Schneeweiß, 1991, S. 120ff; Bamberg, 2006,
S. 62f.). So ist die NWA „[...] die Analyse einer Menge komplexer Handlungs-
alternativen mit dem Zweck, die Elemente dieser Menge entsprechend den Präferenzen des Entscheidungsträgers bezüglich eines multidimensionalen Zielsystems zu ordnen. Die Abbildung dieser Ordnung erfolgt durch die Angabe der
Nutzwerte (Gesamtwerte) der Alternativen" (Zangemeister, 1976, S. 45). Somit
ist der Wert einer Alternative mit dem Nutzwert, der durch die Summe der Ein-
zelbewertungen der Kriterien repräsentiert wird, synonym zu verstehen. Die
Bewertung der Einzelkriterien wiederum leitet sich aus den Präferenzen des
Entscheiders in verbaler oder numerischer Form ab. Der Nutzwert ist dementsprechend auch keine direkte Ertragsgröße, sondern lediglich ein Index, der zur
Ordnung oder Ranking der Alternativen herangezogen wird (Zangemeister,
1976, S. 45f.).

Zusammenfassend kann zur Vorteilhaftigkeit der NWA gesagt werden, dass
keine Kardinalität hinsichtlich der Präferenzstruktur des Entscheiders notwendig
ist und auch ordinales Datenniveau zu ihrer Anwendung ausreichend ist. Sie ist
dabei dennoch quantitativ genug, um eine gewisse Härte und transparente Resul-

---

4   Beim Maximalprinzip soll mit den gegebenen Ressourcen ein möglichst hoher Gewinn erzielt
     werden. Wenn bspw. ein Unternehmen nicht ausgelastet ist, erweitert es sein Portfolio, um die
     momentan nicht beanspruchten Ressourcen wirtschaftlich zu nutzen.

5   In komplexen wirtschaftlichen Abläufen entstehen bspw. auf der Investitionsseite als auch auf
     der Seite des zu erwartenden Gewinns zahlreiche Variable. Das Optimalprinzip soll diese Vari-
     ablen optimal aufeinander abstimmen und damit der Komplexität entgegenstehen.

tate zu generieren (Henriksen, 1999, S. 162; Stummer, 2006, S. 5). Der geringe Komplexitätsgrad der NWA ist für den Entscheider attraktiv (Henriksen, 1999, S. 162). Dies liegt an ihrem leicht zugänglichen und verständlichen analytisch-systematischen Aufbau und Anwendungsweise (Liberatore, 1995, S. 1298; Vahs et al., 2002, S. 206). Ein weiterer Vorteil sind die bereits erwähnten Variationen der NWA und damit die Fähigkeit sie an das Problem des Entscheiders anzupassen (Henriksen, 1999, S. 162). So ist bspw. eine nachträgliche Veränderung der Alternativenanzahl kein Problem, da die Nutzwerte anderer Alternativen nicht tangiert werden (Baker, 1975, S. 1168).

Nachteilig an der NWA ist, dass der Nutzwert einer Alternative nur einen dimensionslosen Rankingindex darstellt und eine eigentliche Interpretation schwer bis unmöglich macht. So gehen im Vorteil der einfachen Bildung des Nutzwertes eben auch zahlreiche Informationen verloren, vornehmlich dadurch, dass eine Kompensation zwischen den Kriterien stattfindet. So kommt es zu einer oft in der Literatur vorgeworfenen „Scheingenauigkeit" (Stummer, 2006, S. 5).

Zusammenfassend ist die NWA eine sehr effektive Methode ganz in Abhängigkeit der anzutreffenden Situation oder Umstände. Sie wird gegenüber wesentlich anspruchsvolleren Verfahren aufgrund deren hohen Informationsbedarf und Komplexität bevorzugt (Poh, 2001, S. 64).

Verfahrensablauf

Wie bereits erwähnt, versucht die NWA eine rationale Entscheidung zu ermitteln, indem sie mehrere Alternativen hinsichtlich eines gegebenen und definierten Zielsystems einordnet. Dadurch ist zwar das allgemeine Ziel einer NWA gegeben, jedoch gibt es die verschiedensten Ausgestaltungen und Formen, sodass NWAs mit sehr unterschiedlichen Bewertungsweisen vorgenommen werden können. So gibt es bspw. Unterschiede in der Art und Weise der Kriterienbewertung oder in der Aggregation der Teilnutzen zum Gesamtnutzen einer Alternative (Bechmann, 1978, S. 26). „Das wesentliche Charakteristikum der Nutzwertanalyse ist die Auflösung einer komplexen Bewertungsproblematik in einfache Teilaspekte, die Bewertung dieser Teilaspekte und die daran anknüpfende Zusammenfassung der Teilbewertungen zu einer umfassenden Bewertungsaussage: dem Nutzwert" (ebenda).

Abbildung 24 zeigt den Verfahrensablauf der Nutzwertanalyse.

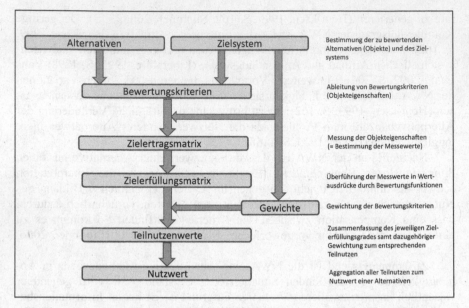

Abbildung 24: Vorgehensweise bei der Nutzwertanalyse (Bechmann, 1978, S. 29)

Nachfolgend soll am Autokauf-Beispiel der Ablauf der NWA detailliert beschrieben werden. Dabei orientiert sich der Autor an Meixner (Meixner et al., 2012, S. 151-155):

1. Schritt: Begonnen wird mit der Definition bzw. Bestimmung des Problems, aus welchem das Zielsystem abgeleitet wird. Der Entscheidungträger hat im Beispiel das Problem aufgrund einer zu großen Anzahl an Zielen nicht selbst erkennen zu können, welcher PKW aus der möglichen Alternativenmenge für ihn die optimale Wahl darstellt. Folglich stellt sein Hauptziel die „Wahl des optimalen PKWs" aus der Alternativenmenge dar. Die nachfolgende Darstellung der NWA wird beispielhaft anhand eines einstufigen Zielsystems mit vier Bewertungskriterien durchgeführt. Abbildung 25 zeigt die hierarchische Struktur des Zielsystems:

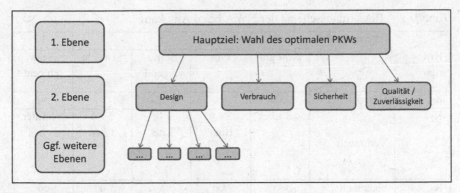

Abbildung 25: Zielhierarchie der NWA beim Autokauf

2. Schritt: Die Alternativen und damit die Lösungsmenge des Zielsystems stellen die PKWs „VW Polo", „Opel Corsa", „Ford Fiesta" und „Renault Clio" dar. Sind die Alternativen bestimmt, kann die Ergebnismatrix angefertigt werden. Die Ergebniswerte (Zielerträge) sind hierbei frei erfunden und sowohl numerischer als auch verbaler Art. Tabelle 8 zeigt die Ergebnismatrix für das Entscheiderproblem. Dabei steht ein „x" für einen Punkt.

Tabelle 8: Ergebnismatrix der NWA beim Autokauf

Kriterien \ Alternativen		A_1 VW Polo	A_2 Opel Corsa	A_3 Ford Fiesta	A_4 Renault Clio
K_1	Design	xx	xxx	xxx	x
K_2	Verbrauch	4,2 Liter	5,1 Liter	4,9 Liter	3,9 Liter
K_3	Sicherheit	x	xx	xxx	xxx
K_4	Qualität/Zuverlässigkeit	xxx	xx	xx	xx

Es wird deutlich, dasss sowohl ordinale Daten (Design), wie auch kardinale Daten (Verbrauch) in der Ergebnismatrix vertreten sind, was typisch für eine NWA ist.

3. Schritt: Es folgt die Bewertung der einzelnen Ergebnisse durch die Nutzenfunktion. Nun bekommt jeder Ergebniswert eine reelle Zahl, den Nutzenwert, zugewiesen. Hierfür ist ein Bewertungsschema notwendig, um die Ergebniswerte in eine Entscheidungsmatrix zu transferieren. Tabelle 9 stellt ein solches Bewertungsschema für das Beispiel der „Wahl des optimalen PKWs" dar.

Tabelle 9: Bewertungsschema der NWA beim Autokauf

Krite-rien / Alternativen		9 Sehr gut	7 Gut	5 Befrie-digend	3 Schlecht	1 Sehr schlecht
K_1	Design	xxx	xx	x	o	oo
K_2	Verbrauch	< 3 Liter	3 - 4 Liter	4 - 5 Liter	5 - 6 Liter	> 6 Liter
K_3	Sicherheit	xxx	xx	x	o	oo
K_4	Qualität/Zuverlässigkeit	xxx	xx	x	o	oo

Wie man in der Tabelle erkennen kann, werden die Bewertungsstufen von „Sehr schlecht" bis „Sehr gut" mit den Zahlenwerten 1, 3, 5, 7 und 9 quantifiziert. Dies kann damit begründet werden, dass man sich hier zur besseren Vergleichbarkeit der Ergebnisse am Ausprägungsspektrum des AHPs orientiert hat.

Überführt man nun die Werte der Ergebnismatrix (Tabelle 8) mit den entsprechenden Punktewerten des Bewertungsschemas, kann die Entscheidungsmatrix bzw. Zielerfüllungsmatrix erstellt werden. Diese Entscheidungsmatrix ist nachfolgend dargestellt:

Tabelle 10: Entscheidungsmatrix der NWA beim Autokauf

Kriterien / Alternativen		A_1 VW Polo	A_2 Opel Corsa	A_3 Ford Fiesta	A_4 Renault Clio
K_1	Design	7	9	9	5
K_2	Verbrauch	5	3	5	7
K_3	Sicherheit	5	7	9	9
K_4	Qualität/Zuverlässigkeit	9	7	7	7

Eine Bewertung der Ergebnisse kann sowohl ordinal, als auch kardinal erfolgen. Ordinal bedeutet, dass eine Rangfolge ohne zahlenmäßige Abstände gegeben ist (Alternative A_1 ist besser als Alternative A_2 bezüglich des Kriteriums X). Dabei wird, damit eine Aggregation folgen kann, jedem Rang eine Punktzahl zugeordnet. Kardinal bedeutet, dass genaue Abstände zwischen den Alternativen messbar sind und infolgedessen nicht nur eine Rangfolge, sondern genaue Präferenzen abgeleitet werden können.

4. Schritt: Nun folgt die Kriteriengewichtung. Dies erfolgt direkt subjektiv durch den Entscheidungsträger, wie bspw. durch eine prozentuale Angabe der jeweiligen Kriteriengewichtung, oder indirekt durch dessen paarweisen Vergleich der Kriterien. Eine subjektive Einschätzung des Entscheidungsträgers sollte nur bei sehr wenigen Bewertungskriterien Anwendung finden, da sonst das Risiko der Verletzung des Transitivitätsprinzips besteht, was zu inkonsistenten Entscheidungen führt. Wesentlich konsistenter erscheint ein Paarvergleich der Bewertungskriterien. Dabei wird zusätzlich Transparenz und Nachvollziehbarkeit der NWA gesteigert.

Durch den Vergleich zweier Kriterien und der daraus ermittelten Dominanz, kann die Gewichtung der Kriterien abgeleitet werden. Tabelle 11 zeigt ein für die „Wahl des optimalen PKWs" angewendetes dreistufiges Bewertungsschema.

Tabelle 11: Bewertungsschema zur Gewichtung der Kriterien der NWA beim Autokauf

Nutzenwert	Kriterium der Zeile ist … als das Kriterium der Spalte
0	weniger wichtig
1	genauso wichtig
2	wichtiger

Tabelle 12 zeigt die Nutzenwerte der Paarvergleiche der 4 Bewertungskriterien, wobei die Bewertung zunächst nur für die obere Dreiecksmatrix durchgeführt wird.

Tabelle 12: Gewichtung der Bewertungskriterien (obere Hälfte der Prioritätsmatrix)

	K_1	K_2	K_3	K_4
K_1		1	1	2
K_2			2	2
K_3				2
K_4				

Um die Tabelle zu vervollständigen, muss die untere Dreiecksmatrix mit den jeweiligen Gegenwerten (reziprok) ausgefüllt werden. So wird beispielsweise K_2 als „wichtiger" betrachtet als K_3. In obiger Tabelle, wird demzufolge der Wert 2 in Zeile K_2 und Spalte K_3 verzeichnet. Als Gegenwert muss infolgedessen in

Zeile K_3 und Spalte K_2 der Wert 0, also K_3 ist „weniger wichtig" als K_2 verzeichnet werden. Tabelle 13 zeigt nun die gesamte Prioritätsmatrix der Bewertungskriterien.

Tabelle 13: Gewichtung der Bewertungskriterien (gesamte Prioritätsmatrix)

	K_1	K_2	K_3	K_4
K_1		1	1	2
K_2	1		2	2
K_3	1	0		2
K_4	0	0	0	

In der Tabelle ist absichtlich eine Inkonsistenz eingebaut worden, um eine realistische Entscheidungssituation (z.B. wie bei einer Befragung) abzubilden. Es soll jedoch an dieser Stelle nicht näher darauf eingegangen werden. Dies wird im Rahmen der Darstellung des AHPs im Detail nachgeholt, der mit der gleichen Inkonsistenz zur besseren Vergleichbarkeit der Methoden ausgestattet ist. So soll im weiteren Verlauf der Methodendiskussion klar werden, welche Methode mit Problemen im Rahmen der Aufgabenstellung dieser Arbeit besser zu Recht kommt.

Nun können die Gewichtungen der Kriterien ermittelt werden. Hierzu werden zeilenweise die Werte aufsummiert, um danach auf den Wert 1 normiert zu werden. Tabelle 14 veranschaulicht dies.

Tabelle 14: Gewichtung der Kriterien

	K_1	K_2	K_3	K_4	Gewicht	Faktor
K_1		1	1	2	4	0,333
K_2	1		2	2	5	0,417
K_3	1	0		2	3	0,250
K_4	0	0	0		0	0,000
					12	1,00

Somit kann man im Beispiel „Wahl des optimalen PKWs" feststellen, dass das Kriterium 2 der „Verbrauch" als das wichtigste Kriterium, gefolgt von Kriterium 1 dem „Design" betrachtet wird. An dritter Stelle steht das Kriterium 3 die „Sicherheit" und auf dem letzten Platz das Kriterium 4 die „Qualität/Zuverlässigkeit". Es stellt sich zwangsläufig die Frage, warum Kriterium 4 überhaupt mit ins Kalkül aufgenommen wurde, wenn es anscheinend keinen Einfluss als Bewertungskriterium genießt (Wert = 0,00). Es wird sich an späterer Stelle beim

Ablauf des AHP zeigen, dass dies eine Eigenart der NWA sein kann, die Bewertung zu rudimentär und damit ungenau zu gestalten.

5. Schritt: Nun können die gewichteten Teilnutzen bestimmt werden, indem das Produkt der Teilnutzen (Tabelle 10) mit der jeweiligen Gewichtung berechnet wird.

Tabelle 15: Ermittlung der gewichteten Teilnutzen beim Autokauf

Alternativen		A1	$A_1 \cdot p$	A2	$A_2 \cdot p$	A3	$A_3 \cdot p$	A4	$A_4 \cdot p$
Kriterien	Gewichtung p								
K_1	0,333	7	2,331	9	2,997	9	2,997	5	1,665
K_2	0,417	5	2,085	3	1,251	5	2,085	7	2,919
K_3	0,250	5	1,250	7	1,750	9	2,250	9	2,250
K_4	0,000	9	0	7	0	7	0	7	0

6. Schritt: Die aggregierten Teilnutzen (Spaltensummen) stellen die Gesamtnutzenwerte der entsprechenden Alternativen dar.

Tabelle 16: Bestimmung des Gesamtnutzenwerts der Alternativen

Alternativen		A_1	$A_1 \cdot p$	A_2	$A_2 \cdot p$	A_3	$A_3 \cdot p$	A_4	$A_4 \cdot p$
Kriterien	Gewichtung p								
K_1	0,333	7	2,331	9	2,997	9	2,997	5	1,665
K_2	0,417	5	2,085	3	1,251	5	2,085	7	2,919
K_3	0,250	5	1,250	7	1,750	9	2,250	9	2,250
K_4	0,000	9	0	7	0	7	0	7	0
			5,666		5,998		7,332		6,834

7. Schritt: Es ist ratsam am Ende der NWA eine Sensitivitätsanalyse durchzuführen. Dabei werden alle Faktoren konstant gehalten und nur einzelne Parameter, z.B. die Kriteriengewichtung verändert, um die Auswirkungen auf das Ranking zu analysieren.

Nachfolgend soll eine vereinfachte Sensitivitätsanalyse mit nur zwei Kriterien, dem „Design" und der „Verbrauch" nach (Meixner et al., 2012, S. 238-243) durchgeführt werden. Dies liegt daran, dass die Sensitivitätsanalyse praktisch nur computergestützt vollzogen werden kann, da die Bedeutungsgewichte ständig verändert werden müssen, wodurch kontinuierlich neue Alternativen- bzw. Kriteriengewichte ermittelt werden. Wie im nachfolgenden Beispiel einer vereinfachten Sensitivitätsanalyse deutlich wird, ist es bei zwei Kriterien noch möglich, eine manuelle Durchführung darzustellen. Jedoch schon ab drei Kriterien ist die „manuelle" Sensitivitätsanalyse nicht mehr praktikabel.

Mit einer Sensitivitätsanalyse soll geprüft werden, ob eine Änderung in der Kriterien- oder Merkmalsausprägung eine Veränderung des Rankings der Alternativen, immer unter der Voraussetzung einer unveränderten Modellstruktur, nach sich zieht (Weber, 1993, S. 108). Prinzipiell soll also untersucht werden, wie stabil das ermittelte Resultat ist und damit die „wahren" Präferenzen in Form der Paarvergleichsurteile integriert wurden. Somit stellt die Sensitivitätsanalyse ein Werkzeug zur Bewertung der subjektiven Prioritäteneinschätzungen dar (Ossadnik, 1998, S. 234f.). Die objektiven Prioritäteneinschätzungen stellen quantitative Daten dar und bedürfen aufgrund der objektiv nachvollziehbaren Informationen (z.B. Liter pro 100 Kilometer), auf denen sie basieren, keine weiteren Analysen.

Der Kern einer jeden Sensitivitätsanalyse stellt die Bestimmung sensitiver Grenzen dar, die durch ständige Veränderung der Prioritäten der Merkmale ermittelt werden sollen. Bei diesen Grenzen kommt es zu einer Veränderung des Alternativenrankings. Befinden sich diese sensitiven Grenzen in der Nähe der aktuellen Merkmalsgewichte, kann man auf ein instabiles Resultat schließen. Infolgedessen erscheint es empfehlenswert den Beurteilungsprozess, wie Paarvergleiche, zu wiederholen oder zu korrigieren. Es kann auch vorkommen, dass die Problemdefinition, sowie die gesamte Hierarchiebildung überarbeitet werden muss. Jedoch sollten diese Extremfälle ausbleiben, wenn bei der Definition und Strukturierung des Problems umsichtig vorgegangen wurde.

Nachfolgend soll anhand des vereinfachten Beispiels der „Wahl des optimalen PKWs" gezeigt werden, wie eine Sensitivitätsanalyse durchgeführt wird. In der folgenden Abbildung sind die gewählten zwei Alternativen, der „Ford Fiesta" und der „Renault Clio", die anhand der Kriterien „Design" und „Verbrauch" in diesem Rahmen bewertet werden sollen, dargestellt:

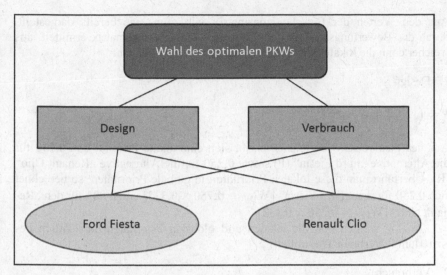

Abbildung 26: Modellhierarchie „Wahl des optimalen PKWs" (eigene
Darstellung in Anlehnung an Meixner, 2012, S. 239)

Die bereits ermittelten Kriteriengewichtungen von 0,333 für das „Design" und
0,417 für den „Verbrauch" können hier nicht verwendet werden, da deren Summe nicht dem Gesamtnutzenwert 1 entspricht. Folglich wird fiktiv für das „Design" der Wert 0,333 und für den „Verbrauch" der Wert 0,666 angenommen, um
dennoch die tendenziellen Präferenzgewichtungen abzubilden. Mittels Paarvergleichen bezüglich dieser Kriterien werden die beiden Alternativen „Ford Fiesta"
und „Renault Clio" nach den bereits dargestellten Werten der Entscheidungsmatrix der NWA, die unverändert bleiben, bewertet um dann lokale Prioritäten bzw.
Gewichtungen abzuleiten. In Tabelle 17 ist der hierfür relevante Ausschnitt der
Entscheidungsmatrix abgebildet:

Tabelle 17: Relevanter Ausschnitt der Entscheidungsmatrix der NWA für die
Sensitivitätsanalyse

Alternativen		A_3	A_4
Kriterien		Ford Fiesta	Renault Clio
K_2	Design	9	5
K_3	Verbrauch	5	7

Aus den Werten der Entscheidungsmatrix wird nun, wie bereits dargestellt, durch das Bewertungsschema der NWA eine Gewichtungsmatrix ermittelt, aus welcher dann die lokalen Prioritäten abgeleitet werden können:

1. Design

$$P = \begin{pmatrix} 1 & 2 \\ 0 & 1 \end{pmatrix}; w_i = \begin{pmatrix} 0,75 \\ 0,25 \end{pmatrix}$$

Aus den paarweisen Vergleichen ergibt sich eine lokale Priorität von 0,750 für die Alternative „Ford Fiesta" (F) sowie 0,250 für die Alternative „Renault Clio" (R). Überführt man diese lokalen Prioritäten in globale Prioritäten, so berechnet sich 0,250 für den „Ford Fiesta" [$W_{D(F)}$ = 0,750 × 0,333] und 0,083 für den „Renault Clio" [$W_{D(R)}$ = 0,250 × 0,333].

Analog werden nun die lokalen und globalen Prioritäten hinsichtlich des Kriteriums „Verbrauch" ermittelt:

2. Verbrauch

$$P = \begin{pmatrix} 1 & 0 \\ 2 & 1 \end{pmatrix}; w_i = \begin{pmatrix} 0,25 \\ 0,75 \end{pmatrix}$$

Aus den Paarvergleichen ergeben sich hier lokale Prioritäten von 0,250 für die Alternative F sowie 0,750 für die Alternative R. Daraus ergeben sich globale Prioritäten von 0,168 für Alternative F [$W_{V(F)}$ = 0,250 × 0,666] sowie 0,500 für Alternative R [$W_{V(R)}$ = 0,750 × 0,666].

Zusammenfassend lassen sich nun für beide Alternativen F und R die Gesamtprioritäten berechnen:

W_F = 0,750 × 0,333 + 0,250 × 0,666 = 0,416

W_R = 0,250 × 0,333 + 0,750 × 0,666 = 0,583

Aus diesen globalen Prioritäten kann nun eindeutig das Ranking und damit das aktuelle Gewicht bestimmt werden. Die Alternative R dominiert mit einer Gewichtung von 0,583 eindeutig die Alternative F und wird demzufolge vorgezogen.

Nun beginnt die Sensitivitätsanalyse ihrer Aufgabe gerecht zu werden, indem sie sich die Frage stellt, wie sich die Prioritäten ändern, wenn sich die Kriterien verlagern. Deshalb werden nun die Prioritäten der Kriterien verändert, um zu berechnen, wie sich infolgedessen die Gewichte der Alternativen verschieben. Dabei ist von besonderem Interesse, ab welcher metrischen Höhe der Prioritäten der Kriterien es zu einer Veränderung im Alternativenranking kommt. Die nachfolgende Abbildung veranschaulicht diese Verschiebung grafisch:

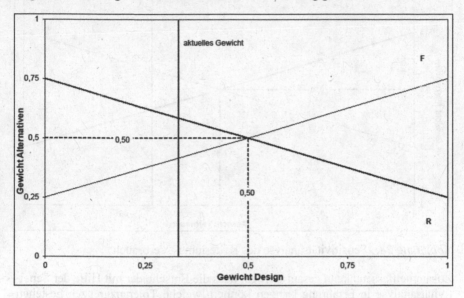

Abbildung 27: Sensitivitätsanalyse des Kriteriums „Design"

Auf der X-Achse sind die jeweiligen Gewichte des Kriteriums „Design" vertreten, auf der Y-Achse die Gewichte der Alternativen F und R. Die Abbildung macht deutlich, dass ab einer Gewichtung des Kriteriums „Design" kleiner 0,50 Alternative R vor Alternative F präferiert wird.

Beim Kriterium „Verbrauch" ist die Verteilung der Gewichte genau umgekehrt bzw. konträr. Dies hängt damit zusammen, dass bei 2 Kriterien eine Erhöhung des einen Kriteriums um den Betrag X dazu führt, dass das andere Kriterium um genau diesen Betrag gemindert wird. Abbildung 28 veranschaulicht, ab welchem Gewicht des Kriteriums „Verbrauch" eine Veränderung im Alternativenranking die Folge ist.

Wie in der Abbildung ersichtlich gewinnt die Alternative R an Gewicht, wenn man die Gewichtung des Kriteriums „Verbrauch" steigert. Ab einer metrischen Höhe größer 0,50 wird Alternative R vor Alternative F präferiert und trägt damit mehr zur Lösung des Entscheidungsproblems bei.

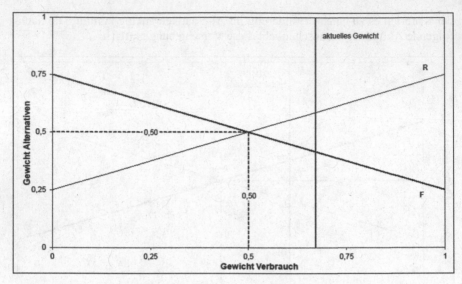

Abbildung 28: Sensitivitätsanalyse des Kriteriums „Verbrauch"

Zusammenfassend kann gesagt werden, dass die Entscheider mit Hilfe der Sensitivitätsanalyse in Erfahrung bringen können, welche Toleranzgrenzen bestehen und bei Überschreitung zu einer Veränderung des Alternativenrankings führen. Somit stellt die Sensitivitätsanalyse ein Werkzeug dar die Güte und Qualität der eigenen Entscheidung zu bewerten und gegebenenfalls zu verbessern.

8. Schritt: Zuletzt muss nur noch das Ranking der Alternativen vollzogen werden, das sich an den erreichten Gesamtnutzen orientiert.

Tabelle 18: Ranking der Alternativen

Rang	Alternative	Nutzenwert
1.	A_3: Ford Fiesta	**7,332**
2.	A_4: Renault Clio	**6,834**
3.	A_2: Opel Corsa	**5,998**
4.	A_1: VW Polo	**5,666**

Nach dem Gesamtnutzenwert liegt der „Ford Fiesta" auf Rang 1, vor dem „Renault Clio", dem „Opel Corsa" sowie dem „VW Polo". Der „Ford Fiesta" besitzt demnach für das angenommene Beispiel in Bezug auf die Kriterien „Design", „Verbrauch", „Sicherheit" und „Qualität/Zuverlässigkeit" unter Berücksichtigung der angenommenen Gewichtung den besten Gesamtnutzen und stellt folglich hinsichtlich dieser Randbedingungen die optimale Wahl dar. Die Gesamtnutzenwerte der Alternativen auf Rang 1 und 2 liegen eng beieinander, deshalb sollte eine Sensitivitätsanalyse vollzogen werden, um die Möglichkeit einer falschen Entscheidung durch eine unbewusste „Falschgewichtung" der Kriterien auszuschließen. Es soll abschließend erwähnt werden, dass dies eine Darstellung einer sehr simplen, klassischen NWA war. Es gibt zahlreiche anspruchsvollere Variationen und Erweiterungen, sowie Verknüpfungen mit anderen Methoden, welche jedoch alle grundlegend gleich verlaufen.

Nachfolgend soll mit der Multi-Attributive-Nutzen-Theorie ein weiteres multikriterielles Bewertungsverfahren vorgestellt werden.

5.3.2.2.2 Die Multi-Attributive-Nutzen-Theorie

Die MAUT stellt ein weiteres Modell dar, in welchem Werte aggregiert werden, um ein Ranking aus der Präferenzstruktur des Entscheiders abzuleiten. Bei Anwendung der MAUT müssen, anders als bei der NWA und dem AHP, nutzentheoretische Rationalitätsaxiome eingehalten werden, was zum einen zu einem exakten mathematischen Resultat führt. Dies bringt jedoch zum anderen auch viele Nachteile mit sich. Mit der Bedingung der Einhaltung dieser Rationalitätsaxiome gehen sehr hohe Anforderungen an die Entscheider hinsichtlich der Informationsqualität einher, was wiederum in der Praxis äußerst selten eingehalten werden kann. So ist meistens ein wesentlicher Teil des Datenmaterials subjektiver Natur und weist folglich eine gewisse Unschärfe auf (Schneeweiß, 1992, Kapitel 4.6).

Nachfolgend sollen diese Rationalitätsaxiome kurz dargestellt werden, um deutlich zu machen, dass die Voraussetzungen der MAUT im Rahmen dieser Arbeit nicht eingehalten werden können.

Die MAUT stellt im Gegensatz zum heuristischen Verfahren der NWA ein konsistentes Theoriegebilde dar (Schneeweiß, 1990, S. 13). Analog zur NWA wird das Nutzengewicht anhand einer linearen Präferenzfunktion mit folgenden drei Kennzeichen berechnet (Meixner et al., 2012, S. 156):

1. Die Wertfunktionen v_k (k = 1, ..., K) deren K Ziele unabhängig voneinander bestimmt werden.
2. Die Gewichtungen g_k werden bei der MAUT über Substitutionsraten bestimmt.

3. Für alle Alternativen $a_i \in A$ (Alternativenmenge) wird ein linearer Präferenzindex $\phi^{MAUT}(a_i)$ errechnet, welcher mit folgender Formel beschrieben werden kann:

$$\phi^{MAUT}(a_i) = \sum_{k=1}^{K} g_k \cdot v_k(a_i) \qquad \boxed{\text{Formel 3}}$$

$$mit \sum_{k=1}^{K} g_k = 1 \; und \; g_k \in [0,1]$$

Damit solch eine additive Präferenzfunktion im Sinne der MAUT angenommen werden kann, müssen drei Voraussetzungen der „Existenz einer additiven Präferenzfunktion" gegeben sein:

- Es existiert eine Ordnungsrelation schwacher Ordnung, d.h. vollständig und transitiv.
- Es gilt Substituierbarkeit.
- Die Attribute sind stark präferenzunabhängig (Schneeweiß, 1992, S. 129f.).

Prinzipiell ist das Vorgehen der MAUT dem der NWA sehr ähnlich. Bei der MAUT werden diese nutzentheoretischen Bedingungen jedoch strikt vorausgesetzt (Götze, 2008, S. 206).

Im Rahmen der Forderung einer Ordnungsrelation schwacher Ordnung bedeutet Vollständigkeit, dass der Entscheider nur die für ihn relevanten Ausprägungen betrachtet und damit nicht alle „möglichen" Merkmalsausprägungen miteinbeziehen soll (Helm et al., 2008, S. 88). Des Weiteren sollte er in der Lage sein zwei Alternativen miteinander zu vergleichen und damit eine Aussage treffen zu können, ob eine besser ist als die andere oder beide Alternativen als gleichwertig anzusehen sind (mikro-online, 2014).

Ebenfalls im Rahmen der Forderung einer Ordnungsrelation schwacher Ordnung muss Transitivität gegeben sein. Sie liegt vor, wenn bspw. eine Alternative A besser als eine Alternative B ist und Alternative B besser als Alternative C, dann muss auch schlussfolgernd Alternative A besser als Alternative C sein (Rommelfanger et al., 2002, S. 135).

Substituierbarkeit besteht, wenn Veränderungen eines Kriteriums durch solche eines anderen Kriteriums ausgeglichen werden können ohne dass sich der Gesamtnutzen verändert. Dabei müssen die Alternativenausprägungen eng beieinander liegen, was eine Voraussetzung darstellt, der vollständig eigentlich nur bei unendlich vielen Alternativen entsprochen werden kann. Somit haben klassische Problemsituationen der MAUT eine sehr hohe Anzahl an Alternativen, sodass exakte Substitutionsraten ermittelt werden können (Schneeweiß, 1992, S. 129).

Eine weitere Voraussetzung für eine lineare Präferenzfunktion stellt die Präferenzunabhängigkeit dar. Dies bedeutet grundsätzlich, dass die Existenz einer Merkmalsausprägung keinen Einfluss auf die Einschätzung einer Ausprägung eines anderen Merkmals hat. Beispielsweise könnte ein Befragter die beiden Merkmale „Marke" und „Farbe" beim Untersuchungsobjekt „Auto" als nicht präferenzunabhängig einstufen, wenn er einen Ferrari in Rot bevorzugt, obwohl er sonst blaue Autos präferiert (Helm, 2008, S. 90).

Werden jedoch mehr als zwei Ziele verfolgt, so reicht die bisherige Definition von Präferenzunabhängigkeit nicht mehr aus. Bei einem Zielsystem bedeutet (stark) präferenzunabhängig, dass für jedes Ziel die Präferenzordnung unabhängig von den Ergebnissen der anderen Ziele ist (Rommelfanger, 2002, S. 141).

Zusammenfassend kann gesagt werden, dass die MAUT zur Anwendung kommt, wenn der Entscheider die Kriterien als stark präferenzunabhängig einstuft, sowie Substitutionsraten ermittelt werden können. Da die meisten Entscheidungsprobleme jedoch nur eine geringe Anzahl an Alternativen und Kriterien aufweisen und daher keine exakten Substitutionsraten bestimmt werden können, kommt es häufig zur Verwendung des nutzwertanalytischen Verfahrens der NWA oder des AHPs als dessen Erweiterung (Schneeweiß, 1991, S. 184).

Das im Rahmen dieser Arbeit erhobene empirische Datenmaterial erwies sich für die Generierung der angesprochenen Suibstitutionsraten als zu undifferenziert bzw. rudimentär, sodass es zu einer Verletzung des Rationalitätsaxioms der freien Substituierbarkeit im Rahmen der MAUT kommt. Dieser Zustand kann für die meisten Branchen angenommen werden, da in den wenigsten Fällen eine so hohe Anzahl an Kriterien und Alternativen vorliegt, dass exakte Substitutionsraten ermittelt werden können. So wissen die Betriebe einer Branche meist nicht exakt, wieviel Prozent ein „mehr" eines Subkriteriums gleich einem „weniger" eines anderen Subkriteriums entspricht, was bei der MAUT durch Zuordnung des Nutzens von 0 bis 1 via Bandbreiten iterativ erreicht werden muss.

Folglich kann die MAUT nicht die geeignete Bewertungsmethode für die Problemstellung dieser Arbeit sein. Es soll trotzdem anhand des bereits aufgezeigten Beispiels der „Wahl des optimalen PKWs" versucht werden die MAUT kurz zu umreißen. Dabei orientieren sich die Ausführungen an Meixner (Meixner et al., 2012, S. 155-159):

Gegeben seien nur die beiden Kriterien „Verbrauch" und „Design" (die anderen Kriterien werden als konstant angenommen). Nehmen wir an, der Entscheider weist einen Akzeptanzbereich bzw. Bandbreite für den „Verbrauch" (v) von 4 bis 10 Liter Treibstoff [4;10] und für das „Design" (d) auf einer Punkteskala von 0 bis 20 [0;20] auf, wobei 20 Punkte die beste Bewertung darstellen.

Es werden zur Vereinfachung jeweils lineare Wertfunktionen angenommen. So lassen sich folgende Extrema der Nutzenwerte für jedes Kriterium berechnen:

$v_v(4) = 1$ und $v_v(10) = 0$; $v_d(20) = 1$ und $v_d(0) = 0$

Der Entscheider ermittelt folgende Austauschraten: Ein Auto a mit einem Verbrauch von 6 Litern und 8 Punkte im Design ($a_v = 6$ und $a_d = 8$) entspricht einem Auto b mit einem Verbrauch von 8 Litern und 12 Punkten im Design ($b_v = 8$ und $b_d = 12$). Daraus kann das folgende Gewichtsverhältnis zwischen den beiden Kriterien „Verbrauch" und „Design" errechnet werden:

$$\frac{g_v}{g_d} = \frac{\upsilon_d(a_d) - \upsilon_d(b_d)}{\upsilon_v(b_v) - \upsilon_v(a_v)} = \frac{\upsilon_d(8) - \upsilon_d(12)}{\upsilon_v(8) - \upsilon_v(6)} = \frac{0,20}{0,33} = \frac{3}{5} \qquad \boxed{\text{Formel 4}}$$

Da entsprechend der obenstehenden Formel gilt $g_v + g_d = 1$, errechnet sich für die Kriterien „Verbrauch" und „Design" ein Verhältnis von 0,375:0,625. So erfolgt die Alternativenbewertung zu $\frac{3}{8}$ aufgrund des Verbrauchs und zu $\frac{5}{8}$ aufgrund des Designs. Nachfolgend sollen zwei weitere Alternativen mit den folgenden Ausprägungen bewertet werden:

c: $c_v = 9$ Liter und $c_d = 18$ Design-Punkte

d: $d_v = 5$ Liter und $d_d = 16$ Design-Punkte

dann würde die Entscheidung zugunsten der Alternative d getroffen werden, da der Präferenzindex höher ist als bei c.

$$\Phi^{MAUT}(c) = 0,166 \cdot \frac{3}{8} + 0,9 \cdot \frac{5}{8} = 0,625$$

$$\Phi^{MAUT}(d) = 0,833 \cdot \frac{3}{8} + 0,8 \cdot \frac{5}{8} = 0,812$$

Anhand dieses vereinfachten Beispiels konnte der grundsätzliche Ablauf der MAUT aufgezeigt werden. Jedoch werden bei mehr als 2 Zielen die Berechnungen der Wertfunktionen, die Bestimmung der Austauschraten und die Alternativenbewertung wesentlich aufwendiger und demzufolge computergestützt vollzogen.

Zusammenfassend stellt die MAUT ein wesentlich theoretischeres Verfahren im Vergleich zur NWA oder dem AHP dar. Schneeweiß gibt folgerichtig den Ratschlag je nach Einhaltungsgrad der Bedingungen der Rationalitätsaxiome zu differenzieren. Dabei ist Grundtenor, dass die NWA und der AHP umso mehr in Frage kommen, je weniger die obigen Restriktionen erfüllt sein müssen (Schneeweiß, 1992, S. 154). Zur Lösung der Problematik dieser Arbeit stellt die MAUT aufgrund der nicht vollständig erfüllbaren Rationalitätsaxiome kein geeignetes multikriterielles Bewertungsverfahren dar.

Nachfolgend soll der Analytischer-Hierarchie-Prozess als spezielle Variation der NWA vorgestellt werden.

5.3.2.2.3 Der Analytische-Hierarchie-Prozess

Der AHP wurde Anfang der 1970er von Thomas Saaty entwickelt. Er stellt eine Modifikation bzw. Weiterentwicklung der NWA dar und ist mathematisch aufwendiger und anspruchsvoller. Dies ist auch der Grund, warum er erst in den 1990er Jahren seinen Durchbruch hatte und sehr häufig zum Einsatz kam. So war es durch die Weiterentwicklungen im IT-Bereich auf einmal möglich, die aufwendigen Matrizen-Iterationen, das mathematische Kernelement des AHP, computergestützt zu vollziehen und auszuwerten. Es soll im Folgenden der Begriff „Analytischer-Hierarchie-Prozess" näher erläutert werden.

Unter „analytisch" wird im Rahmen des AHP die Verwendung von mathematisch-logischen Funktionen verstanden, die zu nachvollziehbaren Lösungen für den Entscheider führen. Unter „Hierarchie" wird die hierarchische Struktur des Verfahrens verstanden, da das Problem in Ebenen aufgeteilt wird. Die Elemente der Ebenen entsprechen hierbei den jeweiligen Kriterien oder Alternativen. Unter „Prozess" ist der Zustand zu verstehen, das Verfahren wiederholt ablaufen zu lassen, Entscheidungen zu reproduzieren und den Weg des Auffindens der Entscheidungslösung nachvollziehbar zu machen (GSTT-Information, 2011, S. 9).

Dabei besteht das Bewertungsverfahren aus einer erweiterten Zielhierarchie, deren letzte Stufe die relevanten Alternativen repräsentieren. Das Ziel des Verfahrens stellt die Bestimmung der optimalen Alternative aus einer vorher bestimmten Alternativenmenge dar. Dabei wird der Beitrag eines jeden Bewertungskriteriums der Hierarchie zu seinem übergeordneten Ziel mit Hilfe von Paarvergleichen bestimmt. Der Gesamtindex wird zuletzt additiv oder multiplikativ für jedes Kriterium aus den jeweiligen Zielgewichten aggregiert (Harth, 2006, S. 70f.).

Verfahrensablauf

Der AHP läuft, wie alle MCDM-Verfahren, nach den gängigen zwei Phasen des Entscheidungsprozesses in der Entscheidungstheorie, der Meta- und Objektphase, ab. Dabei findet die Anwendung des AHP ausschließlich in der Objektphase statt. Die Metaphase stellt grundsätzlich alle notwendigen Vorarbeiten dar, um ein Entscheidungsmodell zu generieren. So stellen die Problemdefinition, die Bestimmung des Zielsystems bzw. der Bewertungskriterien, sowie die Ermittlung der Alternativen die Hauptaufgaben im Rahmen der Metaphase dar (Meixner et al., 2012, S. 78). Im verwendeten Beispiel wären dies die Definition des Oberziels „Wahl des optimalen PKWs", welches mit den Kriterien „Design", „Verbrauch", „Sicherheit" und „Zuverlässigkeit/Verbrauch" anhand der Alternativen „VW Polo", „Opel Corsa", „Renault Clio" und „Ford Fiesta" bewertet wird.

Sind diese Eingangsdaten ermittelt, können sie in die Ergebnismatrix transformiert werden. Die präzise Formulierung des Entscheidungsmodells findet in der Objektphase statt. Mittels Paarvergleichen werden hier die Kriteriengewichtungen, sowie zuletzt das Ranking der Alternativen ermittelt. Mit Hilfe der Eigenvektorisierung bzw. Eigenwertmethode, die an späterer Stelle erläutert werden soll, kann aus einem Set an Prioritäten die Alternative ermittelt werden, welche die Präferenzstruktur des Entscheiders am besten widerspiegelt. Durch den unveränderlichen prozessualen Ablauf im Rahmen der Entscheidungsanalyse, ist die Generierung von systematischen und rational nachvollziehbaren Entscheidungen im Rahmen des AHP möglich (Rohr, 2004, S. 40f.). Abbildung 29 zeigt dessen klassischen Ablauf.

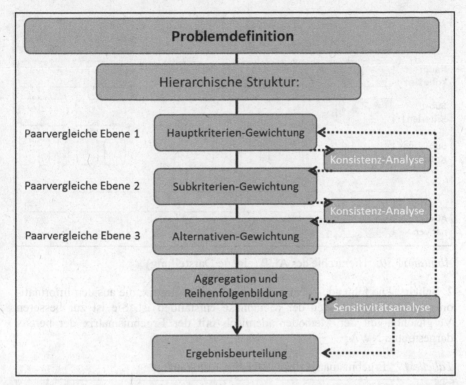

Abbildung 29: Ablaufschema des AHP (eigene Darstellung)

Nachfolgend soll, wie bereits bei der NWA, am Beispiel der „Wahl des optimalen PKWs" der Ablauf des AHP im Detail beschrieben werden. Hierbei orientiert sich die vorliegende Arbeit an Meixner (Meixner et al., 2012, S. 199-245):

1. Schritt: Da der AHP eine Weiterentwicklung der NWA darstellt, muss analog zunächst das Problem definiert werden. Auf diese Weise lässt sich ein hierarchisches Zielsystem ableiten. Auf der untersten Ebene dieser Hierarchie stehen die Alternativen als Lösungsmenge, wie das folgende Schaubild verdeutlicht:

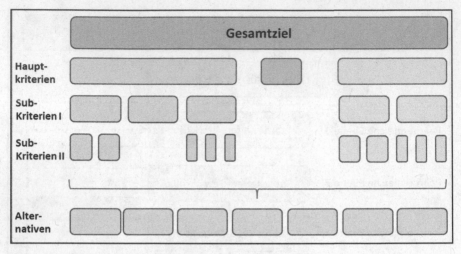

Abbildung 30: Hierarchie des AHP (eigene Darstellung)

2. Schritt: Die folgende Tabelle zeigt die Ergebnismatrix, die aus den Informationen bzw. Eingangsdaten der Metaphase entstanden ist. Sie ist zur besseren Vergleichbarkeit der Methoden identisch mit der Ergebnismatrix der bereits dargestellten NWA:

Tabelle 19: Ergebnismatrix des AHP beim Autokauf

Kriterien	Alternativen	A_1 VW Polo	A_2 Opel Corsa	A_3 Renault Clio	A_4 Ford Fiesta
K_1	Design	xx	xxx	xxx	x
K_2	Verbrauch	4,2 Liter	5,1 Liter	4,9 Liter	3,9 Liter
K_3	Sicherheit	x	xx	xxx	xxx
K_4	Qualität/Zuverlässigkeit	xxx	xx	xx	xx

3. Schritt: Mittels Paarvergleichen werden die Gewichtungen der Kriterien bestimmt. Dabei sind zwei unterschiedliche Verfahrensweisen möglich, ein „vereinfachtes Verfahren" und ein „exaktes Verfahren". Das exakte Verfahren bestimmt die Gewichtungen über Eigenvektorisierung.

Beim AHP ist im Gegensatz zur NWA eine definierte Bewertungsskala mit einem Wertebereich von 1 bis 9 vorhanden (siehe Tabelle 20). Es sind zwar auch andere Skalenverläufe prinzipiell denkbar, jedoch jahrelange praktische Anwendung in den unterschiedlichsten Problemstellungsbereichen haben gezeigt, dass sich die Gewichtungen der Attribute nur geringfügig verändern. Saaty selbst erstellte in seinem „Hierarcon" eine Sammlung von hunderten anwendungsorientierten AHP-Modellen, welche dies bestätigen (Saaty, 1996).

Des Weiteren findet eine weitere filigranere Differenzierung durch die Zwischenwerte 2, 4, 6, 8 bzw. 1/2, 1/4, 1/6, 1/8 statt.

Tabelle 20: Die Bewertungsskala des AHP (in Anlehnung an Haedrich et al., 1986, S. 123)

Gewichtung	Kriterium der Zeile ist zum Kriterium der Spalte
9	Absolut dominierend
7	Sehr viel größere Bedeutung
5	Erheblich größere Bedeutung
3	Etwas größere Bedeutung
1	Gleiche Bedeutung
1/3	Etwas geringere Bedeutung
1/5	Erheblich geringere Bedeutung
1/7	Sehr viel geringere Bedeutung
1/9	Absolut unterlegen

Vereinfachtes Verfahren

An dieser Stelle soll mit dem „vereinfachten Verfahren" begonnen werden. Dabei werden die Kriterien jeweils Zeile zu Spalte gemäß der oben abgebildeten AHP-Bewertungsskala für die obere Dreiecksmatrix gewichtet. Das Treffen dieser Gewichtungen unterliegt dem subjektiven Ermessen des Entscheiders. Die Werte der unteren Dreiecksmatrix ergeben sich aus dem jeweiligen Kehrwert der oberen Dreiecksmatrix. Der Paarvergleich von K_2 und K_3 ergibt bspw. eine Gewichtung von 5. Als Konsequenz daraus ergibt sich für den Paarvergleich aus K_3 und K_2 eine reziproke Gewichtung von 1/5.

Tabelle 21: Vereinfachtes Verfahren des AHP – Kriteriengewichtung

	K_1	K_2	K_3	K_4
K_1	1	1	1	5
K_2		1	5	9
K_3			1	3
K_4				1

	K_1	K_2	K_3	K_4
K_1	1	1	1	5
K_2	1	1	5	9
K_3	1	1/5	1	3
K_4	1/5	1/9	1/3	1
$\sum$	3,20	2,31	7,33	18,00

Nach der Ermittlung der Kriteriengewichtungen werden die Spaltensummen gebildet, um dann auf diese normiert zu werden. Dies stellt den klassischen Ablauf der Eigenvektorisierung dar (Saaty, 1998, S. 122f.). Die nachfolgende Tabelle veranschaulicht die Normierung der Kriteriengewichtungen:

Tabelle 22: Vereinfachtes Verfahren des AHP – Normierung

	K_1	K_2	K_3	K_4
K_1	0,31	0,43	0,14	0,28
K_2	0,31	0,43	0,68	0,50
K_3	0,31	0,09	0,14	0,17
K_4	0,06	0,05	0,05	0,06
$\sum$	1,00	1,00	1,00	1,00

Die vorliegenden Werte können nun aufgrund der Normierung direkt hinsichtlich eines Kriteriums (das der jeweiligen Spalte) miteinander verglichen werden, da die Spaltensummen jeweils den Wert 1 ergeben. Aus diesen normierten Werten kann nun die „relative Gewichtung" durch zeilenweise Aggregation ermittelt werden. Diese „relative Gewichtung" kann als Gesamtgewichtung der Kriterien angesehen werden. Dazu muss nun wieder eine Normierung (Spalte „Gewichtung") der Summe (Spalte „Summe") vollzogen werden.

So wird bei der Eigenvektorisierung zuerst spaltenweise, dann zeilenweise normiert, um letztendlich die direkten Relationen der Kriterien zueinander darzustellen. Ausgedrückt werden diese durch eine relative Gewichtung. Die Summe dieser relativen Gewichtungen muss wieder 1 ergeben.

Tabelle 23: Vereinfachtes Verfahren des AHP – relative Gewichtung

	K_1	K_2	K_3	K_4	Summe	Gewichtung
K_1	0,31	0,43	0,14	0,28	1,16	0,29
K_2	0,31	0,43	0,68	0,50	1,92	0,48
K_3	0,31	0,09	0,14	0,17	0,71	0,18
K_4	0,06	0,05	0,05	0,06	0,22	0,05
$\sum$	1,00	1,00	1,00	1,00	4,00	1,00

Betrachtet man die ermittelten Gewichtungen der Kriterien im Zusammenhang mit der Prioritätsmatrix aus Tabelle 19, so bilden die Kriteriengewichtungen die Aussagen der Paarvergleiche konsistent ab.

Exaktes Verfahren

Beim „exakten Verfahren" werden die Gewichtungen der Kriterien durch Matrizen-Iterationen berechnet, was es zu einem mathematisch anspruchsvolleren Verfahren macht. Dabei wird die Matrix sukzessive quadriert, dann werden die zeilenmäßigen Summen gebildet, um dann eine Normierung (Spalte ganz rechts außen) durchzuführen. Dies wird iterativ so lange fortgeführt, bis der Unterschied der Ergebnis-Gewichtungen verschwindend gering ist (siehe Tabelle 24-27). Diesen Vorgang nennt man Eigenwert-Methode bzw. Eigenvektorisierung, da man aus einer Paarvergleichsmatrix ein Set von Prioritäten bzw. Gewichtungen generiert (Rommelfanger, 2004, S. 28-34).

Eigenvektoren stellen ein fundamentales Werkzeug zur Analyse von Matrizen dar. „It is known that the principal eigenvector captures transitivity uniquely and is the only way to obtain the correct ranking on a ratio scale of the alternatives of a decision. Because of this [...] one should only use the eigenvector for ranking in making a decision (Saaty, 1998, S. 121)." So stellt die Eigenvektorisierung das exakteste Verfahren zur Berechnung der Kriteriengewichtungen dar. Die nachfolgenden Tabellen zeigen den kompletten Ablauf im Detail.

Tabelle 24: Exaktes Verfahren des AHP – Kriteriengewichtung

	K_1	K_2	K_3	K_4
K_1	1	1	1	5
K_2	1	1	5	9
K_3	1	1/5	1	3
K_4	1/5	1/9	1/3	1

Tabelle 25: 1. Iterationsschritt des AHP

1,00	1,00	1,00	5,00
1,00	1,00	5,00	9,00
1,00	0,20	1,00	3,00
0,20	0,11	0,33	1,00

×

1,00	1,00	1,00	5,00
1,00	1,00	5,00	9,00
1,00	0,20	1,00	3,00
0,20	0,11	0,33	1,00

=

4,00	2,74	8,65	22,00	37,39	0,2871
8,80	4,00	13,97	38,00	64,77	0,4974
2,80	1,73	4,00	12,80	21,33	0,1638
0,84	0,486	1,41	4,00	6,74	0,0518
				130,23	**1,00**

Tabelle 26: 2. Iterationsschritt des AHP

4,00	2,74	8,65	22,00
8,80	4,00	13,97	38
2,80	1,73	4,00	12,80
0,84	0,486	1,41	4,00

×

4,00	2,74	8,65	22,00
8,80	4,00	13,97	38,00
2,80	1,73	4,00	12,80
0,84	0,486	1,41	4,00

=

82,812	47,58	138,50	390,84	659,73	0,2856
141,44	82,75	241,46	676,42	1142,07	0,4944
48,38	27,73	82,44	229,74	388,29	0,1681
14,94	8,63	25,34	71,00	119,91	0,0519
				2310,00	**1,00**

Tabelle 27: 3. Iterationsschritt des AHP

82,812	47,58	138,50	390,84
141,44	82,75	241,46	676,42
48,38	27,73	82,44	229,74
14,94	8,63	25,34	71,00

×

82,812	47,58	138,50	390,84
141,44	82,75	241,46	676,42
48,38	27,73	82,44	229,74
14,94	8,63	25,34	71,00

=

26127,32	15090,99	44279,95	124118,94	209617,2	0,2858
45204,64	26110,47	76616,70	214753,01	362684,82	0,4944
15349,34	8865,30	26014,28	72917,27	123146,19	0,1679
4744,53	2740,39	8041,16	22539,27	38065,35	0,0519
				733513,56	**1,00**

Die parallele Berechnung der Kriteriengewichtungen (KG) mit der gängigen AHP-Software „Expert Choice" liefert exakt dasselbe Ergebnis, wie nachfolgend dargestellt:

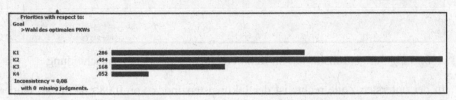

Abbildung 31: Die Kriteriengewichtungen in der Software Expert Choice

Wie man im Auszug der Software sehen kann, besteht ein Inkonsistenzindex von 0,08, was für eine qualitativ hochwertige und konsistente Entscheidung spricht (siehe Schritt 7). Die Konsistenzprüfung soll jedoch an späterer Stelle ausführlich erläutert werden. Hier soll nur ein Sachverhalt hervorgehoben werden, der charakteristisch für den gesamten AHP ist. Analysiert man die eingetragenen Ergebnisse der Paarvergleiche in Tabelle 21, so fällt auf das eine gewisse Inkonsistenz durch die Verletzung der Transitivität an einer Stelle vorhanden ist. Wenn K_1 gleich K_2 und K_3 ist, dann muss K_2 auch gleich K_3 sein. Dies ist jedoch nicht der Fall, K_2 hat „eine erheblich größere Bedeutung" (Wert 5) als K_3. Dass trotz Intransitivität dennoch ein insgesamt konsistentes Ergebnis erreicht wird, spricht für die Anwendungsbezogenheit des AHP, der auch bei vermeintlich widersprüchlichen subjektiven Präferenzen zur Anwendung kommen darf (Fleßa, 2010, S. 39). Dies stellt jedoch keineswegs einen „Freifahrtschein" für widersprüchliche Präferenzstrukturen der Entscheider dar, Inkonsistenzen werden jedoch bis zu einem gewissen Grad aufgrund der Subjektivität toleriert, der jede Entscheidung unterliegt. Es ist genau dieses Charakteristikum, das den AHP, wie auch die NWA, zu den am meisten angewendeten MCDM-Verfahren macht.

Um zu zeigen, dass sich die angesprochene Intransitivität noch in einem akzeptablen Rahmen aufhält, soll nachfolgend ein Vergleich eines „intransitiven" mit einem „transitiven" Ergebnis in der Software Expert Choice dargestellt werden. Abbildung 32 zeigt zuerst das intransitive Beispiel.

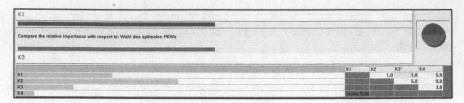

Abbildung 32: Intransitivität im Rahmen einer konsistenten Entscheidung

In der untersten Zeile rechts ist der Inkonsistenzindex von 0,08 erkennbar. Nun folgt das transitive Beispiel:

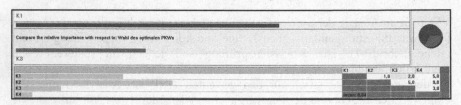

Abbildung 33: Eine vollständig transitive Entscheidung

Wie man erkennen kann ist nun K_2 auch größer K_3, sodass Transitivität überall gegeben ist.

Der Konsisitenzindex verbessert sich nur um den Wert 0,04.

Zusammenfassend kann für den AHP festgehalten werden, dass Inkonsistenzen des Entscheiders berücksichtigt werden können, solange sie sich in einem gewissen Rahmen aufhalten. Folglich „stören" sie das Bewertungsverfahren nicht, sondern sind sozusagen aufgrund der Anwendungsbezogenheit einkalkuliert (Fleßa, 2010, S. 39). Bezüglich des Entscheidungsproblems im Rahmen der Methodikentwicklung ist ebenfalls ersichtlich, dass auch hier Inkonsistenzen durch das jeweilge empirische Datenmaterial der entsprechenden Branche auftreten können, deren Rahmen jedoch mittels des beschriebenen Konsistenzindexes kontrolliert wird.

Vergleicht man die Kriteriengewichtungen des „vereinfachten Verfahrens" mit denen des „exakten Verfahrens" sind hier sehr ähnliche, wenngleich auch ungenauere Werte zu konstatieren. Die Ermittlung der Kriteriengewichtungen ist hier jedoch mit wesentlich weniger Aufwand verbunden. Die Genauigkeit des „vereinfachten Verfahrens" muss aber nicht immer gegeben sein, weshalb sich für eine wissenschaftliche Arbeit unbedingt das „exakte Verfahren" anbietet.

4. Schritt: Ist die Kriteriengewichtung erst einmal vollzogen, kann mit der Bewertung der Alternativen begonnen werden. Dabei bedient man sich wieder des Werkzeugs der Paarvergleiche, nur diesmal werden zwei Alternativen hinsichtlich der einzelnen Kriterien in Relation gesetzt. Der Arbeitsaufwand erhöht sich dabei generell mit der Anzahl an Alternativen. Analog zur Kriteriengewichtung bedient man sich bei der Gewichtung der Alternativen der Bewertungsskala. Es ist wichtig an dieser Stelle hervorzuheben, dass die Gewichtung der Alternativen mathematisch auf Grundlage der Ergebnismatrix abgeleitet wird und nicht wie bei der Kriteriengewichtung der subjektiven Meinung des Entscheiders entspricht.

Tabelle 19 zeigt zeilenweise die Werte der Alternativen hinsichtlich der Kriterien. Die Alternative A_1 hat die Ausprägung „xx" beim Kriterium K_1 (Design). Da die Alternativen A_2 und A_3 die Ausprägung „xxx" haben, wird der Alternative A_1 eine „etwas geringere Bedeutung" hinsichtlich des Kriteriums K_1 im direkten Paarvergleich zugesprochen und damit jeweils der Wert „1/3" zugewiesen (siehe Tabelle 28).

Die Alternative A_4 hat jedoch nur eine Ausprägung von „x" vorzuweisen. Somit wird im direkten Paarvergleich der Alternativen A_1 und A_4 der Alternative A_1 eine „etwas größere Bedeutung" hinsichtlich des Kriteriums K_1 zugeordnet, was dem Wert „3" entspricht.

Tabelle 28: Paarweiser Vergleich der Alternativen für Kriterium K_1 (Design)

	A_1	A_2	A_3	A_4			A_1	A_2	A_3	A_4
A_1	1	1/3	1/3	3		A_1	1	1/3	1/3	3
A_2		1	1	5	⇨	A_2	3	1	1	5
A_3			1	5		A_3	3	1	1	5
A_4				1		A_4	1/3	1/5	1/5	1
						$\sum$	7,33	2,53	2,53	14,00

Sind die Alternativen-Gewichtungen erfasst, werden die Werte spaltenweise aggregiert, um dann einer Normierung unterzogen zu werden. Dann folgt zeilenweise die Bildung der Summe der normierten Werte (Spalte „Gewichtung"). Abschließend erfolgt eine Normierung dieser Summe (Spalte „Summe"). Die Reihenfolge der Alternativen hinsichtlich des Kriteriums K_1 (Design) ist nun bestimmt.

Tabelle 29: Gewichtung der Alternativen für Kriterium K_1 (Design)

	A_1	A_2	A_3	A_4	Summe	Gewichtung
A_1	0,14	0,13	0,13	0,21	0,61	0,15
A_2	0,41	0,40	0,40	0,36	1,56	0,39
A_3	0,41	0,40	0,40	0,36	1,56	0,39
A_4	0,05	0,08	0,08	0,07	0,27	0,07
$\sum$	**1,00**	**1,00**	**1,00**	**1,00**	**4,00**	**1,00**

Es muss an dieser Stelle erwähnt werden, dass die vorgestellte Ermittlung der Gewichtung der Alternativen für Kriterium K_1, sowie für die folgenden Kriterien, in Form des „vereinfachten Verfahrens" dargestellt wird. Es wäre natürlich auch denkbar, wie bereits bei der Ermittlung der Kriteriengewichtung mittels Eigenvektorisierung ein „exaktes Verfahren" durchzuführen.

Es folgt die tabellarische Darstellung der Paarvergleiche der Alternativen hinsichtlich des Kriterium K_2 (Verbrauch):

Tabelle 30: Paarweiser Vergleich und Gewichtung der Alternativen für Kriterium K_2 (Verbrauch)

	A_1	A_2	A_3	A_4
A_1	1	3	1	1/3
A_2	1/3	1	1/3	1/7
A_3	1	3	1	1/5
A_4	3	7	5	1

	A_1	A_2	A_3	A_4
A_1	1	3	1	1/3
A_2	1/3	1	1/3	1/7
A_3	1	3	1	1/5
A_4	3	7	5	1
$\sum$	**5,33**	**14,00**	**7,33**	**1,70**

	A_1	A_2	A_3	A_4	Summe	Gewichtung
A_1	0,19	0,21	0,14	0,20	0,74	0,18
A_2	0,06	0,07	0,05	0,10	0,28	0,07
A_3	0,19	0,21	0,14	0,12	0,66	0,16
A_4	0,56	0,50	0,68	0,59	2,33	0,58
$\sum$	**1,00**	**1,00**	**1,00**	**1,00**	**4,00**	**1,00**

Als nächstes erfolgt die tabellarische Darstellung der paarweisen Vergleiche der Alternativen hinsichtlich des Kriteriums K_3 (Sicherheit):

Tabelle 31: Paarweiser Vergleich und Gewichtung der Alternativen für Kriterium K_3 (Sicherheit)

	A_1	A_2	A_3	A_4
A_1	1	1/3	1/5	1/5
A_2	3	1	1/3	1/3
A_3	5	3	1	1
A_4	5	3	1	1

	A_1	A_2	A_3	A_4
A_1	1	1/3	1/5	1/5
A_2	3	1	1/3	1/3
A_3	5	3	1	1
A_4	5 ·	3	1	1
$\sum$	14,00	7,33	2,53	2,53

	A_1	A_2	A_3	A_4	Summe	Gewichtung
A_1	0,07	0,05	0,08	0,08	0,28	0,07
A_2	0,21	0,14	0,13	0,13	0,61	0,15
A_3	0,36	0,41	0,40	0,40	1,57	0,39
A_4	0,36	0,41	0,40	0,40	1,57	0,39
$\sum$	1,00	1,00	1,00	1,00	4,00	1,00

Abschließend folgt die Darstellung der Paarvergleiche der Alternativen in Bezug auf das Kriterium K_4 (Qualität/Zuverlässigkeit):

Tabelle 32: Paarweiser Vergleich und Gewichtung der Alternativen für Kriterium K_4 (Qualität/Zuverlässigkeit)

	A_1	A_2	A_3	A_4
A_1	1	3	3	3
A_2	1/3	1	1	1
A_3	1/3	1	1	1
A_4	1/3	1	1	1

	A_1	A_2	A_3	A_4
A_1	1	3	3	3
A_2	1/3	1	1	1
A_3	1/3	1	1	1
A_4	1/3	1	1	1
$\sum$	2,00	6,00	6,00	6,00

	A_1	A_2	A_3	A_4	Summe	Gewichtung
A_1	0,50	0,50	0,50	0,50	2,00	0,50
A_2	0,17	0,17	0,17	0,17	0,67	0,17
A_3	0,17	0,17	0,17	0,17	0,67	0,17
A_4	0,17	0,17	0,17	0,17	0,67	0,17
$\sum$	1,00	1,00	1,00	1,00	4,00	1,00

5. Schritt: Nun können die Rankings der Alternativen hinsichtlich der 4 Kriterien zeilenweise in nachfolgende Entscheidungsmatrix übertragen werden. Dann folgt die Ermittlung der gewichteten Teilnutzwerte durch Multiplikation der Teilnutzen mit den jeweiligen Kriteriengewichtungen. Es werden nachfolgend die Gewichtungen des „exakten Verfahrens" verwendet:

Tabelle 33: Ermittlung der gewichteten Teilnutzen im AHP

Alternativen		A_1	$A_1 \cdot p$	A_2	$A_2 \cdot p$	A_3	$A_3 \cdot p$	A_4	$A_4 \cdot p$
Kriterien	Gewichtung p								
K_1	**0,2858**	0,15	0,04	0,39	0,11	0,39	0,11	0,07	0,02
K_2	**0,4944**	0,18	0,09	0,07	0,03	0,16	0,08	0,58	0,29
K_3	**0,1679**	0,07	0,01	0,15	0,03	0,39	0,07	0,39	0,07
K_4	**0,0519**	0,50	0,03	0,17	0,01	0,17	0,01	0,17	0,01

6. Schritt: Die Summe der gewichteten Teilnutzwerte stellt den Gesamtnutzenwert dar. Die nachfolgende Tabelle zeigt die Ermittlung der Gesamtnutzenwerte der 4 Alternativen:

Tabelle 34: Ermittlung des Gesamtnutzenwerts im AHP

Alternativen		A_1	$A_1 \cdot p$	A_2	$A_2 \cdot p$	A_3	$A_3 \cdot p$	A_4	$A_4 \cdot p$
Kriterien	Gewichtung p								
K_1	**0,2858**	0,15	0,04	0,39	0,11	0,39	0,11	0,07	0,02
K_2	**0,4944**	0,18	0,09	0,07	0,03	0,16	0,08	0,58	0,29
K_3	**0,1679**	0,07	0,01	0,15	0,03	0,39	0,07	0,39	0,07
K_4	**0,0519**	0,50	0,03	0,17	0,01	0,17	0,01	0,17	0,01
			0,17		**0,18**		**0,27**		**0,39**

Betrachtet man die ermittelten Gewichtungen der Alternativen im Zusammenhang mit den dazugehörigen Prioritätsmatrizen vor dem Hintergrund der Kriteriengewichtungen, so ist das Alternativenranking sehr gut nachvollziehbar. Folglich dominiert bspw. Alternative 4 laut Prioritätsmatrix (Tabelle 30) stark das Kriterium „Verbrauch" und hat somit auch die höchste Kriteriengewichtung inne. Dies manifestiert sich auch im Gesamtnutzenwert, da allein diese Einzelgewichtung (0,29 in Tabelle 34) Alternative 4 den 1. Rang im Alternativen-Ranking garantiert.

7. Schritt: Die Konsistenz von Prioritäteneinschätzungen und die daraus resultierende Entscheidung ist im Rahmen des AHP gleichbedeutend mit der Qualität der Entscheidung, weshalb an dieser Stelle eine Konsistenzanalyse durchgeführt werden soll. Sinkt die Konsistenz, steigt die Unsicherheit und die Entscheidung bekommt einen Zufallscharakter. Daher haben Matrizen mit nur zwei Attributen einen optimalen Konsistenzgrad, da nur eine einzige Prioritäteneinschätzung erfolgt und so auch keine Unsicherheiten entstehen können (Weber, 1993, S. 95). Der Analytische-Hierarchie-Prozess sieht konsistente Wertfunktionen als Voraussetzung an, sodass die Entscheidung möglichst treffsicher ist (Schneeweiß, 1991, 161ff). Inkonsistenzen sind jedoch nie ganz zu verhindern, sodass eine gewisse Menge akzeptabel ist, wie bereits aufgezeigt wurde (Haedrich et al., 1986, S. 122ff).

Die Bestimmung der Gewichtungen erfolgt beim AHP durch Paarvergleiche, weshalb eine Konsistenzprüfung unabdingbar ist, da ein diesbezüglich zu hohes Maß an möglicher Inkonsistenz eine Überprüfung des Entscheidungsprozesses verlangt. Andernfalls könnte die Bewertung unsachgemäß oder zufällig entstanden sein. Deshalb kommt der Konsistenindex CI (consistency index) und daraus abgeleitet der Konsistenwert CR (consistency ratio) zur Anwendung.

Zur Berechnung von CI und CR wird der Eigenwert λ einer Paarvergleichsmatrix bei einer vollständig konsistenten Entscheidung (entspricht der Anzahl der Elemente n, d.h. der Summe der Diagonalen der Matrix) mit dem maximalen Eigenwert der Paarvergleichsmatrix λ_{max} verglichen. Dabei gilt (Haedrich et al., 1986, S. 124):

$$\lambda = \sum_{l=1}^{n} \lambda_l = \text{Summe der Elemente der Hauptdiagonalen von Matrix P}$$

> Formel 5

Die genaue Ermittlung von CI und CR soll nachfolgend nach Meixner dargestellt werden (Meixner et al., 2012, S. 233-238):

Bei λ_{max} = n gilt vollständige Konsistenz. Bei λ_{max} > n und damit bei Abweichungen gilt Inkonsistenz der Paarvergleiche. Zur Analyse des Ausmaßes der Inkonsistenz wird CR herangezogen. Dazu muss für jedes Element der Matrix P der Eigenwert λ ermittelt werden. Mit Hilfe der Approximation von λ_{max} kann dann der Konsistenzindex CI bestimmt werden. Dafür notwendig ist die Durchschnittsmatrix, welche sich aus dem Produkt der normalisierten Paarvergleichswerte und dem errechneten Gewicht w_i ergibt.

Tabelle 35: Berechnung der Durschnittmatrix

	a_1	a_2	...	a_n	$\overline{r_i}$	
a_1	$w_1 \cdot a_{11}$	$w_2 \cdot a_{12}$	...	$w_n \cdot a_{1n}$	$\overline{r_1} = \sum_{l=1}^{n} w_l \cdot a_{1l}$	Formel 6
a_2	$w_1 \cdot a_{21}$	$w_2 \cdot a_{22}$	...	$w_n \cdot a_{2n}$	$\overline{r_2}$	
$\vdots$	$\vdots$	$\vdots$		$\vdots$	$\vdots$	
a_n	$w_1 \cdot a_{n1}$	$w_2 \cdot a_{n2}$	...	$w_n \cdot a_{nn}$	$\overline{r_n}$	

$$\lambda_l = \frac{\overline{r_i}}{w_l \cdot a_{ll}} \qquad l = 1, ..., n$$

Formel 7

$$\begin{pmatrix} \overline{r_1} \\ \overline{r_2} \\ \vdots \\ \overline{r_n} \end{pmatrix} \div \begin{pmatrix} w_1 \cdot a_{11} \\ w_2 \cdot a_{22} \\ \vdots \\ w_n \cdot a_{nn} \end{pmatrix} = \begin{pmatrix} \lambda_1 \\ \lambda_2 \\ \vdots \\ \lambda_n \end{pmatrix} \rightarrow \lambda_{max} = \frac{\sum_{l=1}^{n} \lambda_l}{n}$$

Formel 8

Die Durchschnittmatrix hat die Funktion zwischen einer konsistenten und der vorliegenden Entscheidung zu vergleichen. Je größer die Abweichung, desto größer die Inkonsistenz. Zur Berechnung des Konsistenzindexes CI wird λ_{max} herangezogen. Wie bereits erwähnt, wächst die Inkonsistenz bei steigender Diskrepanz zwischen λ_{max} und n (und desto mehr weicht CI von 0 ab).

$$CI = \frac{\lambda_{max} - n}{n - 1}$$

Formel 9

Zur Beurteilung, ob diese Diskrepanz noch tolerierbar ist, wird ein Vergleich von CI und R durchgeführt. Die Verhältniszahl hieraus ist CR. Der Durchschnittswert R („random") stellt zufällig zustande gekommene, gleich große Matrizen dar. CI ist stark von der Größe der Evaluationsmatrix abhängig (Anzahl der Vergleiche der Elemente), weshalb der Quotient CR aussagekräftiger ist als CI. Es erscheint logisch, dass mit steigender Elementeanzahl die Wahrung der Konsistenz in den Paarvergleichen umso schwieriger wird (bspw. sind bei einer 9×9-Matrix 36 Paarvergleiche notwendig). Deshalb bedient man sich des Vergleichs von CI mit dem Durchschnittswert R. Die daraus resultierende Verhältniszahl CR beinhaltet die Zufallskonsistenz R, welche empirische Erfahrungswerte wiederspiegelt, die in zahlreichen Testreihen bestätigt wurden:

$$CR = \frac{CI}{R}$$

Formel 10

So steigt mit der Anzahl an Elementen der Evaluationsmatrix auch die zu erwartende zufällige Inkonsistenz R (R steigt mit n). Tabelle 36 schafft dabei Orientierung, indem sie nach aufsteigender Anzahl der Attribute die dazugehörigen R-Werte zur Ermittlung der Konsistenzratio zuordnet (Saaty, 1990, S. 61ff).

Tabelle 36: R-Werte nach Saaty (Meixner et al., 2012, S. 237)

Attributanzahl	2	3	4	5	6	7	8	9	10
R-Wert	0,00	0,52	0,89	1,11	1,25	1,35	1,40	1,45	1,49

Der Richtwert 0,1 für CR stellt die Grenze von Konsistenz zu Inkonsistenz dar. Befindet sich CR unter diesem Richtwert, so ist die Inkonsistenz so gering, dass das Gesamturteil nicht beeinträchtigt wird.

Nachfolgend soll für das verwendete Beispiel „Wahl des optimalen PKWs" $\overline{r}_i$, λ_i, CI und CR berechnet werden. R entspricht laut der Saaty-Tabelle (Tabelle 36) dem Wert 0,89 da 4 Kriterien vorhanden sind:

Tabelle 37: Tabelle 37: Die Kriteriengewichtungen

	K_1	K_2	K_3	K_4
K_1	1	1	1	5
K_2	1	1	5	9
K_3	1	1/5	1	3
K_4	1/5	1/9	1/3	1

Tabelle 38: Ermittlung des Konsistenzwertes

	K_1	K_2	K_3	K_4	K_1	K_2	K_3	K_4	r_i	w_i	$\overline{r_i}$	λ_i	CI	CR
K_1	1	1	1	5	0,31	0,43	0,14	0,28	1,16	0,29	1,2	4,14		
K_2	1	1	5	9	0,31	0,43	0,68	0,50	1,92	0,48	2,12	4,42		
K_3	1	1/5	1	3	0,31	0,09	0,14	0,17	0,71	0,18	0,71	3,94		
K_4	1/5	1/9	1/3	1	0,06	0,05	0,05	0,06	0,22	0,05	0,22	4,40		
Σ	3,20	2,31	7,33	18,00	1,00	1,00	1,00	1,00	4,00	1,00		16,90	0,075	0,084

Da für unser Beispiel der Konsistenzwert 0,084 ermittelt wurde, kann von einer konsistenten Beurteilung ausgegangen werden, was wie bereits erwähnt, für alle Werte kleiner 0,1 der Fall ist.

8. Schritt: Da der AHP eine Erweiterung der NWA darstellt, soll eine Sensitivitätsanalyse an dieser Stelle ausgelassen werden, da diese schon ausführlich bei der NWA beschrieben wurde.

9. Schritt: Tabelle 39 zeigt die abschließende Reihenfolge der Alternativen gemäß der erreichten Nutzenwerte:

Tabelle 39: Rangfolge der Alternativen

Rang	Alternative	Nutzenwert
1.	A_4: Ford Fiesta	**0,39**
2.	A_3: Renault Clio	**0,27**
3.	A_1: Opel Corsa	**0,18**
4.	A_2: VW Polo	**0,17**

Wie bereits erwähnt, ist das Alternativenranking sehr gut nachvollziehbar. Es wird ersichtlich, dass sich beim AHP ein ganz anderes Alternativenranking ergibt als bei der NWA. Bei der NWA ist Alternative 3 optimal, beim AHP hingegen Alternative 4, wobei die Plätze 2 und 3 identisch bleiben.

Zusammenfassend wird deutlich, dass die Methodenwahl ein entscheidendes Element bei der Bestimmung der optimalen Entscheidung sowie der korrekten Kriteriengewichtung in Abhängigkeit der gegebenen Randbedingungen darstellt. Der AHP vereinfacht für den Entscheider die Präferenzenabfrage, indem er nur „direkte Paarvergleiche" vornimmt im Sinne „was ist besser/wichtiger/größer". Bei der NWA muss der Entscheider direkt eine Bewertung bzw. Scoring ordinal oder kardinal für jedes Kriterium einzeln und isoliert vornehmen ohne direkten Bezug zu den anderen Kriterien. Hier kommt es sehr oft zu Verschiebungen und ungenauen Ergebnissen, was auch im aufgeführten Beispiel ersichtlich wurde.

Abschließend soll ein Vergleich bzw. eine Methodendiskussion der aufgezeigten multikriteriellen Entscheidungsverfahren folgen.

5.3.2.2.4 Vergleich der multikriteriellen Entscheidungsverfahren

Nach ausführlicher Darstellung der drei multikriteriellen Verfahren der MAUT, der NWA und des AHP sollen diese nun voneinander abgegrenzt werden, um zielführend die Wahl des für die Aufgabenstellung dieser Arbeit geeigneten

Bewertungsverfahrens bei Mehrfachzielsetzung darzulegen. Die Begründung, warum allein multikriterielle Entscheidungsverfahren (MADM) in diesem Zusammenhang von Belang sind und nicht etwa die mathematischen Verfahren der Vektoroptimierung (MODM), wurde bereits ausführlich erläutert.

Bei der Analyse des multikriteriellen Verfahrens der MAUT wurde ersichtlich, dass die strikte Einhaltung der drei Voraussetzungen einer additiven Präferenzfunktion mit dem erhobenen empirischen Datenmaterial nicht zu bewerkstelligen ist. Dies liegt hauptsächlich an der bereits ausführlich beschriebenen Forderung der freien Substituierbarkeit, welcher von den Betrieben der meisten Branchen nicht entsprochen werden kann.

Der methodische Vergleich zwischen NWA und AHP ist etwas komplexer, da sich die Methoden sehr ähneln, was prinzipiell damit erklärt werden kann, dass der AHP eine Weiterentwicklung der NWA darstellt. Prinzipiell kann im Vergleich von NWA und AHP konstatiert werden, dass der AHP ein Entscheidungsverfahren darstellt, das mathematisch diffiziler und anspruchsvoller ist, infolgedessen jedoch viel exaktere und differenziertere Ergebnisse liefert.

Die aufwendigen Matritzeniterationen des AHP werden bei der NWA durch ein additives Näherungsverfahren ersetzt, sodass man sich vornehmlich auf die Grundrechenarten konzentrieren kann. Dabei kann es durchaus zum gleichen Ergebnis, sprich Alternativen- bzw. Kriterienreihenfolge wie beim AHP kommen. Allerdings fallen die Abweichungen bzw. Unschärfen der Gewichtungen beim AHP erheblich differenzierter aus. Das kann in manchen Fällen bei eng beieinander liegenden Kriterien oder Alternativen infolgedessen bei der NWA auch zu einem falschen Resultat führen. Ursache für diesen Sachverhalt ist, dass die NWA für die Bewertung der Kriterien nur eine sehr enge Bewertungsskala mit drei Bewertungsstufen 0, 1 und 2 aufweist. Die Saaty-Skala des AHP hingegen weist eine Bandbreite von 0 bis 9 auf, wobei Zwischenwerte möglich sind. Es bleibt jedoch hervorzuheben, dass eine Konsistenzprüfung auch beim Versuch einer größeren Bandbreite bei der NWA aufgrund fehlender Paarvergleiche zu inkonsistenten Ergebnissen führen würde. Dies ist nur aufgrund der schmalen Bandbreite (0-2) bei der klassischen NWA nicht spürbar (easy-mind, 2005).

Ein elementarer Unterschied im Methodenvergleich der NWA und des AHP stellt die bei der NWA nicht vorhandene Konsistenzanalyse dar. Nur beim AHP ist die Konsistenzprüfung möglich, da die Generierung von Gewichtungen strikt in Paarvergleichen vollzogen werden muss. Dies ist bei der NWA nicht der Fall, genauso wenig wie, dass die Skala, auf der die Bewertung aufbaut, beim vereinfachten Paarvergleich der NWA nicht reziprok durchgeführt wird. Wenn bei der NWA überhaupt Paarvergleiche durchgeführt werden, dann nur bei der Ermittlung der Kriteriengewichtungen nach dem bereits dargestellten „Vereinfachten Verfahren". Der AHP fordert strikt die Durchführung von Paarvergleichen auch bei den Alternativen. Folglich kommt die von Saaty entwickelte Konsistenzana-lyse für die NWA nicht in Frage. Darüber hinaus stellt sich der Einbezug quanti-tativer Werte bei der NWA als wesentlich aufwendiger heraus als beim AHP, da sie „Hilfstabellen" für Zielerfüllungsfaktoren wie dem Verbrauch an Benzin benötigt. Es ist zwar meistens möglich eine Nutzenfunktion zu definieren, wel-che auch die Analyse harter Kriterien miteinbezieht, jedoch stellt sich, unabhän-gig von der Art der Einflussgröße, die realitätsgetreue Darstellung einer Proble-matik als nicht immer praktikabel oder sehr kompliziert dar.

Ein für diese Arbeit elementar wichtiges Differenzierungsmerkmal der NWA und des AHP stellt der Sachverhalt dar, dass die NWA ausschließlich zur Bewertung von Auswahlproblemen entwickelt wurde und damit der Auswahl einer optimalen Alternative. Der AHP als Erweiterung der NWA macht des Wei-teren auch andere interessante Fragestellungen möglich, welche die alleinige Bewertung einzelner Kriterien und Sub-Kriterien zum Ziel haben. Mit dieser Art von Fragestellungen beschäftigt sich ebenfalls die dieser Arbeit zugrundeliegen-de Problemstellung und infolgedessen Zielstellung. In diesem Rahmen soll die Ermittlung eines individuellen Gesamtgewichtungsfaktors eines Betriebes bran-chenunabhängig gewährleistet werden (GGF-Konzept).

Neben diesem für diese Arbeit zentralen Unterscheidungselement gibt es noch zahlreiche weitere Charakteristika im Vergleich von NWA und AHP, die zum einen nicht prinzipiell als besser oder schlechter eingestuft werden und zum anderen Vor- und Nachteile mit sich bringen. Die Methodenauswahl hängt folg-lich vom individuellen Einzelfall bzw. dem konkreten Entscheidungsproblem samt den Prioritäten des Entscheiders und zahlreichen weiteren möglichen Fak-toren ab. Zum Beispiel besitzt die NWA klare Vorteile hinsichtlich des Metho-denaufwands, da sie sehr leicht zu verstehen und anzuwenden ist. Ursache für diesen Sachverhalt ist zum einen der Verzicht auf die Notwendigkeit von Paar-vergleichen und zum anderen, dass die Skalen der absoluten Bewertung indivi-duell definierbar sind. Werden dennoch Paarvergleiche getätigt so werden nur rudimentäre „Größer-Kleiner-Gleich-Beziehungen" betrachtet. Hinzu kommt, dass bei der Generierung des Gesamtnutzens nur die Grundrechenarten und kei-ne komplizierten Matrizeniterationen wie beim AHP von Nöten sind. So ist die klassische NWA auch mit Papier und Stift durchführbar und bedarf keiner Soft-wareunterstützung. Natürlich wird diese jedoch bei großen Entscheidungsprob-lemen dennoch erforderlich sein.

Beleuchtet man jedoch die soeben dargestellten Charakteristika aus Sicht des AHP, so erscheint dessen Methodenablauf nur minimal komplizierter im Vergleich zur NWA. Für eine erfolgreiche Anwendung des AHP muss der Ent-scheider das mathematische Konstrukt nicht kennen oder verinnerlichen. Einzig die strikte Anwendung von Paarvergleichen führt zu mehr Aufwand, was jedoch mit viel genaueren Bewertungen belohnt wird. Wie bereits erwähnt kann zusätzlich beim AHP mittels Konsistenzprüfung die Qualität der Entscheidung bewertet und falls nötig korrigiert werden. Auch die Bewertungsskala Saatys führt zu viel filigraneren Abstufungen im Rahmen der Bewertung. Entscheidungsprobleme, die diese Charakteristika aufweisen, sind mit der NWA nicht lösbar (Refflinghaus, 2009, S. 77f.).

Der Analytische-Hierarchie-Prozess sieht sich trotz angewandter Konsistenzprüfungen der Kritik ausgesetzt, inkonsistente Alternativenrankings und damit inkonsistente Entscheidungen hervorzubringen. Es lässt sich auch nie vollständig ausschließen, dass es zu schwer interpretierbaren Ergebnissen kommt, abhängig vom jeweiligen Entscheidungsproblem. So gibt es bspw. Konstellationen, in denen die Nutzwerte mehrerer Alternativen eng beieinander liegen, sodass man von einer konsistenten aber keinesfalls klaren Entscheidung sprechen kann. Dann kann es im Einzelfall sinnvoll sein mehrere Alternativen als Verbund zu wählen oder diesen Verbund ähnlicher Alternativen weiteren Analysen, beispielsweise durch das Einführen weiterer Hierarchieebenen, zu unterteilen (Rohr, 2004, S. 48).

Wichtig für das große und auch entscheidende Thema der Konsistenz sind immer die Auswahl des geeigneten Entscheidungsträgers, dessen exakte Darstellung der Problemsituation, sowie die Qualität der hierfür zur Verfügung stehenden Informationen. Hier kommen aber auch schnell die positiven Eigenschaften des AHP Verfahrens zum Vorschein, da, Dokumentation und genaue Darstellung der Entscheidungssituation vorausgesetzt, immer leicht eine nachvollziehbare Revision der Ergebnisse erarbeitet werden kann. Kritiker sehen in der Hierarchiestruktur des AHP die Schwäche wie auch die Stärke des Verfahrens (Schneeweiß, 1991, S. 173). Nachteilig an dieser Eigenschaft ist hinsichtlich der Flexibilität des Verfahrens, wenn nachträglich Alternativen hinzukommen sollen, da manche Entscheidungssituationen einer gewissen Dynamik bzw. Entwicklung unterliegen (Dyckhoff et al., 1998, S. 58). Bei einer nachträglichen Alternativenbildung kommt es unter Umständen zu einer Veränderung der Reihenfolge der Alternativen („Rank Reversal"), ohne dass der Entscheider eine andere Prioritäteneinschätzung vollzogen hat (von Nitzsch, 1993, S. 113). Somit kann man schlussfolgern, dass eine gelungene Anwendung des AHP Verfahrens stark abhängig von der vorzufindenden Entscheidungsproblematik ist. Handelt es sich um ein vollständiges Entscheidungsproblem mit allen Informationen, klarer Struktur, sowie auf einer mindestens ordinalen Skala abbildbaren Präferenzaussagen, so kann der Analytische-Hierarchie-Prozesses bedenkenlos angewandt werden. In der Literatur wird der AHP vorgeschlagen, sofern eine endliche Alternativenmenge und mindestens Quasi-Kardinalität gegeben sind, sowie nachträglich weitere Alternativen ausgeschlossen sind. Quasi-Kardinalität kann hier als „Rating" verstanden werden, wohingegen strenge Ordinalität nur als „Ranking" zu verstehen ist (Schneeweiß, 1991, S. 156).

Den soeben aufgeführten Kritikern entgegnen die Befürworter des AHP, dass sich die negative Kritik stets auf theoretische Extremfälle bzw. Problemsituationen bezieht, welche sich realistischen Entscheidungsproblemen entziehen. Es sollte jedoch abschließend erwähnt werden, dass sich der Analytische-Hierarchie-Prozess keineswegs für alle Problemsituationen obligatorisch eignet und dass die dargestellten Schwächen bei unsachgemäßer Handhabe schnell in unkorrekten Ergebnissen resultieren (Saaty, 1994, S. 446).

Aus theoretischer Sicht ist nur die MAUT im Rahmen der multikriteriellen Verfahrensklasse geeignet, den Voraussetzungen an ein präskriptives Entscheidungsverfahren (die präskriptive bzw. normative Entscheidungstheorie stellt Vorschriften über den optimalen Verlauf einer Entscheidung auf (Franken, 2009, S. 4)) zu entsprechen, da die NWA und der AHP die geforderten Rationalitätspostulate nicht vollständig einhalten können (von Nitzsch, 1992, S. 32). Vor diesem Hintergrund darf jedoch ebenfalls eine gewisse Anwendungsbezogenheit nicht außer Acht gelassen werden. So stellt sich die Frage, wie in der Praxis ein Entscheidungssystem überhaupt valide Resultate liefern kann, wenn dabei immer subjektive Präferenzstrukturen und unvermeidbare Schwankungen den Regelfall darstellen. So argumentieren die Verfechter der NWA, wie auch des AHP, dass die MAUT nicht der Königsweg in der multikriteriellen Entscheidungverfahren darstellen kann sondern eher das „theoretisch" optimale Verfahren (Meixner et al., 2002, S. 125f.).

In der unternehmerischen Praxis sind bei Vergleich der Ergebnisse der Verfahren selten große Abweichungen zu konstatieren, was den großen Mehraufwand der MAUT kaum rechtfertigt. Hinzu kommt, dass alle drei Verfahren nur verglichen werden können, wenn die MAUT überhaupt zur Anwendung kommen darf (Einhaltung der Rationalitätspostulate). Es verwundert folglich nicht, dass die NWA, wie auch der AHP ein großes Anwendungsgebiet genießen und sich allgemein verbreitet haben und so in der multikriteriellen Entscheidungstheorie dominieren. Saaty verdeutlicht die hohe Präzision des AHPs in zahlreichen Praxisanwendungen (Saaty, 1996, S. 164ff).

Zusammenfassend kann festgestellt werden, dass sich der AHP nach einem ausführlichen Methodenvergleich als das geeignete Bewertungsverfahren zur Entwicklung der Methodik eines branchenunabhängigen ressourcen- und energiebezogenen Benchmarksystems herausgestellt hat.

Dies ist zum einen mit der Existenz einer Konsistenzanalyse und zum anderen der Möglichkeit der ausschließlichen Generierung von relativen Wichtigkeiten und Kriteriengewichtungen (ohne existierende Alternativen) begründet. So konnte die Ermittlung des geeigneten Bewertungsverfahrens bei Mehrfachzielsetzung im Rahmen der Entwicklung der Methodik eines branchenunabhängigen ressourcen- und energiebezogenen Benchmarksystems erfolgreich vollzogen werden. Wie sich nun der AHP im Rahmen des beschriebenen Konzeptes des individuellen Gesamtgewichtungsfaktors (GGF-Konzept) niederschlägt, soll nachfolgend erläutert werden.

5.4 Generierung eines Teilgewichtungsfaktors

5.4.1 Ermittlung von relativen Wichtigkeiten und Kriteriengewichtungen

In Kapitel 5.2.2 wurde aufgezeigt, wie mittels der Aufstellung von Unterscheidungskriterien samt Sub-Unterscheidungskriterien die theoretische Grundlage geschaffen werden kann, Betriebe einer Branche vor dem Hintergrund der Ressourcen- und Energieeffizienz differenziert darzustellen. Nun soll darauf aufbauend erläutert werden, wie durch die Abfrage von Paarvergleichen dieser Unterscheidungskriterien und Sub-Unterscheidungskriterien relative Wichtigkeiten und Kriteriengewichtungen generiert werden können, um infolgedessen Teilgewichtungsfaktoren (TGFs) zu bestimmen, aus welchen der individuelle Gesamtgewichtungsfaktor (GGF) berechnet werden kann. Hierbei wird gemäß der Eigenvektorisierung des AHP (siehe Kapitel 5.3.2.2.3, Tabelle 24-27), vorgegangen.

Dabei werden die relativen Wichtigkeiten aus Paarvergleichen der Unterscheidungskriterien selbst ermittelt, also sozusagen auf oberster Ebene des Benchmarksystems, da sie den Anteil des jeweiligen Teilgewichtungsfaktors zum Gesamtgewichtungsfaktor repräsentieren und diesen dementsprechend anpassen. Die Summe der relativen Wichtigkeiten aller Teilgewichtungsfaktoren muss folglich 1 ergeben. Die Paarvergleiche werden, wie bereits geschildert, nach dem Verfahren des Analytischen-Hierarchie-Prozesses durchgeführt. Abbildung 34 stellt die Paarvergleiche der Unterscheidungskriterien (UK) zur Ermittlung der relativen Wichtigkeiten (RW) dar.

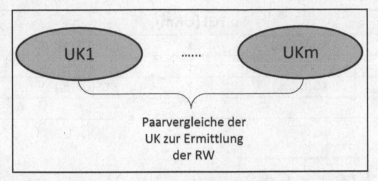

Abbildung 34: Generierung von relativen Wichtigkeiten durch Paarvergleiche der Unterscheidungskriterien

Die Kriteriengewichtungen hingegen werden aus Paarvergleichen der jeweiligen Sub-Unterscheidungskriterien (siehe ebenfalls Kapitel 5.3.2.2.3, Tabelle 24-27) ermittelt und dabei folgendermaßen normiert:

$$\text{Normierte Gewichtung} = \frac{\text{Gewichtung}}{\text{größte Gewichtung}} \qquad \boxed{\text{Formel 11}}$$

So nehmen die Kriteriengewichtungen (KG) Werte zwischen 0 und 1 an. Diese Gewichtungen stellen die Branchenmeinung hinsichtlich der Relation zwischen den Sub-Unterscheidungskriterien (Sub-UK) dar. Die folgende Abbildung (Abb. 35) zeigt im unteren Abschnitt die Paarvergleiche der Sub-UK zur Ermittlung der KG im Gesamtzusammenhang der Ermittlung eines Teilgewichtungsfaktors (TGF).

Die Abbildung veranschaulicht, dass sich der TGF, wie im weiteren Verlauf im Detail dargestellt werden soll, aus der Summe der Produkte der Kriteriengewichtungen (KG) mit den jeweiligen betriebsindividuellen Spezifika (BS) zusammensetzt. Dabei schlägt sich das angewandte multikriterielle Verfahren des Analytischen-Hierarchie-Prozesses stets in Form der in Kapitel 5.3.2.2.3 erläuterten Eigenvektorisierung (exaktes Verfahren) zur Ermittlung relativer Wichtigkeiten (Abb. 34) und der Kriteriengewichtungen (Abb. 35 unten) nieder.

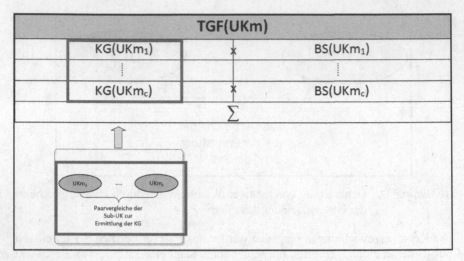

Abbildung 35: Generierung von Kriteriengewichtungen durch Paarvergleiche der entsprechenden Sub-Unterscheidungskriterien

Die Abfragemethodik

Es soll nun die im Rahmen der Entwicklung des branchenunabhängigen ressourcen- und energiebezogenen Benchmarksystems erforderliche Abfragemethodik erläutert werden, um die relativen Wichtigkeiten sowie die Kriteriengewichtungen zu ermitteln, siehe Tabelle 40. Durch sie kann ein Betrieb mittels Ankreuzen einer Ausprägung von 1 bis 9 links auf dem Balken hinsichtlich des Unterscheidungskriteriums n (UKn) (Übergabe des Kehrwertes aufgrund der Reziprozität, siehe Kapitel 5.3.2.2.3) bzw. rechts hinsichtlich des Unterscheidungskriteriums m (UKm) aussagen, welches Kriterium einen größeren Einfluss hinsichtlich eines Ziels bzw. Oberkriteriums hat und um wieviel größer dieser Einfluss ist. Damit werden mit einer Angabe zwei Informationen verarbeitet. Die folgende Tabelle 40 stellt einen solchen Abfragekasten, der einen Paarvergleich zweier Unterscheidungskriterien repräsentiert, dar.

Tabelle 40: AHP-Abfragekasten eines Paarvergleichs

UKn																UKm
extrem	'	sehr stark	'	stark	'	moderat	'	gleich	'	moderat	'	stark	'	sehr stark	'	extrem
9	8	7	6	5	4	3	2	1	2	3	4	5	6	7	8	9

Im Rahmen der Entwicklung des ressourcen- und energiebezogenen Benchmarksystems gibt es zwei verschiedene Abfragetypen, die mit dem Abfragekasten bearbeitet werden müssen. Dabei wird zwischen der Abfrage der relativen Wichtigkeiten und der Kriteriengewichtungen unterschieden. Hierbei sollte für beide Typen stets hervorgehoben werden, dass die jeweilige Frage allgemein für die Branche beantwortet und nicht auf den eigenen Betrieb bezogen werden soll. Jeder Betrieb soll sich folglich als externer Berater verstehen, der ein Bild zur Branche abgibt. Zusätzlich sollte stets betont werden, dass vom Betrieb alle Angaben gemacht werden, da ein vollständiges Branchenbild geschaffen werden soll, sodass hier keine individuelle Betriebssituation abgefragt wird. Nur auf diese Weise können relativen Wichtigkeiten und Kriteriengewichtungen repräsentativ erhoben werden. Die Betriebsindividualität in Form von betriebsindividuellen Spezifika wird an dieser Stelle noch nicht abgefragt, sodass eine strikte Trennung zwischen Expertenmeinung und betriebsindividueller Situation vollzogen wird, um das besagte Branchenbild in Form von für alle Betriebe gültigen relativen Wichtigkeiten sowie Kriteriengewichtungen zu erhalten.

Der erste Abfragetypus hat die Generierung der relativen Wichtigkeiten zum Ziel und stellt damit Paarvergleiche der Unterscheidungskriterien selbst dar. Da die Unterscheidungskriterien der angesprochenen obersten Ebene des ressourcen- und energiebezogenen Benchmarksystems sehr divers ausfallen können, muss die Fragestellung hier auch sehr allgemein gehalten werden, um das gesamte Spektrum der Thematik einzufangen. So lautet die Fragstellung zu den relativen Wichtigkeiten:

„Um erfassen zu können, welchem Kriterium Sie den größeren Einfluss auf den Ressourcen- und Energieverbrauch beimessen und um wieviel größer dieser Einfluss ist, setzen Sie bitte auf der Skala von 1 bis 9 links auf dem Balken hinsichtlich des Unterscheidungskriteriums n (UKn) bzw. rechts hinsichtlich des Unterscheidungskriteriums m (UKm) ein Kreuz."

Der zweite Abfragetypus hat die Generierung der Kriteriengewichtungen zum Ziel und stellt damit Paarvergleiche der Sub-Unterscheidungskriterien dar. Da die Sub- Unterscheidungskriterien unter der Ebene der Unterscheidungskriterien angesiedelt sind und sich aus ihnen ableiten, sollte hier die Fragestellung hinsichtlich des Ressourcen- und Energieverbrauchs etwas präziser bzw. differenzierter ausfallen. So lautet die Fragstellung zu den Kriteriengewichtungen:

„Um erfassen zu können, welches Kriterium einen größeren Ressourcen- und Energieverbrauch zur Folge hat und um wieviel größer dieser Ressourcen- und Energieverbrauch ist, setzen Sie bitte auf der Skala von 1 bis 9 links auf dem Balken hinsichtlich des Sub-Unterscheidungskriteriums n (Sub-UKn) bzw. rechts hinsichtlich des Sub-Unterscheidungskriteriums m (Sub-UKm) ein Kreuz."

Diese beiden Abfragesystematiken sind für alle Unterscheidungskriterien bzw. Sub-Unterscheidungskriterien identisch. Es wird dabei immer darauf hingewiesen, dass der Befragte allgemein für die Branche antwortet und den Sachverhalt nicht auf seinen eigenen Betrieb bezieht, sodass eine vergleichbare Fragebasis besteht mit ebenfalls vergleichbaren Daten. Des Weiteren sollte verlangt werden, dass die Fragen immer komplett ausgefüllt werden, auch wenn der Betrieb derzeit nicht alles in seinem Betrieb selbst bearbeitet bzw. vorfindet und zwar gegebenenfalls indem er schätzt. Dies ist sinnvoll, da die meisten Unternehmen schon jede mögliche Konstellation an betrieblichen Situationen erlebt haben oder von Wettbewerbern oder Kollegen kennen. Nur auf diese Weise ist eine vollständige Datenerfassung zu bewerkstelligen. Zusätzlich wird darauf hingewiesen, dass sich der Betrieb als neutraler Berater betrachten soll, dessen Einschätzung zur Branche bzw. Branchenmeinung gefragt ist.

Die Maschinenausstattung repräsentiert ein Standard-Unterscheidungskriterium vieler Branchen. Die Generierung von Gewichtungsfaktoren stellt jedoch für dieses Kriterium eine Ausnahme dar, weshalb dies nachfolgend näher erläutert werden soll, da es sich um ein für die meisten Branchen elementares Unterscheidungskriterium handelt, auf das nicht verzichtet werden kann.

Zusatz: Das Unterscheidungskriterium Maschinenausstattung

Die Maschinenausstattung kann einen wesentlichen Einfluss auf den Ressourcen- und Energieverbrauch eines Betriebes haben. Es kann davon ausgegangen werden, dass in den meisten Branchen die „Maschinenausstattung" und damit das Maschinenverhältnis mit der Ausbringungsmenge und damit der Größe eines Betriebes korreliert.

Des Weiteren sind meist degressive Kostenverläufe für den Energie- und Ressourceneinsatz pro Produktionseinheit mit ansteigender Ausbringungsmenge festzustellen. Folglich können im ressourcen- und energiebezogenen Benchmarksystem durch das Unterscheidungskriterium der „Maschinenausstattung" samt dessen Sub-Kriterien „Maschinenausstattung eines kleinen Betriebes", „Maschinenausstattung eines mittleren Betriebes" und „Maschinenausstattung eines großen Betriebes" Gewichtungen generiert werden. Mit diesem Kriterium soll damit das „Infrastruktur-Handicap" bzw. die betriebliche Situation unterschiedlich großer Unternehmen berücksichtigt werden, sodass ein differenziertes Benchmarking möglich wird.

Die Generierung von Gewichtungen für das Unterscheidungskriterium der Maschinenausstattung nimmt insofern eine Ausnahmestellung ein, da die Unternehmen die soeben aufgeführten Sub-Unterscheidungskriterien nicht in Form von Paarvergleichen bewerten oder einschätzen können. Dies hängt damit zusammen, dass sie nur ihre eigene größenspezifische Maschinenausstattung kennen können. Somit können auch keine Paarvergleiche hinsichtlich des Einflusses verschiedener MA von verschieden großen Betrieben auf den Ressourcen- und Energieverbrauch getätigt werden.

So wurde im Rahmen dieser Arbeit eine Methode entwickelt die Stückkosten pro Produktionseinheit, bestehend aus der Summe der Verbrauchskosten der Bewertungskriterien (Chemie-, Wasser-, Transport- und Energieeffizienz) ins Verhältnis zur Ausbringungsmenge zu setzen. Das Ergebnis stellt eine Stückkostenkurve dar:

$$f(x) = mx + c \qquad \boxed{\text{Formel 12}}$$

$m \equiv$ Steigung;
$x \equiv$ Ausbringungsmenge;
$c \equiv$ Achsenabschnitt

Die Ermittlung der Kriteriengewichtungen zwischen den Sub-Unterscheidungskriterien verläuft nun anhand der ermittelten degressiven Kostenkurve, welche zuvor in statistisch repräsentative Cluster untergliedert wurde. Wie diese Cluster gebildet werden, sei dem jeweiligen Anwender der Methodik selbst überlassen. Durch Einsetzen der durchschnittlichen Ausbringungsmengen der Betriebe pro Cluster in die Ableitung der Stückkostenkurve:

$$f'(x) = m \qquad \boxed{\text{Formel 13}}$$

erhält man die entsprechenden Tangentensteigungen. Nun können diese Tangentensteigungen ins Verhältnis zueinander gesetzt werden. Auf diese Weise erhält man die Prioritäteneinschätzungen der Maschinenausstattung-Betriebsgrößen-Cluster. Mit Hilfe der bereits dargestellten Saaty-Skala können diese nun in der Manier des AHP in eine Matrix eingepflegt werden. So ergeben sich durch Eigenvektorisierung (siehe Kapitel 5.3.2.2.3) und anschließender Normierung die Kriteriengewichtungen der Maschinenausstattung-Betriebsgrößen-Cluster, welche in diesem Ausnahmefall direkt dem Teilgewichtungsfaktor für die Maschinenausstattung entsprechen, ohne mittels betriebsindividueller Spezifika vorher angepasst zu werden. Folglich findet hier lediglich die Zuordnung eines Betriebes zu einem Sub-Unterscheidungskriterium statt. Je nachdem welchem Sub-UK nun ein Betrieb angehört, wird die jeweilige Kriteriengewichtung und damit der Teilgewichtungsfaktor, wie bereits erläutert, zugeordnet. Abbildung 36 verdeutlicht dies.

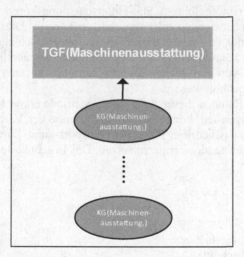

Abbildung 36: Das Ausnahme-Unterscheidungskriterium:
            Maschinenausstattung

Für die Normierung wird analog Formel 11 verwendet:

$$\text{Normierte Gewichtung} = \frac{\text{Gewichtung}}{\text{größte Gewichtung}}$$

5.4.2 Berücksichtigung betriebsindividueller Spezifika

Nun soll aufgezeigt werden, wie betriebsindividuelle Spezifika im Rahmen des ressourcen- und energiebezogenen Benchmarkings sinnvoll berücksichtigt werden können. Die betriebsindividuellen Spezifika stellen den relativen Anteil der Jahresgesamtmenge hinsichtlich einer Bezugsgröße bzw. Produktionseinheit dar. Das betriebsindividuellen Spezifikum eines UKm_c (Sub-UK) (siehe nachfolgende Abbildung) entspricht demzufolge dem jeweiligen Anteil des betriebsindividuellen Spezifikums, welcher von einem UKm_c ausgeht, hinsichtlich der angesprochenen Bezugsgröße, wie bspw. dem Anteil einer PKW-Kundengruppe an der Gesamt-PKW-Produktion im Jahr. Durch die dezidierte Angabe der jeweiligen betriebsindividuellen Spezifika (BS) soll diese Jahresgesamtmenge der besagten Bezugsgröße auf die Kriteriengewichtungen angerechnet und diese im Zuge dessen individualisiert werden. Folglich nimmt das betriebsindividuellen Spezifikum Werte zwischen 0 und 1 an. Die folgende Abbildung stellt den Gesamtzusammenhang dar:

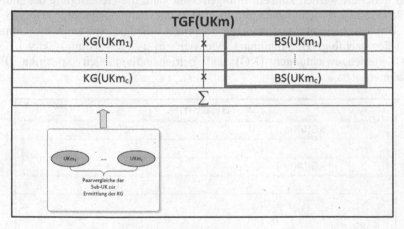

Abbildung 37: Die betriebsindividuellen Spezifika im Rahmen der Generierung einesTeilgewichtungsfaktors

Wie in der Abbildung veranschaulicht, wird jeder Kriteriengewichtung (KG) ein dementsprechendes BS mittels Multiplikation zugeordnet, sodass die Kriteriengewichtungen, welche das Meinungsbild der Branche wiederspiegeln durch individuelle Anteile des betroffenen Unternehmens individualisiert werden. Der Teilgewichtungsfaktor des entsprechenden Unterscheidungskriteriums stellt letztendlich die Summe dieser Produkte dar (siehe Abbildung 38).

So wird ersichtlich, dass die betriebsindividuellen Spezifika gegensätzlich zu den Kriteriengewichtungen die eigene betriebliche Situation eines Unternehmens repräsentieren. Folglich muss prozentual erhoben werden, welcher Anteil des BS eines Unternehmens dem jeweiligen KG zuzuordnen ist.

Da nun die Generierung von relativen Wichtigkeiten und Kriteriengewichtungen, sowie auch die Berücksichtigung betriebsindividueller Spezifika aufgezeigt wurden, soll nachfolgend die Ermittlung der Teilgewichtungsfaktoren aus Kriteriengewichtungen und betriebsindividuellen Spezifika im Detail erläutert werden.

5.4.3 Ermittlung der Teilgewichtungsfaktoren aus Kriteriengewichtungen und betriebsindividuellen Spezifika

Nachfolgend soll erläutert werden, wie aus Kriteriengewichtungen durch Berücksichtigung der betriebsindividuellen Spezifika individuelle Gewichtungen in Form von Teilgewichtungsfaktoren zur adäquaten Bewertung eines Unternehmens generiert werden können. Infolgedessen kann die Generierung des individuellen Gesamtgewichtungsfaktors aus den Teilgewichtungsfaktoren erfolgen.

Um den Gesamtzusammenhang nochmals aufzugreifen, zeigt die Umrandung der nachfolgende Abbildung, wie sich ein Teilgewichtungsfaktor (TGF) aus Kriteriengewichtungen (KG) und betriebsindividuellen Spezifika (BS) zusammensetzt:

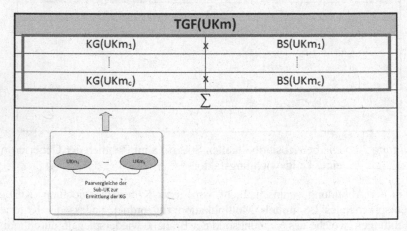

Abbildung 38: Die Generierung eines Teilgewichtungsfaktors

Korrekturfaktoren

Bevor jedoch die Teilgewichtungsfaktoren eines Betriebes ermittelt werden können, muss an dieser Stelle aus einer mathematischen Notwendigkeit heraus die Harmonisierung des Bewertungssystems in Form von Korrekturfaktoren durchgeführt werden.

Aufgrund der bereits aufgezeigten Normierung, siehe Formel 11, können die Kriteriengewichtungen nur Werte zwischen 0 und 1 annehmen. Ein Teilgewichtungsfaktor (TGF) stellt die Summe der Produkte aus KG und BS dar, siehe Abbildung 38. Da BS ebenfalls nur Werte zwischen 0 und 1 annehmen kann, da die Summe der BS gleich 1 ist, kann ein TGF niemals einen Wert größer 1 annehmen. Die Teilgewichtungsfaktoren (TGFs) und der individuelle Gesamtgewichtungsfaktor (GGF) als Endprodukt der Methodik sollen jedoch die relativen IST-Werte der Bewertungskriterien eines Betriebes der betriebsindividuellen Situation entsprechend anpassen und damit herauf- oder herabsetzen, um mit dem Branchendurchschnittswert aussagekräftig vergleichbar zu werden. Folglich müssen die TGFs korrigiert werden, um ihnen auch Werte größer 1 zuordnen zu können (das würde bedeuten der Betrieb ist einer eher „leichteren Situation" ausgesetzt, sodass die relativen IST-Werte heraufgesetzt werden).

So wird für jeden TGF im Rahmen der Methodik ein Korrekturfakor ermittelt. Hierfür bedient man sich der TGFs eines fiktiven Durchschnittsbetriebes. Die betriebsindividuellen Spezifika dieses Betriebes entsprechen konsequenterweise den gemittelten betriebsindividuellen Spezifika und damit durchschnittlichen Anteilen (durchschnittlichen Tonnagen) der gesamten Branche.

Ein Korrekturfaktor entspricht nun dem Kehrwert der jeweiligen TGFs. So finden die TGFs des fiktiven Durchschnittbetriebes im Rahmen des GGF-Konzeptes in der Form Anwendung, dass deren Kehrwerte verwendet werden, die jeweils einen Wert größer 1 besitzen, um die angesprochene Harmonisierung des Bencharmksystems zu vollziehen. Diese Korrketurfaktoren sind für alle Betriebe der relevanten Branche gleich zu verwenden.

Die genaue Berechnung dieser Zusammenhänge wird nachfolgend dezidiert dargestellt. Beim Teilgewichtungsfaktor der Maschinenausstattung gibt es keine betriebsindividuellen Spezifika (BS), wie bereits erläutert, da jeder Betrieb nur den Sub-UKs „Maschinenausstattung eines kleinen Betriebes", „Maschinenausstattung eines mittleren Betriebes" und „Maschinenausstattung eines großen Betriebes" zugeordnet werden kann. Folglich wird hier die durchschnittliche Verteilung der Branche an diesen Sub-UKs als BS-Äquivalent des fiktiven Durchschnittsbetriebs verwendet und gleichermaßen fortgefahren.

Zusammenfassend kann festgestellt werden, dass Korrekturfaktoren elementar wichtige Faktoren des Benchmarksystems darstellen. Sind alle

Korrekturfaktoren bestimmt, werden diese mit dem jeweiligen Teilgewichtungsfaktor (TGF) des individuellen Betriebes verrechnet und damit das Benchmarksystem auf den beschriebenen Durchschnittsbetrieb harmonisiert bzw. normiert.

Nachfolgend werden die Formeln zur Berechnung der Teilkorrekturfaktoren
der TGFs bzw. Unterscheidungskriterien aufgezeigt, welche zur Ermittlung der
Korrekturfaktoren notwendig sind.

Dabei besteht ein Korrekturfaktor aus mehreren Teilkorrekturfaktoren q,
welche als Blöcke aufgefasst werden können (siehe Abb. 43: „Sub-TGF-Ver-
schmutzungsart: KM1" ≡ einem Block), die auf der untersten Hierarchieebene
eines UKm dargestellt werden, wobei b der Anzahl dieser Teilkorrekturfaktoren
(Blöcke) entspricht. Bei b = 1 gibt es nur einen Teilkorrekturfaktor, welcher
folglich mit dem Korrekturfaktor identisch ist.

Die Teilkorrekturfaktoren

Folglich gilt:

$$TKF(UKm)_q = \left(\frac{1}{\sum_{i=1}^{c}(BS\emptyset(UKm_i) \cdot KG(UKm_i))} \right)_q \qquad \boxed{Formel\ 14}$$

$TKF(UKm)_q$ ≡   Teilkorrekturfaktoren q des UKm der untersten
                  Hierarchieebene;
UKm ≡   Unterscheidungskriterium m;
m ≡   Index der Unterscheidungskriterien;
i ≡   Index der Subkriterien der Teilkorrekturfaktoren der untersten
                  Hierarchieebene eines UKm;
c ≡   Anzahl der Subkriterien;
BSØ ≡   Betriebsindividuelle Spezifika des Durchschnittsbetriebes;
KG ≡   Kriteriengewichtung;
q ≡   Index der Teilkorrekturfaktoren der untersten
                  Hierarchieebene eines UKm;

Der Korrekturfaktor

$$KF(UKm) = \frac{\sum_{q=1}^{b}(TKF(UKm))_q}{b} \qquad \boxed{Formel\ 15}$$

KF $\equiv$	Korrekturfaktor des UKm;
q $\equiv$	Index der Teilkorrekturfaktoren der untersten Hierarchieebene eines UKm;
b $\equiv$	Anzahl der Teilkorrekturfaktoren der untersten Hierarchieebene eines UKm

Da nun die Generierung eines Korrekturfaktors (KF) dargelegt wurde, kann nun die Ermittlung der Teilgewichtungsfaktoren (TGF), aus welchen sich der individuelle Gesamtgewichtungsfaktors (GGF) zusammensetzt, vorgestellt werden.

5.5 Generierung des individuellen Gesamtgewichtungsfaktors aus den Teilgewichtungsfaktoren

Die aufgezeigten Zusammenhänge werden im Rahmen einer Case Study (Kapitel 6.4) anhand des Beispiels eines anonymen Unternehmens ausführlich dargestellt. Nachdem nun die Thematik der Korrekturfaktoren aufgezeigt wurde, soll nun die Generierung des individuellen Gesamtgewichtungsfaktors dargestellt werden:

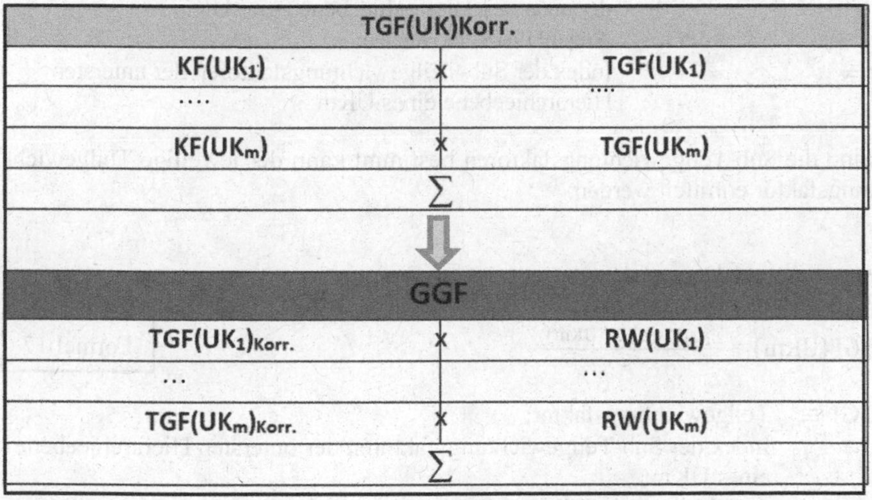

Abbildung 39: Ermittlung des individuellen Gesamtgewichtungsfaktors

Die Abbildung verdeutlicht die Ablaufschritte bis zur Ermittlung des individuellen GGF. Zunächst werden die Teilgewichungsfaktoren (TGF) mit den jeweilgen Korrekturfaktoren (KF) korrigiert, um diese auf einen fiktiven Durchschnittsbetrieb zu normieren. Diese korrigierten TGFs werden dann mit den jeweilgen relativen Wichtigkeiten (RW) multipliziert. Die Summe dieser Produkte ergibt den individuellen Gesamtgewichtungsfaktor (GGF).

Nachfolgend sollen die Formeln bis zur Ermittlung des individuellen Gesamtgewichtungsfaktors dargestellt werden. Dabei wird zunächst die Generierung der Teilgewichtungsfaktoren (TGF) aus Sub-Teilgewichtungsfaktoren (Sub-TGFs) aufgezeigt. Folglich kann ein TGF aus mehreren Sub-TGFs bestehen.

Die Sub-Teilgewichtungsfaktoren

$$\text{SubTGF(UKm)}_r = \left(\sum_{e=1}^{g}\left(\text{BS(UKm}_e) \cdot \text{KG(UKm}_e)\right)\right)_r \qquad \boxed{\text{Formel 16}}$$

$\text{SubTGF(UKm)}_r \equiv$ Sub-Teilgewichtungsfaktoren r des UKm der untersten Hierarchieebene;
$\text{BS} \equiv$ Betriebsindividuelle Spezifika;
$\text{KG} \equiv$ Kriteriengewichtung;
$e \equiv$ Index der Subkriterien der Sub-Teilgewichtungsfaktoren der untersten Hierarchieebene eines UKm;
$g \equiv$ Anzahl der Subkriterien;
$r \equiv$ Index der Sub-Teilgewichtungsfaktoren der untersten Hierarchieebene eines UKm;

Sind die Sub-Teilgewichtungsfaktoren bestimmt kann der jeweilige Teilgewichtungsfaktor ermittelt werden:

Der Teilgewichtungsfaktor

$$\text{TGF(UKm)} = \frac{\sum_{r=1}^{s}(\text{SubTGF(UKm)})_r}{s} \qquad \boxed{\text{Formel 17}}$$

$\text{TGF} \equiv$ Teilgewichtungsfaktor;
$r \equiv$ Index der Sub-Teilgewichtungsfaktoren der untersten Hierarchieebene eines UKm;
$s \equiv$ Anzahl der Sub-Teilgewichtungsfaktoren der untersten Hierarchieebene eines UKm

Die beschriebene TGF-Formel besitzt für alle Unterscheidungskriterien (UK) gleichermaßen Gültigkeit mit Ausnahme des UK der Maschinenausstattung, da hier, wie bereits in Kapitel 5.4.1 aufgezeigt, entsprechend der Zuordnung zu einem Sub-UK eine Kriteriengewichtung (KG) direkt dem TGF entspricht.

Sind nun die Teilgewichtungsfaktoren ermittelt, müssen diese, wie bereits in Kapitel 5.4.3 beschrieben, korrigiert werden:

Der korrigierte Teilgewichtungsfaktor

$$TGF_{korr.}(UKm) = KF(UKm) \cdot TGF(UKm)$$

Formel 18

TGFkorr. ≡ korrigierter Teilgewichtungsfaktor

Die „korrigierten Teilgewichtungsfaktoren" müssen zuletzt mit den „relativen Wichtigkeiten" verrechnet werden, sodass die „gewichteten Teilgewichtungsfaktoren" bestimmt werden können:

Der gewichtete Teilgewichtungsfaktor

$$TGF_{gew.}(UKm) = TGF_{korr.}(UKm) \cdot RW(UKm)$$

Formel 19

$TGF_{gew.} \equiv$ gewichteter Teilgewichtungsfaktor;
$RW \equiv$ relative Wichtigkeit

Sind die „gewichteten Teilgewichtungsfaktoren" ermittelt, kann der individuelle Gesamtgewichtungsfaktor berechnet werden:

Der individuelle Gesamtgewichtungsfaktor

$$GGF(UKm) = \frac{1}{\sum_{h=1}^{p}(TGF_{gew.}(UKm))_h}$$

Formel 20

$GGF \equiv$ Gesamtgewichtungsfaktor;
$h \equiv$ Index der gewichteten Teilgewichtungsfaktoren;
$p \equiv$ Anzahl der gewichteten Teilgewichtungsfaktoren

Zusammenfassend kann festgestellt werden, dass die TGFs (Formel 17) mit dem jeweiligen Korrekturfaktor (Formel 15) angepasst werden. Das Ergebnis stellten die korrigierten TGFs (Formel 18) dar. Zuletzt werden diese korrigierten TGFs mit den RW des jeweiligen Unterscheidungskriteriums gemäß Formel 19 anteilig verrechnet und damit gewichtet. Der Kehrwert der Summe der „gewichteten

TGFs" stellt den individuellen Gesamtgewichtungsfakor eines Betriebes dar (Formel 20).

Wie bereits in Kapitel 5.2 erläutert, entspricht ein individueller Gesamtgewichtungsfaktor (GGF) mit dem Wert 1 exakt dem Branchendurchschnitt. Ein Wert für den GGF kleiner 1 sagt aus, dass die relativen IST-Werte der Bewertungskriterien des betroffenen Betriebes hinsichtlich des Branchendurchschnitts „herabgesetzt" werden, um mit dem Branchendurchschnitt (sowie den ebenfalls mit dem GGF angepassten relativen IST-Werten anderer Betriebe) vergleichbar zu sein. Folglich wäre dieser Betrieb im Vergleich zum Branchendurchschnittsbetrieb einer „schwereren Betriebssituation" ausgesetzt. Umgekehrt bedeutet ein Wert größer 1, dass die relativen IST-Werte der jeweiligen Bewertungskriterien des Betriebes hinsichtlich des Branchendurchschnitts „heraufgesetzt" werden, um mit dem Branchendurchschnitt (sowie anderer mit dem GGF angepasster Betriebe) vergleichbar zu sein. Somit wäre dieser Betrieb im Vergleich zum Branchendurchschnitt einer „leichteren Betriebssituation" ausgesetzt.

Welchen individuellen Gesamtgewichtungsfaktor ein Betrieb letztendlich bekommt, hängt jedoch, wie bereits dargestellt, ebenfalls von den Angaben zu den oben aufgeführten betriebsindividuellen Spezifika (BS) ab. Nur so können die Kriteriengewichtungen (KG) individualisiert werden und Aussagekraft erhalten.

Einbeziehung des Kriteriums der Produkt- bzw. Prozess-Qualität

Die Ermittlung des individuellen Gesamtgewichtungsfaktors wurde nun ausführlich dargestellt. Dieser GGF kann nun mit dem relativen IST-Wert des jeweiligen Bewertungskriteriums multipliziert werden, um diesen gemäß der individuellen Betriebskonstellation anzupassen um die Zielstellung der Herstellung einer aussagekräftigen Vergleichbarkeit der Ökoeffizienz eines Unternehmens branchenunabhängig zu gewährleisten.

Der Kern der Zielsetzung dieser Arbeit, nämlich die Ermittlung eines individuellen GGF, welcher branchenunabhängig eine repräsentative Vergleichbarkeit der Betriebe einer heterogenen und durch eine große Diversität charakterisierten Branche herstellt, konnte damit bewerkstelligt werden. Folglich konnte eine Methodik für ein aussagekräftiges branchenunabhängiges aber dennoch spezifisch anwendbares ressourcen- und energiebezogenes Benchmarksystems entwickelt werden. Es bleibt hinzuzufügen, dass ein Bewertungskriterium für die „Produkt- oder Prozessqualität" in einem Bewertungssystem nicht fehlen sollte und damit auch ein Kriterium für die Güte und Qualität des Produktes oder der Dienstleistung miteinzubeziehen ist, um einer einseitigen Argumentationskette hinsichtlich einer kontinuierlichen Minimierung von Verbrauchsmengen pro Ausbringungsmenge entgegenzutreten.

Folglich sollte dieses Bewertungskriterium auch nicht im Sinne des GGF-Konzeptes angepasst werden, da bei der Güte und Qualität eines Produktes oder einer Dienstleistung von jedem Betrieb dieselbe Leistung erwartet werden darf, ohne eine Gewichtung vorzunehmen.

Möglichkeiten der Generierung eines Ökoeffizienzindex

Die relativen IST-Werte der jeweiligen Bewertungskriterien könnten nun in kreierte Bewertungsstufen eingeordnet werden, die für alle Betrieb der Branche gelten. Diese Bewertungsstufen könnten um den Branchendurchschnitt mit Abstufungen nach oben und unten aufgebaut sein. Dabei könnte jeder Bewertungsstufe eine Punktzahl zugeordnet werden. Hätte man nun die relativen Wichtigkeiten bzw. Gewichtungen zwischen den Bewertungskriterien könnte man in Summe einen Ökoeffizienzindex ermitteln.

Eine andere Möglichkeit wäre einfach für jedes Bewertungskriterium einen Ökoeffizienzindex zu ermitteln. Folglich bräuchte man keine relativen Wichtigkeiten zwischen den Bewertungskriterien.

Der Autor dieser Arbeit hat sich mit der Ermittlung eines Ökoeffizienzindex nicht weiter beschäftigt, da dies nicht den Kern seiner Untersuchungen darstellte und zum anderen einer hohen Subjektivität unterliegt. Einzig die Ermittlung der relativen Wichtigkeiten zwischen den Bewertungskriterien wäre von wissenschaftlichem Interesse, allerdings hätte dies z.B. im Rahmen einer Stakeholderanalyse vollzogen werden müssen und stellt damit einen weiteren Schwerpunkt bzw. Forschungsbedarf für andere Arbeiten dar, wie in Kapitel 8 näher erläutert werden soll.

Das Erhebungsinstrument des standardisierten Betriebs-Fragebogens

Abschließend soll die Datenbeschaffung aufgezeigt werden. Ein wesentlicher Teil der Methodik stellt die Generierung eines Betriebs-Fragebogens dar. Zunächst müssen jedoch im Rahmen einer qualitativen Erhebung die relevanten Bewertungs-, wie auch Unterscheidungskriterien eines Betriebes ermittelt werden.

Zur Ermittlung dieser Kriterien werden offene Interviews mit Geschäftsführern und Produktionsleitern der Betriebe geführt. Die ressourcen- und energiebezogenen Bewertungskriterien, welche in Kapitel 5.2.1 näher erläutert wurden, stellen hierbei meist kein großes Hindernis dar, da die Betriebe diesbezügliche

Bewertungskriterien naturgemäß als Kostenverursacher im Fokus haben. Die qualitative Ermittlung der ressourcen- und energiebezogenen Unterscheidungskriterien (Kapitel 5.2.2), welche als relevante Haupt-Charakteristika eines Betriebes repräsentativ diesen von einem anderen differenzieren, stellt jedoch in den meisten Fällen eine größere Herausforderung dar.

Das Erhebungsinstrument des standardisierten Fragebogens kommt deswegen zum Einsatz, da nach abgeschlossener qualitativer Erhebung der Bewertungs-, wie auch Unterscheidungskriterien, zum einen keine weiteren offenen Aspekte zu bestimmen sind, sowie zum anderen der Betriebs-Fragebogen nach dem Verfahren des in Kapitel 5.3.2.2.3 dargestellten Analytischen-Hierarchie-Prozess gegliedert ist und damit eine Standardisierung erforderlich ist (Paarvergleiche von Kriterien). So können die ermittelten Aspekte überprüft und quantifiziert werden. Der grundsätzliche Vorteil standardisierter Fragebögen stellen die vorgegebenen Antwortkategorien dar, sodass die ermittelten Daten vergleichbar werden und im Zuge dessen mehr Optionen zu deren Auswertung geschaffen werden können. Hinzu kommt, dass im anderen Fall offener Fragen aufwendige Analysen mit den Antwortkategorien seitens des Wissenschaftlers und erhebliche Anstrengungen seitens der Befragten mit Antwortformulierungen verbunden gewesen wären (Atteslander, 2006, S. 139). Die Konstruktion eines Fragbogens im Rahmen einer schriftlichen Befragung, vor allem wenn es sich um einen elektronischen Fragebogen handelt, muss jedoch sehr sorgfältig erfolgen, da der Befragte in der Erhebungssituation meist keine Hilfe von außen bekommt. So muss der Fragebogen möglichst selbsterklärend gestaltet sein (Atteslander, 2006, S. 147). Zu Beginn muss hierbei geklärt werden, ob nicht schon für die eigene Erhebung passende Fragebögen in der Literatur vorhanden sind. Ist dies nicht der Fall, muss um den Fragebogen validieren zu können, ein Pretest durchgeführt werden (siehe Fallstudie Kapitel 6.4). Pretests sind im Prozess der empirischen Sozialforschung unerlässlich, um nicht vorhersehbare Fehlerquellen zu identifizieren (Atteslander, 2006, S. 281).

Um die Fragen leichter zugänglich zu machen, wurde zusätzlich eine Anleitung zum Fragebogen entwickelt, die Missverständnisse aus dem Weg räumen sollte. Sie ist in einen „Formalen Teil" und einen „Theoretischen Teil" gegliedert (siehe Anhang). Der „Formale Teil" weist auf die notwendige Softwareumgebung hin, um den elektronischen Fragebogen bearbeiten zu können. Des Weiteren wird dargestellt, wie man jederzeit abspeichern kann, um zu einem späteren Zeitpunkt weiter mit der Bearbeitung fortzufahren. Im „Theoretischen Teil" werden anfangs die Definitionen der Unterscheidungskriterien des Benchmarksystems beschrieben, sowie Erläuterungen, wie die betriebsindividuellen Spezifika, welche in Kapitel 5.4.2 vorgestellt wurden, definiert sind. Dann werden Zusatzinformationen bzw. Handlungsanweisungen zu den im Fragebogen abgefragten Unterscheidungskriterien aufgeführt (siehe Kapitel 4.7). Zum Schluss wird im Detail aufgezeigt, wie die Bewertungskriterien definiert sind und abgefragt werden. Um die inhaltliche wie auch logische Konsistenz des Fragebogens iterativ zu testen, wurde ein Pretest durchgeführt.

Der standardisierte elektronische Betriebs-Fragebogen besteht aus drei Teilen (siehe Anhang). Den ersten Teil stellen die angesprochenen Paarvergleiche des Analytischen-Hierarchie-Prozesses zur Ermittlung der Kriteriengewichtungen (Branchenmeinungen, Kapitel 5.4.1) dar. Es soll hier immer ein Kriterium im Vergleich zum anderen der Wichtigkeit bzw. Stärke nach eingeschätzt werden. Dieser Teil des Fragebogens wird einer Konsistenzanalyse unterzogen.

Der zweite Teil des standardisierten elektronischen Betriebs-Fragebogens stellt die Abfrage der betriebsindividuellen Spezifika, die individuell für jeden Betrieb mit den ermittelten Kriteriengewichtungen des AHP-Verfahrens verrechnet werden, dar. Die Erhebung der betriebsindividuellen Spezifika bedarf keiner besonderen Auswertung, lediglich der Überprüfung der Sinnigkeit und Vollständigkeit (Summe = 100 Prozent).

Der dritte und letzte Teil des standardisierten elektronischen Betriebs-Fragebogens stellt die Abfrage der Jahresverbrauchswerte- bzw. Kriterien (VK) der ermittelten Bewertungskriterien bezogen auf ein definiertes Geschäftsjahr dar.

Zur Ermittlung von Kriteriengewichtungen wird im Rahmen der vorliegenden Arbeit die Software „Expert Choice" angewendet, da sie die aufwendigen Ablaufschritte bzw. Iterationen des Analytischen-Hierarchie-Prozesses (Eigenvektorisierung, Kapitel 5.3.2.2.3, Tabelle 24-27) automatisiert. Auch die weiteren Schritte der Konsistenzanalyse und der Sensitivitätsanalyse sind in der Software implementiert, um die Aussagekraft bzw. Robustheit der Ergebnisse zu überprüfen (Meixner et al., 2012).

Des Weiteren wurde die Software Consideo Modeler als Hilfsmittel eingesetzt, um ein Verständnis der komplexen Materie im Sinne der Problemstellung und infolgedessen Zielstellung der Arbeit zu erlangen. So wurde die Software zur qualitativen und auch visuellen Darstellung und Strukturierung einer Entscheidungshierarchie im Sinne des AHP-Verfahrens in Unterscheidungskriterien und Sub-Unterscheidungskriterien bzw. Submodelle, sowie zur quantitativen Simulation von Gewichtungsfaktoren und damit zur Ermittlung angepasster relativer IST-Werte der Bewertungskriterien eingesetzt.

Die Software „Consideo Modeler" visualisiert und analysiert komplexe Situationen mit Methoden wie Brainstorming, Mindmapping, Metaplan, Vernetztem Denken, sowie System Dynamics bzw. Kybernetik. Dabei erfolgt die Analyse des Beziehungsgeflechts von Einflussfaktoren in mehreren Schritten. Zuerst werden die sich gegenseitig beeinflussenden Eingangsgrößen, ähnlich dem

Mindmapping ermittelt. Dann wird notiert, wie sich die Veränderungen der Faktoren bemerkbar machen. Zuletzt kann die Struktur und Gewichtung der Ursache-Wirkungsbeziehungen erfasst und damit quantifiziert werden (Neumann, 2010).

Im folgenden Kapitel soll die im Rahmen dieses Kapitels entwickelte Methodik eines branchenunabhängigen ressourcen- und energiebezogenen Benchmarksystems am Untersuchungsgegenstand der Wäschereibranche angewendet und veranschaulicht werden.

6 Das betriebsindividuelle ressourcen- und energiebezogene Benchmarksystem am Beispiel der Wäschereibranche

6.1 Zielsetzung und anwendungsbezogener Rahmen

Im Rahmen der Entwicklung der branchenunabhängigen Methodik des letzten Kapitels konnte der dargestellten Problematik der Definition repräsentativer Bewertungskriterien der Nachhaltigkeit (hinsichtlich der Ökoeffizienz) sowie der Heterogenität der zu bewertenden Branchen begegnet werden. Nun soll diese Methodik am Beispiel der Wäschereibranche als typisch heterogene Branche, der bislang ein geeignetes Analysewerk des nachhaltigen Wirtschaftens fehlt, dargestellt werden. Folglich soll im Rahmen dieses Kapitels geklärt werden, wie sich ein betriebsindividuelles Benchmarksystem hinsichtlich der Ressourcen- und Energieeffizienz am Beispiel der Wäschereibranche entwickeln lässt.

Das Ziel des betriebsindividuellen ressourcen- und energiebezogenen Benchmarksystems stellt die Herstellung einer aussagekräftigen Vergleichbarkeit der Ökoeffizienz (Ressourcen- und Energieeffizienz) einer gewerblichen Wäscherei dar. Damit wird einem potentiellen Bedarf innerhalb der Wertschöpfungskette der Wäschereibranche begegnet, da die Unternehmen meist nicht in der Lage sind, den relativen ressourcen- und energietechnischen IST-Zustand ihres Betriebes selbst zu bestimmen und zu beurteilen, um infolgedessen ökoeffiziente Maßnahmen einzuleiten und in das Umweltmanagement zu integrieren. So besteht durch die Entwicklung des beschriebenen Benchmarksystems die Möglichkeit Betriebsabläufe eines bestehenden Maschinenparks effizienter zu gestalten, da häufig allein durch die Kenntnis und Bewertung dieses IST-Zustands Ressourcen- und Energieeinsparpotentiale mit einfachen Optimierungsmaßnahmen und wenig Aufwand umsetzbar sind. Zusätzlich wäre im Zuge dessen die Identifikation von Problembereichen bzw. Brennpunkten im Sinne einer Hot-Spot-Analyse[6] denkbar, welche relevante ökologische und ökonomi-

---

6 Das UBA hat im Rahmen des Forschungsprojektes „Teilvorhaben 1: Potenzialermittlung, Maßnahmenvorschläge und Dialog zur Ressourcenschonung" auf nationaler Ebene „Hot-Spots des Rohstoffverbrauchs" identifiziert, welche sich je nach Untersuchungsgegenstand in Be-

sche Herausforderungen in einer Organisation aufdeckt. So ist eine Unterstützung bzw. Hilfestellung bei relevanten Umweltaspekten und Investitionsentscheidungen möglich, da erfolgversprechende Potentiale zur Verbesserung bestimmt werden könnten.

Nachfolgend soll der diesbezügliche anwendungsbezogene Rahmen vorgestellt werden. Dabei wurde die empirische Datenbasis mittels Einsatz eines standardisierten elektronischen Fragebogens, der an die 350 Mitglieder der Gütegemeinschaft sachgemäße Wäschepflege e.V. (siehe Kapitel 4.1) versendet wurde,
geschaffen.

Der anwendungsbezogene Rahmen des ressourcen- und energiebezogenen
Benchmarksystems für die Wäschereibranche

Die Auswahl der gewerblichen Wäschereien im Rahmen des Pretests erfolgte
allein nach dem neutralen Kriterium der Größe der Wäschereien (kleine, mittlere
und große Wäscherei), da hiermit ohne Weiteres eine erste Strukturierung erfolgen kann, wie nachfolgend dargestellt.

Dabei entsprachen gemäß der empirischen Auswertung der Größenklasse
„klein" Betriebe bis einschließlich 2000 Tonnen Jahrestonnage, der Größenklasse „mittel" zwischen 2000 und einschließlich 5000 Tonnen sowie „groß" Betriebe mit mehr als 5000 Tonnen bearbeiteter Wäsche im Jahr. Diese Größenkatego-
rien stellten jedoch nur ein vorläufiges Hilfsmittel zur Strukturierung des Pretests
dar, um eine ungefähre Gleichverteilung an Betrieben zu erlangen. An der Vor-
untersuchung nahmen 20 Wäschereibetriebe teil, darunter sechs kleine, sieben
mittlere und sieben große Betriebe. Erste Kontaktaufnahme zu den Pretest-
Betrieben fand im Oktober 2012 auf der Jahrestagung der Gütegemeinschaft
sachgemäße Wäschepflege e.V. statt. Wie bereits erwähnt, stellt die Gütegemeinschaft sachgemäße Wäschepflege e.V. eine Institution mit ca. 350 deutschen gewerblichen Wäschereien dar. So waren auch in Bad Kissingen rund
zwei Drittel der Wäschereien vertreten. Infolgedessen und durch Mithilfe der
Vertriebsmitarbeiter der Hohenstein Institute, auf die sich der Autor auch in der
nachfolgenden Akquise beziehen konnte, wurden die besagten Pretest-Betriebe
zusammengestellt.

Letztendlich nahmen 40 Wäschereibetriebe im Rahmen der Hauptuntersuchung an der Entwicklung und Validierung des Benchmarksystems teil. Dies

---

dürfnisfelder, Branchen, Rohstoffsysteme oder aber auch Lebenszyklus- bzw. Wertschöp-
fungskettenabschnitte oder Prozessschritte, die sich durch eine hohe Ressourcenintensität charakterisieren lassen. Folglich stellen Hot-Spot-Analysen ein Mittel zur Identifizierung dieser
Hot-Spots, sowie deren Ressourcenpotenzialen dar. So können sie als Werkzeug einer möglichen Erhöhung der Ressourceneffizienz angesehen werden (UBA, 2009, S. 9).

entspricht ca. 4 Prozent der deutschen Wäschereibranche angesichts einer Grundgesamtheit von ca. 1.000 Unternehmen (GG (B), 2013). Die Mitgliedsbetriebe der Gütegemeinschaft sachgemäße Wäschepflege e.V. repräsentierten den Querschnitt der gesamten Branche, was anhand der Größenverteilungen, Kundenmixe, sowie Wäsche- und Verschmutzungsarten der empirischen Daten abgeleitet werden konnte. Infolgedessen kann die Stichprobe die festgelegte Grundgesamtheit gut abbilden (Meffert, 2000, S. 149f; McClave et al., 1998, S. 15-18).

Die empirische Datenerhebung mit dem elektronischen standardisierten Wäscherei-Fragebogen begann im Januar 2013 und endete im Juni 2014. Begonnen wurde mit einem Pretest, an dem 20 Betriebe teilnahmen. Als Ende April 2013 das Datenmaterial dieser Betriebe vollständig erhoben war, wurde eine Konsistenzanalyse im Rahmen des AHP (Kapitel 5.3.2.2.3) durchgeführt, um die Aussagekraft der Ergebnisse zu analysieren. Nach erfolgreichem Resultat konnte mit der Hauptuntersuchung begonnen werden, sodass im Juni 2014 letztendlich 40 Betriebe an der empirischen Erhebung teilgenommen hatten. Dabei wurden letzten Endes alle Werte der teilnehmenden Betriebe des Geschäftsjahres 2013 verwendet, damit eine einheitliche Vergleichsbasis hergestellt werden konnte.

Nachfolgend soll im Rahmen der Anwendung der entwickelten Methodik aus Kapitel 5 am Beispiel der Wäschereibranche erläutert werden, welche Kriterien eines Betriebes bezüglich der Bewertung der Ressourcen- und Energieeffizienz geeignet sind.

6.1.1 Die ressourcen- und energiebezogenen Bewertungskriterien einer gewerblichen Wäscherei

Die relevanten ressourcen- und energiebezogenen Bewertungskriterien (BK) der Wäschereibranche sind zum einen dem bereits ausführlich dargestellten Sinnerschen Waschkreis (Kapitel 4.3) und damit dem physikalischen Prozess der Wiederaufbereitung zu entnehmen. Zum anderen wurden offene Interviews mit Geschäftsführern und Produktionsleitern gewerblicher Wäschereien zur Ermittlung der Verbrauchskriterien und damit Bewertungskriterien geführt. Dabei wurden die wesentlichen und relevantesten Verbrauchskriterien übergreifend gleich definiert, sodass ein eindeutiges Antwortmuster zustande kam. So wurden naturgemäß die größten Kostentreiber bzw. -verursacher einer gewerblichen Wäscherei benannt. Darüber hinaus konnte der Autor in Erfahrung bringen, dass Benchmark-Arbeitskreise von Wäscherei-Verbunden existieren, die ebenfalls die aufgeführten Verbrauchskriterien im Fokus haben (Hohenstein Institute, 2010).

Es gilt für die BK der Wäschereibranche gemäß Formel 2 aus Kapitel 5.2.1:

$$BK_j = \frac{VK_j}{PE}$$

$BK_j \equiv$ Bewertungskriterium;
$VK_j \equiv$ Verbrauchskriterium bzw. Input eines Produktionsprozesses;
$PE \equiv$ Produktionseinheit bzw. Output eines Produktionsprozesses

Die empirische Untersuchung ergab, dass die Verbrauchskriterien (VK) des ressourcen- und energiebezogenen Benchmarksystems für die Wäschereibranche die Chemie, das Wasser, die Energie und den Transport darstellen.

Für die Ermittlung der Verbrauchskriterien (VK) wurden die gängigen Posten der Jahresgesamtabrechnung einer gewerblichen Wäscherei herangezogen und damit die Kostenverursacher in den Fokus genommen.

Nun werden im Rahmen des Bewertungssystems der vorliegenden Arbeit diese Verbrauchskriterien mit der Produktionseinheit (PE) „Kilogramm saubere Wäsche" ins Verhältnis gesetzt. Folglich stellen die BK des Systems die Chemie-, Wasser-, Energie- und Transporteffizienz dar.

Hierbei ist von besonderer Relevanz auch ein Kriterium für die Güte und Qualität des Produktes oder der Dienstleistung miteinzubeziehen, um einer einseitigen Argumentationskette hinsichtlich einer kontinuierlichen Minimierung von Verbrauchsmengen pro Ausbringungsmenge entgegenzutreten (siehe Kapitel 5.5). Nur unter der Prämisse einer vorausgesetzten Qualität, die vom Kunden auch verlangt wird, kann Benchmarking für gewerbliche Wäschereien sinnvoll sein und eingesetzt werden, andernfalls unterläuft es sich selbst. Für gewerbliche Wäschereien wird infolgedessen die Verarbeitungsqualität der Textilwiederaufbereitung herangezogen.

Die Verarbeitungsqualität wird als Ausnahme-Bewertungskriterium nicht in Relation zum Output (PE) gesetzt und auch nicht gewichtet, da sie unabhängig von der Heterogenität der Wäschereibranche von jedem Unternehmen geprüft wird. Die für die Bewertung der BK notwendigen quantitativen Verbrauchsdaten (VK) wurden ebenfalls im Wäscherei-Fragebogen abgefragt. Das folgende Schaubild zeigt, wie hier im Fragebogen vorgegangen wurde:

Die Daten zu den folgenden Kriterien sind der betrieblichen Jahresgesamtabrechnung (Nettobeträge) 2011 zu entnehmen.

Bitte tragen Sie die genauen Daten in die leeren Felder ein:

C2) Chemieeffizienz:

Chemieeinsatz gesamt in €	

C3) Wassereffizienz:

Es sollten nicht-produktionsrelevante Verbrauchsmengen, wie bspw. für sanitäre Anlagen abgezogen werden:

Frischwasser gesamt in €	
Frischwasser gesamt in m³	

C4) Energieeffizienz:

C4.1) Strom:

Strom gesamt in €	
Strom gesamt in kWh	

C4.2) Heizenergie:

Bitte tragen Sie alternative Energiequellen samt Bezugsgröße (z. B. kg, Liter, kWh etc.) in die leeren Kästen links unten selbständig ein, sowie die dazugehörige Menge rechts daneben:

Heizenergie gesamt in €	
Öl gesamt in Liter	
Gas gesamt in kWh	

C5) Transporteffizienz:

Bitte tragen Sie Ihre Treibstoffart sowie deren Aggregatszustand (z. B. Diesel in Liter) in die leeren Kästen links unten selbständig ein, sowie die dazugehörige Menge rechts daneben:

Treibstoff gesamt in €	
Fuhrpark-Kilometer gesamt	

Abbildung 40: Abfrage der ressourcen- und energiebezogenen Verbrauchsmengen im Wäscherei-Fragebogen

Wie die Abbildung zeigt, handelt es sich bei dieser quantitativen Abfrage zum einen um monetäre Größen und zum anderen um Verbrauchs- und Einsatzwerte. Die Abfrage der Jahresgesamttonnage des Betriebes ist hier nicht aufgeführt. Sie wird im Teil A des Fragebogens erhoben. Sie ist definiert als die im Geschäftsjahr 2013 erbrachte Jahresgesamttonnage (in Tonnen) bei Wareneingang (verschmutzte Wäsche). Dabei soll sich der Wäscher auf die sich im „Umlauf" befindende Wäsche beziehen, da sich das Benchmarksystem auf Ressourcen- und Energieeinsätze bezieht. Lagerbestände oder Sonstiges werden demzufolge nicht in die Bewertung miteinbezogen. Ist bspw. neu beschaffte Wäsche vorhanden, soll nur der Teil in die Jahresgesamttonnage des Betriebes eingerechnet werden, der auch „gewaschen" wird und nicht im Lager liegt.

Wie in der Abbildung ersichtlich, stellt der Teil C2 das Bewertungskriterium „Chemieeffizienz" dar. Er beschäftigt sich mit der Chemieeinsatzmenge. Sie berechnet sich aus der Summe der bezogenen Menge laut Lieferanterechnungen und Anfangsbestand 2013, der um den Endbestand 2013 korrigiert wird. Der Chemieeinsatz wird als „gesamt in €" abgefragt.

Der Teil C3 stellt das Bewertungskriterium „Wassereffizienz" dar und beschäftigt sich daher mit dem Frischwassereinsatz, womit das entgeltlich zugeführte Süßwasser bspw. der Stadtwerke und Brunnen gemeint ist. Dieser wird in „Frischwasser gesamt in €" und „Frischwasser gesamt in m³" abgefragt. Es wird in einer Anleitung zum Wäscherei-Fragebogen darauf hingewiesen, dass der Betrieb die verbrauchte Gesamtmenge Liter Frischwasser dem Wassergebührenbescheid für die Jahresendabrechnung 2013 entnehmen soll. Dabei sollten nicht-produktionsrelevante Verbrauchsmengen, wie bspw. für sanitäre Anlagen abgezogen werden.

Der Teil C4 stellt das Bewertungskriterium „Energieeffizienz" dar und beschäftigt sich daher mit dem Energieeinsatz. Dieser wird sowohl monetär in „Strom gesamt in €" und „Heizenergie gesamt in €" sowie in Kilowattstunden sprich „Strom gesamt in kWh" und „Gas gesamt in kWh" abgefragt. Zusätzlich wird „Öl gesamt in Liter" und Platz für die Eingabe einer „alternativen Energiequelle" gelassen, falls die Betriebe keine Energiedaten in Kilowattstunden zur Verfügung haben. Auch hier sollten nicht-produktionsrelevante Verbrauchsmengen abgezogen werden.

Der Teil C5 stellt das Bewertungskriterium „Transporteffizienz" dar. Diese wird in „Treibstoff gesamt in €" und „Fuhrpark-Kilometer gesamt" abgefragt. Zusätzlich kann man eine „alternative Treibstoffart" samt Aggregatsform, sprich Liter oder Gas, sowie der dazugehörigen verbrauchten Mengen eintragen.

Abschließend soll nun auf das Ausnahmekriterium unter den 5 Bewertungskriterien der Verarbeitungsqualität eingegangen werden. Die Verarbeitungsqualität stellt das einzige Bewertungskriterium dar, dessen relativer IST-Wert nicht mit dem Gesamtgewichtungsfaktor individuell angepasst werden muss. Dies ist leicht nachvollziehbar, da das Waschergebnis für den Kunden immer einwandfrei sein muss und folglich keine Unterschiede gemacht werden dürfen. In der Anleitung zum Fragebogen wird beschrieben, dass sich die Fragen zur Verarbeitungsqualität auf die gemittelten Ergebnisse der Waschgangkontrollgewebe (WGK-Gewebe) im vergangenen Geschäftsjahr 2013 beziehen. Waschgangkontrollgewebe sind normierte Textilien, die bei der alltäglichen Arbeit einer gewerblichen Wäscherei in einem repräsentativen Rahmen mitgewaschen werden, um die Kriterien der sekundären Waschwirkung (siehe Kapitel 4.7.5.1) zu überprüfen. Die primäre Waschwirkung, sprich die Fleck- oder Schmutzentfernung wird dabei vorausgesetzt. Die Kriterien der sekundären Waschwirkung werden in Bandbreiten unterteilt und dementsprechend bewertet. Abbildung 41 zeigt diesen Teil des Fragebogens ausschnittweise.

Wie man im Schaubild erkennen kann, wird vorab durch eine Button-Abfrage geklärt, ob der betroffene Wäschereibetrieb ein Mitglied der Gütegemeinschaft sachgemäße Wäschepflege e.V. (GG) ist. Wäre dies der Fall so haben die Hohenstein Institute als von der GG beauftragtes Institut bereits die Daten im Rahmen der Vergabe der RAL-Gütezeichen erhoben, sodass dieser Fragebogenteil übersprungen werden kann. Handelt es sich um kein GG-Mitglied müssen die Alterativen je Kasten angekreuzt werden.

Sind Sie Mitglied der Gütegemeinschaft sachgemäße Wäschepflege e. V.? [JA] [NEIN]

Bitte kreuzen Sie eine der folgenden Alternativen je Kasten an:

Festigkeitsminderung (Reißkraftverlust) > 20 %   O

Festigkeitsminderung (Reißkraftverlust) zwischen 14 und 20 %   O

Festigkeitsminderung (Reißkraftverlust) zwischen 8 und 14 %   O

Festigkeitsminderung (Reißkraftverlust) < 8 %   O

Chemische Faserschädigung (Schädigungsfaktor) > 0,70   O

Chemische Faserschädigung (Schädigungsfaktor) zwischen 0,70 und 0,50   O

Chemische Faserschädigung (Schädigungsfaktor) zwischen 0,49 und 0,30   O

Chemische Faserschädigung (Schädigungsfaktor) < 0,30   O

Anorganische Gewebeinkrustation (Glühasche) > 0,70%   O

Anorganische Gewebeinkrustation (Glühasche) zwischen 0,70 und 0,50%   O

Anorganische Gewebeinkrustation (Glühasche) zwischen 0,49 und 0,20%   O

Anorganische Gewebeinkrustation (Glühasche) < 0,20%   O

Grundweißwert (Y-Wert) < 87   O
Grundweißwert (Y-Wert) 88 bis 89   O
Grundweißwert (Y-Wert) 90 bis 91   O
Grundweißwert (Y-Wert) > 91   O

Weißgrad (WG-Wert) < 180   O
Weißgrad (WG-Wert) 181 bis 195   O
Weißgrad (WG-Wert) 196 bis 210   O
Weißgrad (WG-Wert) > 210   O

Abbildung 41: Bewertung der Verarbeitungsqualität anhand der Kriterien der sekundären Waschwirkung

6.1.2 Die ressourcen- und energiebezogenen Unterscheidungskriterien einer gewerblichen Wäscherei

Welche Unterscheidungskriterien samt dazugehöriger Sub-Unterscheidungskriterien zur Abgrenzung bzw. Unterscheidung von Betrieben geeignet sind, kann daran festgemacht werden, ob deren Ausprägungen, welche durch die Betriebe abgefragt werden für die Ermittlung repräsentativer Kriteriengewichtungen (KG) und relativer Wichtigkeiten (RW) für die Branche geeignet sind.

Die Unterscheidungskriterien (UK) der Wäschereibranche stellen die „Maschinenausstattung", den „Kundenmix", die „Wäscheart" und die „Verschmutzungsart" dar. Betrachtet man sich diese Kriterien genauer, fällt auf, dass die „Maschinenausstattung" sowie der „Kundenmix" auch branchenunabhängig in den meisten Branchen von Relevanz sein dürften. Die Wäsche- wie auch Verschmutzungsart hingegen sind offensichtlich spezifische Differenzierungscharakteristika im Rahmen der gewerblichen Wiederaufbereitung und damit für die Wäschereibranche. Die wesentlichen ressourcen- und energiespezifische Charakteristika im Betriebsablauf einer gewerblichen Wäscherei wurden bereits in Kapitel 4.7 dargestellt. Sie stellen die Basis des betriebsindividuellen Benchmarksystems gewerblicher Wäschereien und damit zur Generierung diesbezüglicher individueller Gesamtgewichtungsfaktoren dar.

Nachfolgend soll aufgezeigt werden in welchem Gesamtrahmen das betriebsindividuelle ressourcen- und energiebezogene Benchmarksystem am Beispiel der Wäschereibranche entstanden ist und wie sich infolgedessen die ressourcen- und energiebezogenen Unterscheidungskriterien einer gewerblichen Wäscherei entwickelt haben.

Es gibt seit einigen Jahren das Bestreben in der Wäschereibranche ein aussagekräftiges Benchmarksystem zum Ressourcen- und Energieverbrauch bei der Textilwiederaufbereitung zu entwickeln. Ein im Jahre 2006 in Zusammenarbeit mit der Gütegemeinschaft sachgemäße Wäschepflege e.V. und den Hohenstein Instituten ins Leben gerufener „Arbeitskreis Benchmarking" versuchte diesbezüglich ein System aufzusetzen, welches den Gütezeichenbetrieben damit helfen sollte, die zukünftigen Herausforderungen einer Erfolgskontrolle umzusetzen und potentielle Fehlerquellen frühzeitig zu erkennen (Hohenstein Institute, 2010). Die Beweggründe hierfür waren drastische Preissteigerungen im Bereich der Betriebsmittel, wie Wasser und Energie, schwer durchsetzbare Preiserhöhungen in den Bereichen Gesundheitswesen, Hotellerie und Industrie, sowie immer kürzer werdende Vertragsbindungen bei Neuausschreibungen von Krankenhäusern. Die folgende Abbildung stellt eine damalige Übersichtsfolie des „Arbeitskreises Benchmarking" für Gütezeichenmitglieder vor, welche die Ablaufschritte zum Beitritt und Umgang genau darlegt:

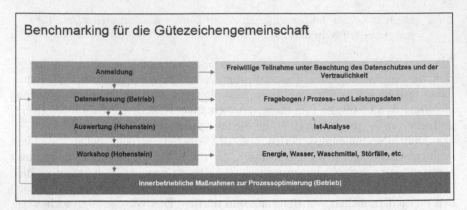

Abbildung 42: Auszug der Arbeitspapiere des Arbeitskreises Benchmarking (Hohenstein Institute, 2010)

Leider wurde das Projekt Anfang 2012 eingestellt, nachdem sich über ein Jahr lang weder neue Betriebe anmelden, noch Teilnehmerbetriebe Daten weiter einpflegen wollten. Dies könnte auf zwei grundlegende Schwächen der Befragung zurückzuführen sein, welche zu diesem negativen Resultat führten.

Auf diese Schwächen soll nun kurz eingegangen werden, da diese Ausgangspunkte für das im Rahmen dieser Arbeit zu entwickelnde betriebsindividuelle ressourcen- und energiebezogene Benchmarksystem darstellen.

So wurden zum einen viel zu weitreichende Fragen für Verbrauchskriterien gestellt, wie bspw. der „Verbrauch an Kubikmeter Dampf", auf welche die meisten Wäschereien keine Antwort geben konnten. Ursächlich hierfür war entweder die Zeitintensität oder der zu hohe Aufwand bzw. die technische Umsetzung.

Zum anderen wurde ein zentraler und wesentlicher Fehler begangen, keine eindeutigen und damit überschneidungsfreien Wäscherei-Cluster zu bilden, um die Betriebe voneinander zu unterscheiden. Die Wäschereien wurden nur nach einem einzigen Unterscheidungskriterium, dem bearbeiteten „Kundenmix" in Vergleichsgruppen grob kategorisiert ohne jegliche Gewichtungen vorzunehmen. Das bedeutet, es wurden ähnliche Wäschereien, wie beispielsweise eine Gruppe mit Hotel- und Berufsbekleidungskunden, sowie eine Gruppe mit Hotel- und Krankenhauskunden als Cluster definiert. Die Verbrauchswerte der zugeordneten gewerblichen Wäschereien sollten daraufhin verglichen werden. Das hieraus resultierende Problem wurde schnell ersichtlich, da diese grob gebildeten Cluster immense Überschneidungen aufwiesen, wie die angesprochenen Hotelkunden, welche in zwei Clustern auftraten. So stellte sich aufgrund einer nicht überschneidungsfreien Differenzierung der Wäschereien eine Art Nivellierung der

Verbrauchswerte ein. Hieraus entstand die falsche Schlussfolgerung im Arbeitskreis, dass im Durchschnitt, unabhängig vom „Kundenmix", die Verbrauchswerte pro Kundengruppe annähernd gleich sind. Dies entspricht jedoch keineswegs einem für die Wäschereibranche repräsentativen Ergebnis. Hinzu kommt, dass das alleinige Unterscheidungskriterium des „Kundenmix" bei der großen Diversität an Wäschereibetrieben in Deutschland nicht ausreichen kann, um ein aussagekräftiges Benchmarking zu erhalten. Unabhängig davon kann man in der Praxis eindeutig anhand der Waschprogramme, deren Verbrauchswerte an der Maschine vorprogrammiert werden, erkennen, dass diese stark mit der bearbeiteten Kundengruppe korrelieren und damit sehr unterschiedlich ausfallen.

Als Folge der Ergebnisse dieses Arbeitskreises entstand die Idee bzw. die Herausforderung ein betriebsindividuelles Benchmarksystem der Ressourcen- und Energieeffizienz für gewerbliche Wäschereien zu entwickeln, welches eindeutig voneinander abgegrenzte Kundengruppen berücksichtigt. So galt es anfangs erst einmal der großen Diversität an gewerblichen Wäschereien mit all ihren Betriebs- und Umfeldkonstellationen gerecht zu werden und damit der Heterogenität der Branche entgegenzuwirken. So ist kein Betrieb in Deutschland direkt mit einem anderen vergleichbar, jeder hat verschiedene Einkaufspreise aufgrund unterschiedlicher Bezugsmengen, welche wiederum meist von der größenabhängigen Maschinenausstattung abhängen, jeder bearbeitet anteilig verschiedene Kundengruppen und ist damit verschiedenen Wäschearten und Verschmutzungsarten ausgesetzt. So wurden nach einer repräsentativen empirischen Befragung die vier beschriebenen Unterscheidungskriterien samt Sub-Unterscheidungskriterien bestimmt.

Die nachfolgende Abbildung veranschaulicht die Ermittlung dieser Teilgewichtungsfaktoren (TGFs) des Benchmarksystems aus Kriteriengewichtungen (KG) der Unterscheidungskriterien Maschinenausstattung, Kundenmix, Wäscheart und Verschmutzungsart (ovale Kriterien) und den dazugehörigen betriebsindividuellen Spezifika (BS) in Form individueller Tonnagenanteile (achteckige Kriterien):

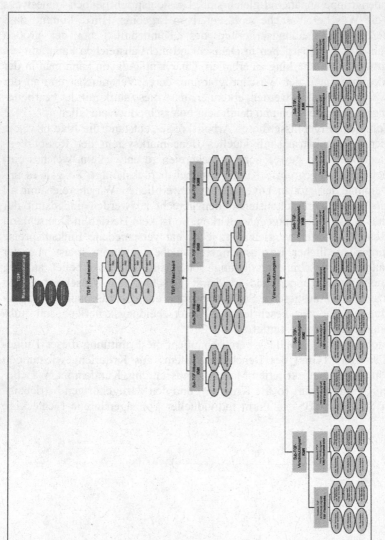

Abbildung 43:   Die Ermittlung der Teilgewichtungsfaktoren (Übersichtsdarstellung; Detailansichten nachfolgend)
Eine Detailansicht der Abbildung ist im OnlinePlus-Programm des Verlags unter www.springer.com („Christian Mechel") verfügbar.

1. Detailansicht von Abbildung 43

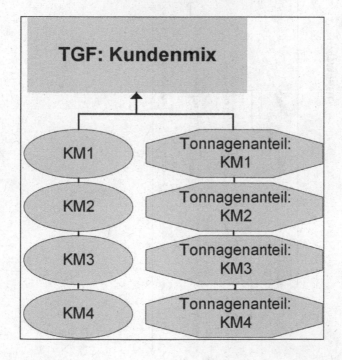

2. Detailansicht von Abbildung 43

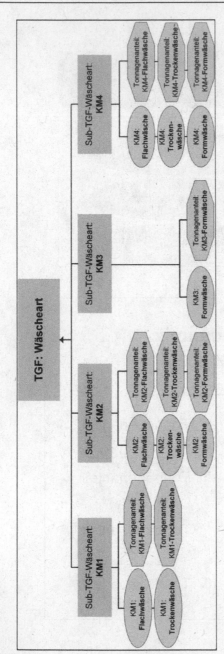

3. Detailansicht zu Abbildung 43

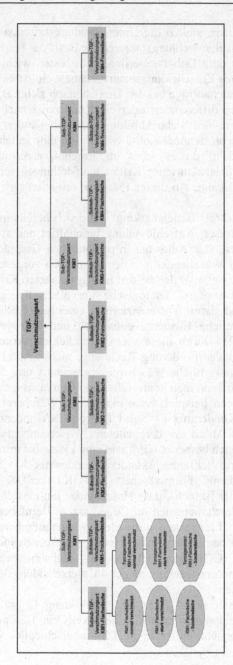

Anmerkung: Abbildung 43 (Übersichtsdarstellung) findet sich auch in im Detail lesbarer Form unter www.springer.com und „Christian Mechel" im OnlinePLUS-Programm des Verlags. Der Zugriff auf die Datei ist kostenfrei.

Wie bereits in Kapitel 5.2.2 erläutert, stellen die Unterscheidungskriterien und infolgedessen die dazugehörigen Teilgewichtungsfaktoren die Basis des betriebsindividuellen Benchmarksystems dar. Dabei unterliegen sie einer wichtigen Strukturhierarchie, welche der eines Entscheidungsbaumes ähnelt. So ist es von großer Relevanz für die spätere Datenabfrage bei den Betrieben, ob sich z.B. die Wäscheart nach den Kundenmixen differenziert oder ein Kundenmix nach der jeweiligen Wäscheart unterschieden wird, siehe Abbildung 43. Dabei ändert sich zwar die Anzahl der Elemente nicht, dennoch sollte es sich um eine inhaltlich logische Strukturhierarchie handeln, da es sonst zu Ergebnisverzerrungen aufgrund fehlinterpretierter oder unstrukturierter Kriterienaufstellungen seitens der befragten Stichprobe kommen kann. An dieser Prämisse orientiert sich das gesamte Bewertungssystem.

Der bereits erwähnte „Arbeitskreis Benchmarking" hatte sich bereits intensiv mit dem „Kundenmix" und dessen Aufschlüsselung beschäftigt und stellte damit Anregungen für diese Arbeit. Der Autor hat in persönlichen Gesprächen mit Geschäftsführern gewerblicher Wäschereien mit dem strukturell vorgeschaltete Kriterium „Maschinenausstattung" und den beiden nachgeschalteten Kriterien „Wäscheart" und „Verschmutzungsart" als logische Vervollständigung zu einer detaillierten Abbildung und damit Differenzierung einer gewerblichen Wäscherei zusätzlich drei wesentliche Elemente entwickelt und hinzugefügt (Hohenstein Expertenrunde, 2012). Durch diese vier Unterscheidungskriterien (UK) trägt das Benchmarksystem der Forderung Rechnung, nicht „Äpfel mit Birnen zu vergleichen" und eine gewerbliche Wäscherei repräsentativ und differenzierbar darstellen zu können. So kann man keinesfalls von einem aussagekräftigen Benchmarking sprechen, wenn beispielsweise eine große Wäscherei mit fast ausschließlich Hotelkunden (Kundenmix 1 = Sub-UK1 von UK Kundenmix) und damit einem überwiegendem Anteil der bearbeiteten „Wäscheart" „flach" (Sub-UK1 von UK Wäscheart) gleich bewertet wird, wie eine kleine bis mittlere Wäscherei mit ausschließlich Berufsbekleidungskunden (Kundenmix 3 = Sub-UK3 von UK Kundenmix) und damit „Formwäsche" (Sub-UK3 von UK Wäscheart). So ist es die Erfahrung der Branche, dass Hotelkunden am einfachsten und damit ressourcen- und energieschonendsten im Gegensatz zu Berufsbekleidungskunden, die mit Blut oder Teerflecken aufwarten, wiederaufzubereiten sind. Somit erhält jeder Wäschereibetrieb am Ende seinen ganz eigenen individuellen Gesamtgewichtungsfaktor (GGF), der sich aus den 4 TGFs zusammensetzt. Es soll zunächst auf eine genauere Darstellung der 4 Unterscheidungskriterien bzw. TGFs eingegangen werden.

Die Systematik zur Generierung der 4 TGFs ist in Abbildung 43 grafisch dargestellt. Es gibt vier Unterscheidungskriterien für die jeweils ein TGF generiert wird. Wie in der Abbildung ersichtlich haben die TGF unterschiedlich viele

Sub- und zum Teil Subsub-UKs. Die Systematik bleibt jedoch immer dieselbe. Die linke Spalte (runde Kriterien) entspricht immer den Kriteriengewichtungen (KG). Diese werden durch den angesprochenen Fragebogen durch Paarvergleiche mit Hilfe der Methode des AHP generiert, was an späterer Stelle noch näher erläutert werden soll. Die rechte Spalte entspricht immer den betriebsindividuellen Spezifika (BS), welche für gewerbliche Wäschereien mit den individuellen Tonnagenanteilen des Betriebes (achteckiges Kriterium) hinsichtlich der Anteile der jeweiligen KG repräsentiert werden. Die Summe der zeilenweise generierten Produkte aus KG und BS ergeben den jeweiligen TGF (siehe Abb. 43). Besitzt ein TGF mehrere Sub-TGFs, müssen diese zunächst für sich isoliert berechnet werden, um daraufhin zum TGF gemittelt zu werden. Die genaue Vorgehensweise wird am Ende dieses Kapitels dargestellt.

Nachfolgend soll das bereits in Kapitel 5.4.1 erläuterte Ausnahme-Unterscheidungskriterium der Maschinenausstattung auf die Wäschereibranche angewendet werden.

Im Fragebogenteil B1) werden mit den Paarvergleichen die relativen Wichtigkeiten der 4 Unterscheidungskriterien zum Gesamtgewichtungsfaktor abgefragt, um diese anteilig zu verrechnen. In den Teilen B2) bis B4) werden zusätzlich innerhalb der Unterscheidungskriterien die jeweiligen Sub-Unterscheidungskriterien paarweise verglichen, um die Kriteriengewichtungen zu ermitteln.

Das Unterscheidungskriterium Maschinenausstattung stellt jedoch eine Ausnahme dar, da die Sub-Unterscheidungskriterien innerhalb dieses Unterscheidungskriteriums „Maschinenausstattung kleine Wäscherei", „Maschinenausstattung mittlere Wäscherei", und „Maschinenausstattung große Wäscherei" darstellen. Die Wäschereibesitzer können diese Verhältnismäßigkeiten durch Paarvergleiche gemäß dem AHP nicht bewerten oder einschätzen, da sie nur ihre eigene größenspezifische Maschinenausstattung kennen, es sei denn sie hätten mehrere Wäschereien verschiedener Größen, was in der Branche äußerst selten vorkommt.

So wurde im Rahmen dieser Arbeit eine Methode entwickelt die Stückkosten pro Kilogramm saubere Wäsche, bestehend aus der Summe der Chemie-, Energie-, Wasser- und Transportkosten, ins Verhältnis zur durchschnittlichen Tagestonnage zu setzen. Dabei spiegeln sich die größenclusterabhängigen Maschinenausstattungen der Betriebe im Stückkostenverlauf wieder, sodass durch dieses Werkzeug die Kriteriengewichtungen (für die Sub-UK der Maschinenausstattung) auch ohne Paarvergleiche generiert werden können.

Die nachfolgende Abbildung verdeutlicht die Ergebnisse der Befragung der 40 Stichprobenbetriebe, indem sie den Verlauf der Stückkostenkurve samt der dazugehörigen Funktionsgleichung nach Formel 12 aus Kapitel 5.4.1 aufzeigt:

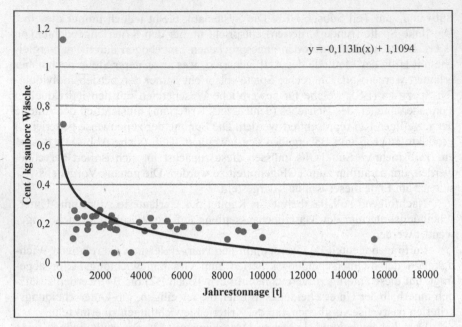

Abbildung 44:   Stückkosten der Wiederaufbereitung in Abhängigkeit zur
Ausbringungsmenge

Die Abbildung zeigt einen degressiven Kostenverlauf mit ansteigender Jahrestonnage, sodass man von Skaleneffekten sprechen kann. Nun fällt die Klassenbildung in den Gestaltungsraum des Statistik-Anwenders, sofern die Aufgabenstellung nichts anderes vorgibt und die ursprüngliche Struktur unverändert bleibt.
Dabei ist darauf zu achten, dass der Informationsverlust äußerst gering gehalten
wird. Da hinsichtlich der Übersichtlichkeit, wie auch nach Branchenmeinung,
drei Betriebsgrößen-Cluster hinsichtlich der Maschinenausstattung repräsentativ
für die Wäschereibranche sind, wurde die degressive Kostenkurve in statistisch
repräsentative Cluster untergliedert (siehe Kapitel 5.4.1). Die folgende Tabelle
zeigt diese Klassenbildung:

Tabelle 41: Die Maschinenausstattung-Betriebsgrößen-Cluster gewerblicher
Wäschereien nach Jahrestonnagen

Jahrestonnage Kleine Wäschereien [t]	Jahrestonnage Mittlere Wäschereien [t]	Jahrestonnage Große Wäschereien [t]
-	1788	4460
-	1985	5277
193	2200	5435
206	2471	5760
676	2519	6055
745	2550	6100
828	2550	6834
890	2678	8264
1185	2703	8808
1232	2714	9055
1296	2805	9631
1308	3500	9725
1544	3900	10000
1615	4164	15500

In Grau unterlegt, sind die Grenzen zwischen den einzelnen Größenklassen dargestellt, welche zur Einteilung im Benchmarksystem später wichtig sind. Dabei stellt
der untere Grenzwert eine Jahrestonnage von 1615 Tonnen und der obere Grenzwert eine Jahrestonnage von 4164 Tonnen dar. So gliedern sich die drei Cluster in
„kleine Wäschereien" bei einer Jahrestonnage bis einschließlich 1615 Tonnen,
„mittlere Wäschereien" zwischen 1615 und einschließlich 4164 Tonnen und „große Wäschereien" mehr als 4164 Tonnen Jahrestonnage. Diese Grenzen lassen sich
aus der Bildung einer Gleichverteilung der Maschinenausstattung-Betriebsgrößen-
Cluster ableiten. Dabei wurde der größte Betrieb aus dem Cluster „Kleine Wäscherei" und „Mittlere Wäscherei" als Grenze für die drei Maschinenausstattung-
Betriebsgrößen-Cluster verwendet, siehe Tabelle 41 (grau hinterlegt). Diese Cluster werden nun für die Ermittlung der Kriteriengewichtungen der Sub-UK der
Maschinenausstattung verwendet.

So soll nachfolgend aufgezeigt werden, wie diese Verhältnismäßigkeiten
bzw. Gewichtungen der Sub-Unterscheidungskriterien „Maschinenausstattung
einer kleinen Wäscherei", „Maschinenausstattung einer mittleren Wäscherei"
und „Maschinenausstattung einer großen Wäscherei" bestimmt werden können.
Hierzu wird die bereits ermittelte degressive Kostenkurve herangezogen und
anhand der errechneten Grenzwerte in die aufgezeigten Sub-UKs unterteilt.
Dann wird die Ableitung der Kostenkurve $f'(x) = \dfrac{-0,113}{x}$ ermittelt (Formel 13).

Nun kann für die Jahrestonnagendurchschnittswerte pro Größenklasse eine Durchschnittsteigung bzw. Tangente bestimmt werden, um mit den anderen ins Verhältnis gesetzt zu werden. Auf diese Weise erhält man die Prioritäteneinschätzungen der Betriebsgrößen-Cluster der Maschinenausstattung. Die Jahrestonnagendurchschnittswerte der drei Größen-Cluster lauten:

Tabelle 42: Jahresdurchschnittstonnagen der Maschinenausstattung-Betriebsgrößen-Cluster gewerblicher Wäschereien

MA kleine Wäschereien	MA mittlere Wäschereien	MA große Wäschereien
976,45 Tonnen	2896,13 Tonnen	8430,61 Tonnen

Setzt man diese Jahrestonnagendurchschnittswerte nun in die aufgezeigte Ableitung ein, erhält man für diese eine Durchschnittssteigung innerhalb der 3 Cluster:

Tabelle 43: Durchschnittssteigungen der Jahrestonnagendurchschnittswerte innerhalb der Maschinenausstattung-Betriebsgrößen-Cluster gewerblicher Wäschereien

MA kleine Wäschereien	MA mittlere Wäschereien	MA große Wäschereien
−0,00011572	−0,00003901	−0,00001340

Die Relationen der Durchschnittssteigungen werden nun als Prioritäteneinschätzungen der Sub-UK der Maschinenausstattung im Rahmen der Paarvergleiche der AHP-Methode verarbeitet. Die nachfolgende Tabelle verdeutlicht diesen Zusammenhang:

Tabelle 44: Generierung von Prioritäteneinschätzungen aus Jahresdurchschnittstonnagen der Maschinenausstattung-Betriebsgrößen-Cluster

MA kleine zu mittlere Wäscherei	MA kleine zu große Wäscherei	MA mittlere zu große Wäscherei
−0,00011572	−0,00011572	−0,00003901
−0,00003901	−0,00001340	−0,00001340
= 2,966	= 8,636	= 2,911

Die Relation bzw. der Quotient zeigt auf, dass z.B. das Cluster „MA einer kleinen Wäscherei" im Paarvergleich „MA einer kleinen zu einer großen Wäscherei" auf der bereits in Kapitel 5.3.2.2.3 aufgezeigten Saaty-Skala von 1-9 mit einer 8,632 als sehr viel wichtiger eingestuft wird und damit einen sehr viel größeren Ressourcen- und Energieverbrauch zur Folge hat (orientiert an der Fragestellung für Paarvergleiche von Sub-UK, siehe Abbildung 47, Kapitel 6.2.1: Welches Kriterium hat einen größeren Ressourcen- und Energieverbrauch zur Folge?). Durch Eigenvektorisierung ergeben sich nach Normierung folgende Kriteriengewichtungen für die 3 Sub-UK der Maschinenausstattung:

Tabelle 45: Kriteriengewichtungen der Sub-UK der Maschinenausstattung einer gewerblichen Wäscherei

MA kleine Wäscherei	MA mittlere Wäscherei	MA große Wäscherei
1	0,337	0,116

Die folgende Abbildung verdeutlicht den gesamten Zusammenhang grafisch:

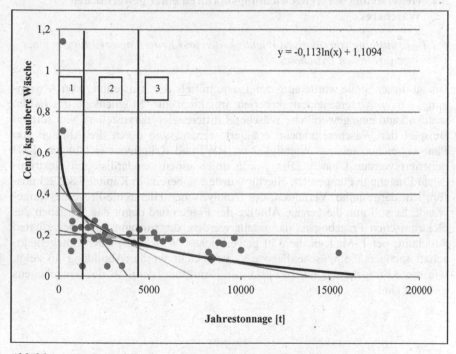

Abbildung 45: Maschinenausstattung-Betriebsgrößen-Cluster mit entsprechenden Durchschnitts-tangenten

Die senkrechten schwarzen Geraden stellen die Grenzen zwischen den Maschinenausstattung-Betriebsgrößen-Cluster dar und unterteilen somit die dargestellten Wäschereien in „klein", „mittel" und „groß" bzw. in die Gruppen „1", „2" und „3". Die anderen Geraden stellen die Durchschnitts-Tangenten der jeweiligen Cluster dar, deren Steigungen durch Einsetzen der Tonnagendurchschnittswerte in die Ableitung der Kostenfunktion ermittelt wurden. Wie bereits erläutert, werden diese Cluster für die Ermittlung der Kriteriengewichtungen der Sub-UK der Maschinenausstattung verwendet.

Nach Vorstellung der ressourcen- und energiebezogenen Unterscheidungskriterien einer gewerblichen Wäscherei, soll nachfolgend die Generierung von Teilgewichtungsfaktoren im Rahmen der Anwendung der in Kapitel 5 entwickelten Methodik dargestellt werden.

6.2 Generierung der Teilgewichtungsfaktoren einer gewerblichen Wäscherei

6.2.1 Ermittlung von relativen Wichtigkeiten und Kriteriengewichtungen einer gewerblichen Wäscherei

Bis zu dieser Stelle wurde aufgezeigt, wie mittels der Aufstellung von Abgrenzungs- bzw. Unterscheidungskriterien inhaltlich die Möglichkeit geschaffen werden kann eine gewerbliche Wäscherei differenziert darzustellen. Nun soll am Beispiel der Wäschereibranche erläutert werden, wie durch die Abfrage von Paarvergleichen relative Wichtigkeiten (RW) und Kriteriengewichtungen (KG) generiert werden können. Dies wurde durch einen standardisierten elektronischen Fragebogen umgesetzt. Hierfür wurde das bereits in Kapitel 5.3.2.2.3 ausführlich dargestellte Verfahren des Analytischen-Hierarchie-Prozesses angewandt. Es soll nun die genaue Abfolge der Fragen und damit das Vorgehen des elektronischen Fragebogens dargestellt werden, der mitsamt einer beigefügten Anleitung per E-Mail an die 350 gewerblichen Wäschereien der Gütegemeinschaft sachgemäße Wäschepflege e.V. verschickt wurde. Abbildung 46 zeigt, wie die Abfragekästen im Teil B1) zur Ermittlung der RW des Fragebogens gestaltet sind.

1.) Welches Kriterium hat einen größeren Einfluss auf den Ressourcen- und Energieverbrauch?							
Maschinenausstattung				**Kundenmix**			
☐			gleich		☐		

⇩

2.) Wieviel größer ist der Einfluss dieses Kriteriums?							
leicht	moderat	-	stark	-	sehr stark	-	extrem
1	2	3	4	5	6	7	8

Abbildung 46: Paarvergleich mit Ausprägungsabfrage zur Generierung der
relativen Wichtigkeiten

Hier werden die vier Unterscheidungskriterien selbst auf „globaler" Ebene miteinander verglichen, um die relativen Wichtigkeiten (RW) hinsichtlich des Gesamtgewichtungsfaktors einer gewerblichen Wäscherei zu bestimmen. Zu Frage 1 jedes Abfragekastens im Frageteil B1) soll das Kriterium angekreuzt werden, welches für Wäscherei X den größeren Einfluss auf den Ressourcen- und Energieverbrauch hat. Dabei bezieht sich die Frage auf den maschinenbezogenen (nicht vom Personal ausgehenden) Ressourcen- und Energieverbrauch für Chemie, Wasser, Energie und Transport. Bei Frage 2 wird darauf aufbauend ermittelt, wieviel größer der Einfluss des größeren Kriteriums aus der 1. Frage ist.

Abbildung 47 zeigt im Teil B2) des Fragebogens, welcher dem Unterscheidungskriterium Kundenmix gewidmet ist, einen Paarvergleich der Sub-Unterscheidungskriterien „Kundenmix 1" (Hotel) und „Kundenmix 2" (Krankenhaus und Textile Medizinprodukte) zur Ermittlung der entsprechenden Kriteriengewichtung.

Hier soll der Befragte ankreuzen, ob das Sub-Unterscheidungskriterium „Kundenmix 1" oder „Kundenmix 2" einen größeren Ressourcen- und Energieverbrauch zur Folge hat. Bei der zweiten Frage soll dann auf einer Skala von 1-8 ermittelt werden, wieviel größer der Ressourcen - und Energieverbrauch des Kriteriums aus der ersten Frage ist. Diese Systematik ist für die Frageblöcke „B3.1) Wäschearten" und „B4.1) Verschmutzungsarten" identisch.

1.) Welches Kriterium hat einen größeren Ressourcen- und Energieverbrauch zur Folge?							
Kundenmix 1				**Kundenmix 2**			
☐		gleich		☐			

⇩

2.) Wieviel größer ist der Ressourcen- und Energieverbrauch?							
leicht	moderat	-	stark	-	sehr stark	-	extrem
1	2	3	4	5	6	7	8

Abbildung 47:   Paarvergleich mit Ausprägungsabfrage zur Ermittlung von Kritieriengewichtungen des Unterscheidungskriteriums Kundenmix

Es wird dabei immer darauf hingewiesen, dass der Befragte allgemein für die Branche antwortet und den Sachverhalt nicht auf seinen eigenen Betrieb beziehen soll, sodass vergleichbare Antworten ermittelt und damit auch vergleichbare Daten generiert werden können. Es wird im Fragebogen immer darauf hingewiesen, dass nur der maschinenbezogene Verbrauch, nicht der personenbezogene Arbeitsaufwand wie bspw. Falten und Abpacken Gegenstand der Befragung ist. Des Weiteren verlangt der Fragebogen, dass die Fragen immer komplett ausgefüllt werden, auch wenn der Wäscher selbst nicht alle Rubriken in seinem Betrieb bearbeitet, sodass er gegebenenfalls schätzen muss. Dies ist generell sinnvoll, da die meisten Wäschereibesitzer schon jede denkbare Konstellation an Kundenmixen und Wäschearten bearbeitet haben oder dementsprechend Zugang zu Informationen von Wettbewerbern oder Kollegen haben. Nur auf diese Weise ist eine vollständige Datenerfassung zu bewerkstelligen. Zusätzlich wird darauf hingewiesen, dass sich der Befragte als neutraler Wäscherei-Berater betrachten soll, dessen Einschätzung zur Branche bzw. Branchenmeinung gefragt ist. Für die Abfragen zu „B3.1) Wäschearten", wie auch „B4.1) Verschmutzungsarten" gilt dieselbe Systematik, wie oben geschildert. Ab hier wird jedoch schon vorab mit einer „JA/NEIN-Abfrage" eingegrenzt, ob der Wäscher einen „Kundenmix" bearbeitet oder nicht, da auf dieser Detaillierungsebene nicht mehr alle Konstellationen bekannt sein können. Dies grenzt die Befragung ab hier auf die tatsächlich vom Wäscher bearbeiteten Kundenmixe ein, wenngleich innerhalb dieser bearbeiteten Kundenmixe wieder alle Angaben gemacht werden müssen, gegebenenfalls durch Schätzung, wenn nicht alle Konstellationen im Betrieb anzutreffen sind.

Datenauswertung mit der Software Expert Choice und Consideo Modeler

Da nun der theoretische Hintergrund des Benchmarksystems dargestellt wurde, soll nun aufgezeigt werden, wie mit Softwareunterstützung die praktische Umsetzung bzw. Implementierung des Benchmarksystems vollzogen wurde. Der Wäscherei-Fragebogen wurde so konzipiert, dass der ausgefüllte Datensatz per XML (Extensible Markup Language) direkt in eine Excel-Datei exportiert werden kann, welche alle Prioritäteneinschätzungen in Form von Paarvergleichen zusammenfasst. Die nachfolgende Tabelle zeigt für ein besseres Verständnis der Vorgehensweise einen Auszug dieser Excel-Tabelle:

Tabelle 46: Auszug der Prioritäteneinschätzungen der Branche

Firma Nr.	Jahres-tonnage	Maschinenausstattung versus Kundenmix		Maschinenausstattung versus Wäscheart	
1	1234	Maschinen-ausstattung	6	Wäscheart	0,1667
2	4567	Kundenmix	0,1667	Maschinen-ausstattung	8
3	2468	Kundenmix	0,1250	Wäscheart	0,2000
4	8500	Maschinen-ausstattung	3	Wäscheart	0,3333

Von den Spalten links nach rechts werden die Firmen, deren Jahresgesamttonnagen, sowie die Ergebnisse der beiden Paarvergleiche „Maschinenausstattung versus Kundenmix" und „Maschinenausstattung versus Wäscheart" gesammelt. Möchte man nun die gemittelten relativen Wichtigkeiten (RW) erhalten, so müssen die Zahlenwerte pro Paarvergleich zunächst miteinander multipliziert werden. Um darauffolgend eine gemittelte Prioritäteneinschätzung bzw. Prioritäteneinschätzung der Branche zu erhalten, muss nun die n-te Wurzel (mit n = Anzahl der Zahlenwerte) gezogen und damit das geometrische Mittel bestimmt werden.

Das geometrische Mittel wird zur Bestimmung des Mittelwertes bei verhältnisskalierten positiven Merkmalen (AHP-Skala) wie z.B. Relationen oder Wachstumsraten angewendet. Die Werte der Merkmale sind hierbei multiplikativ miteinander verknüpft (Klinke, 2013).

Das Ergebnis entspricht der Prioritäteneinschätzung der Branche zu dem jeweiligen Paarvergleich und kann in der Software Expert Choice mittels der Eigenvektorisierung (Kapitel 5.3.2.2.3) im Rahmen des Analytischen-Hierarchie-Prozesses in relative Wichtigkeiten überführt werden. Die Iterationen werden solange durchgeführt bis die Veränderung des Ergebnisses vernachlässigbar klein ist und sich 2 Stellen hinter dem Komma nichts mehr verändert. Nun sind die entsprechenden relativen Wichtigkeiten ermittelt und können in der Software Consideo Modeler eingetragen werden. Analog verläuft die Ermittlung der Kriteriengewichtungen, nur dass die ermittelten Gewichtungen abschließend normiert werden (siehe Formel 11).

Es bleibt zu erwähnen, dass die Wäschereibetreiber im Vortest mit der Systematik der gängigen AHP-Fragestellung (Beantwortung der Frage des stärkeren Kriteriums und der diesbezüglichen Ausprägung durch einmaliges Ankreuzen auf einer Skala) überfordert waren, sodass aus der AHP-Fragestellung zwei Fragen gebildet wurden , wie auf Abbildung 46 und 47 ersichtlich. Die Bewertung „gleich" álso Indifferenz entspricht folglich der 1 der AHP-Skala. Dies wurde im finalen Wäscherei-Fragebogen mit dem Button „gleich" gelöst. Dadurch verkürzt sich die Ausprägungsskala um 1, sodass diese nur noch von 1 bis 8 reicht (bspw. eine 8 entspricht demzufolge einer 9 etc.).

Die Software führt, wie bereits erwähnt, die zahlreichen Iterationen der Paarvergleichsmatrizen automatisch solange durch, bis der Unterschied des Ergebnisses auf zwei Dezimalen hinter dem Komma zu keiner Veränderung mehr führt. Zusätzlich werden mit ihrer Hilfe die in Kapitel 5.3.2.2.3 ausführlich dargelegten Konsistenz- und Sensitivitätsanalysen durchgeführt. Abbildung 48 zeigt, wie die Software Expert Choice den Analytischen-Hierarchie-Prozess abbildet.

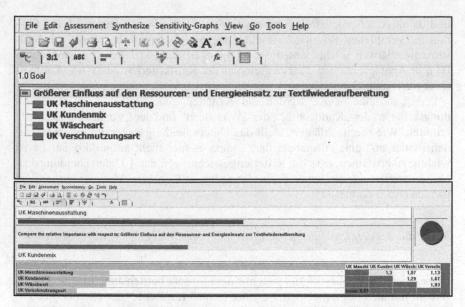

Abbildung 48:   Aufstellung des Zielsystems und Verarbeitung der gemittelten
Prioritäteneinschätzungen zur Ermittlung der relativen
Wichtigkeiten

Das definierte Ziel ist anders als beim Beispiel der „Wahl des optimalen PKWs"
des Kapitels 5.3.2.2 im ressourcen- und energiebezogenen Benchmarksystem
etwas abstrakter. Wie in der Abbildung oben ersichtlich werden die 4 Unterscheidungskriterien hinsichtlich des Ziels „Größerer Einfluss auf den Ressour-
cen- und Energieeinsatz" miteinander verglichen. So ermittelt die Software, ob
bspw. die „Maschinenausstattung" oder der „Kundenmix" eine größere Relative
Wichtigkeit und damit „Größeren Einfluss auf den Ressourcen- und Energieeinsatz" besitzt. Folglich wird hier der „Größere Einfluss" als Ziel verstanden.

Sind die Kriterien und das Ziel eingepflegt, kann mit den Paarvergleichen
begonnen werden. Die Abbildung zeigt unten, wie die Prioritäteneinschätzungen
der Branche durch Paarvergleiche in der Software Expert Choice eingepflegt und
visualisiert werden. Im Schaubild rechts unten in der Matrix sind die gemittelten
Prioritäteneinschätzungen der Paarvergleiche dargestellt, welche zuvor in der
Excel-Tabelle berechnet wurden. Sind alle Werte eingetragen, vollzieht die
Software die Matrizen-Iterationen nach der Eigenwertmethode zur Ermittlung
der RW samt Konsistenzanalyse. Der dunkelgrau unterlegte Wert 0,03 rechts
unten im Schaubild entspricht dem Konsistenzindex der Ergebnisse der Paarvergleiche. Laut der Konsistenzskala Saatys entspricht dies sehr aussagekräftigen

und damit widerspruchsfreien Informationen, da der Wert kleiner 0,1 ist. Sind nun die gemittelten Prioritäteneinschätzungen eingetragen, berechnet die Software die relativen Wichtigkeiten der 4 Unterscheidungskriterien (Fragebogenteil B1), in Analogie zu den Paarvergleichen der Kaufkriterien beim Autokaufbeispiel aus Kapitel 5.3.2.2.3.

Auf dieselbe Weise werden die Kriteriengewichtungen der Unterscheidungskriterien des „Kundenmix", der „Wäscheart" und der „Verschmutzungsart" ermittelt. Wie bereits erläutert, stellt das Unterscheidungskriterium der „Maschinenausstattung" eine Ausnahme dar, sodass es hier nicht aufgeführt ist. Es ist wichtig zu erwähnen, dass die Kriteriengewichtungen der 4 Unterscheidungskriterien normiert werden bevor sie in die Software Consideo Modeler eingepflegt werden (siehe Formel 11).

6.2.2 Berücksichtigung betriebsindividueller Spezifika einer gewerblichen Wäscherei

Dieses Unterkapitel beschäftigt sich mit dem Einsatz betriebsindividueller Spezifika im Rahmen des Benchmarksystems. Gemäß Kapitel 5.4.2 stellen betriebsindividuelle Spezifika (BS) den relativen Anteil der Jahresgesamtmenge hinsichtlich einer Bezugsgröße in Form einer Produktionseinheit (PE) bzw. Outputs, dar. In der Wäschereibranche handelt es sich dabei nur um die Jahresgesamttonnage, sprich der bearbeiteten Menge an sauberer Wäsche, wie sie im bereits beschrieben Teil A1) des Fragebogens bei den gewerblichen Wäschereien abgefragt wird.

Die Abfrage der relativen Tonnagenanteile ist so zu verstehen, dass der Wäschereibesitzer die Aufteilung seiner Gesamtwäsche dezidiert angeben soll, beginnend mit den „Kundenmixen" selbst, wobei hier die „Maschinenausstattung" als Ausnahmekriterium, wie bereits erwähnt, außen vor ist. Diese Abfragen werden durch die achteckigen Kriterien in den rechten Spalten in Abbildung 43 repräsentiert. Wie bereits Erwähnung fand, entsprechen diese rechten Spalten immer der individuellen Tonnagenverteilung des jeweiligen Betriebes hinsichtlich der Kriteriengewichtung, welche in derselben Zeile daneben dargestellt ist. Letztendlich werden so zeilenweise Produkte generiert, deren Summe den jeweiligen Teilgewichtungsfaktor ergeben.

Abbildung 49 zeigt die Abfrage der „relativen Tonnagenanteile" (betriebsindivduelle Spezifika) der Kundenmixe im Fragebogen.

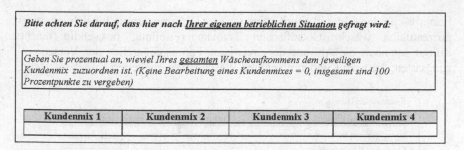

Abbildung 49: Abfrage der „relativen Tonnagenanteile" der Kundenmixe

Wie man erkennen kann, wird hier ganz gegensätzlich zur Abfrage der Kriteriengewichtungen auf die eigene betriebliche Situation abgezielt und folglich kein allgemeines Branchenbild erarbeitet. Folglich soll prozentual angegeben werden, wieviel des gesamten Wäscheaufkommens des jeweiligen Betriebes den jeweiligen Kundenmixen 1 bis 4 zuzuordnen ist. Darauf aufbauend wird in Abbildung 50 die Abfrage der relativen Tonnagenanteile der Wäschearten, die nach Kundenmixen gegliedert sind, dargestellt.

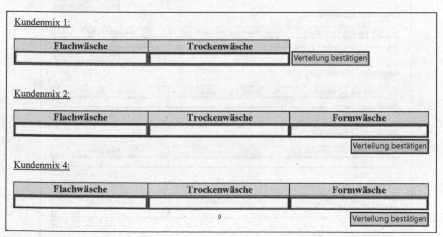

Abbildung 50: Abfrage der „relativen Tonnagenanteile" der Wäschearten

Wie man erkennen kann, kommt beim „Kundenmix 1", also den Hotels, die Formwäsche nicht vor, da diese der Arbeitskleidung des Personals entsprechen würde, die jedoch „Kundenmix 3", der Berufsbekleidung, zugeordnet wird. „Kundenmix 3" hingegen wird hinsichtlich der Wäschearten nicht dezidiert

Formwäsche darstellt und somit keine weitere Differenzierung hinsichtlich einer prozentualen wäscheartspezifischen Tonnagenverteilung notwendig macht. Zuletzt sei noch die Abfrage der „relativen Tonnagenanteile" der Verschmutzungsarten, die nach Kundenmixen und Wäschearten gegliedert sind, dargestellt:

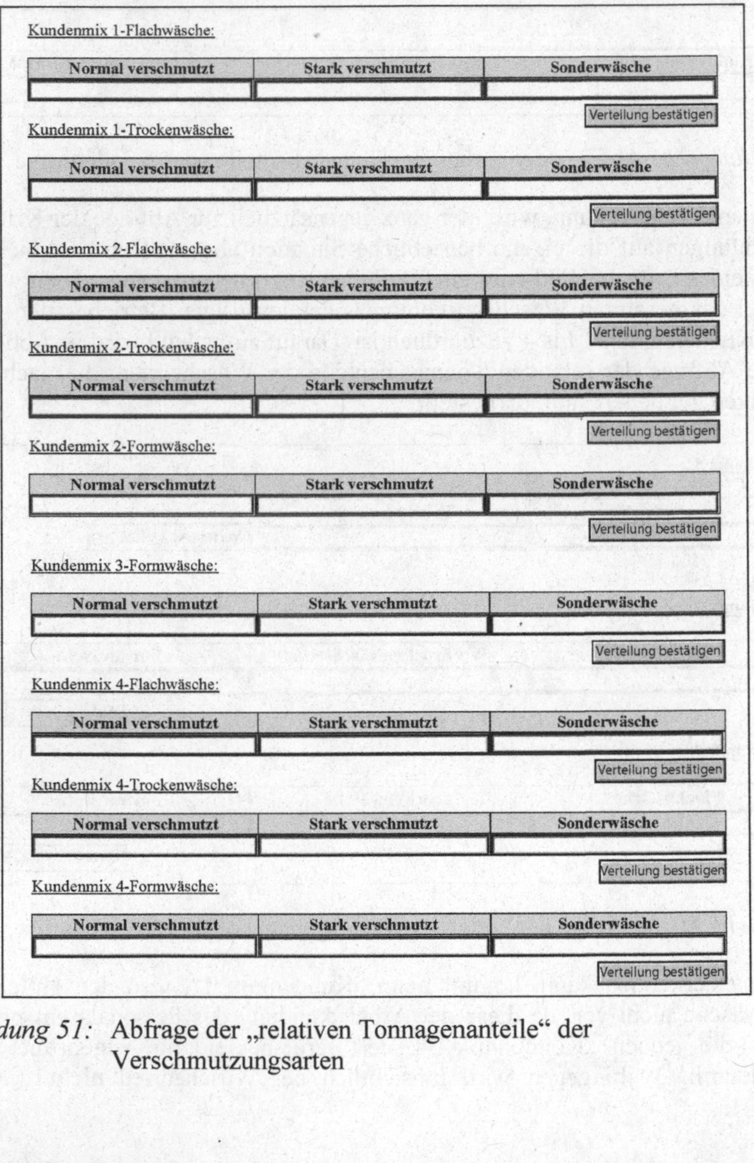

Abbildung 51: Abfrage der „relativen Tonnagenanteile" der Verschmutzungsarten

Wie man erkennen kann, sind beim Unterscheidungskriterium der Verschmutzungsart immer alle drei Sub-Unterscheidungskriterien vorhanden, sprich „normal verschmutzt", „stark verschmutzt" und „Sonderwäsche". Die gerade beschriebenen Ausnahmeregeln für Kundenmix 1 und 3 haben natürlich auch auf dieser Ebene Bestand. Alle diese Zusammenhänge sind in Abbildung 43 berücksichtigt und zur besseren Verständlichkeit visualisiert.

Da nun die Generierung der Kriteriengewichtungen (KG), wie auch die Abfrage der betriebsindividuellen Spezifika (BS) aufgezeigt wurden, kann nachfolgend die Ermittlung der Teilgewichtungsfaktoren aus KG und BS einer gewerblichen Wäscherei vorgestellt werden.

6.2.3 Ermittlung der Teilgewichtungsfaktoren aus Kriteriengewichtungen und betriebsindividuellen Spezifika einer gewerblichen Wäschereien

Dieses Unterkapitel beschäftigt sich zum einen damit, wie aus Kriterien für eine Abgrenzung bzw. Unterscheidung durch Berücksichtigung der betriebsindividuellen Spezifika individuelle Gewichtungen zur adäquaten Bewertung einer gewerblichen Wäscherei generiert werden können. Zum anderen wird aufgezeigt, wie infolgedessen ein Benchmarksystem (GGF-Konzept) hinsichtlich der Ressourcen- und Energieeffizienz am Beispiel der Wäschereibranche entwickelt werden kann.

Bevor die Teilgewichtungsfaktoren eines Betriebes ermittelt werden können, muss zur Harmonisierung des Bewertungssystems mittels eines Durchschnittsbetriebes die Generierung von Korrekturfaktoren durchgeführt werden. Diese Korrekturfaktoren setzen sich, wie in Kapitel 5.4.3 dargestellt, aus mehreren Teilkorrekturfaktoren zusammen:

Die Teilkorrekturfaktoren

Gemäß Formel 14 aus Kapitel 5.4.3 gilt demzufolge:

$$\text{TKF(UKm)}_q = \left(\frac{1}{\sum_{i=1}^{c} (\text{BSØ(UKm}_i) \cdot \text{KG(UKm}_i))} \right)_q$$

$\text{TKF(UKm)}_q \equiv$ Teilkorrekturfaktoren q des UKm der untersten Hierarchieebene;

$\text{UKm} \equiv$ Unterscheidungskriterium m;

$\text{m} \equiv$ Index der Unterscheidungskriterien;

$i \equiv$ Index der Subkriterien der Teilkorrekturfaktoren der untersten Hierarchieebene eines UKm;

$c \equiv$ Anzahl der Subkriterien;

$BSØ \equiv$ Betriebsindividuelle Spezifika des Durchschnittsbetriebes;

$KG \equiv$ Kriteriengewichtung;

$q \equiv$ Index der Teilkorrekturfaktoren der untersten Hierarchieebene eines UKm;

Für eine gewerbliche Wäscherei folgt hieraus:

UKma =   Unterscheidungskriterium Maschinenausstattung;

UKk =   Unterscheidungskriterium Kundenmix;

UKw =   Unterscheidungskriterium Wäscheart;

UKv =   Unterscheidungskriterium Verschmutzungsart

$TKF(UKma)_q =$ Teilkorrekturfaktoren des Unterscheidungskriteriums Maschinenausstattung auf der untersten Hierarchieebene;

$TKF(UKk)_q =$ Teilkorrekturfaktoren des Unterscheidungskriteriums Kundenmix auf der untersten Hierarchieebene;

$TKF(UKw)_q =$ Teilkorrekturfaktoren des Unterscheidungskriteriums Wäscheart auf der untersten Hierarchieebene;

$TKF(UKv)_q =$ Teilkorrekturfaktoren des Unterscheidungskriteriums Verschmutzungsart auf der untersten Hierarchieebene

$$TKF(UKma)_q = \left(\frac{1}{\sum_{a=1}^{3}(BSØ(UKma_a) \cdot KG(UKma_a))} \right)_q \qquad \boxed{\text{Formel 21}}$$

$$TKF(UKk)_q = \left(\frac{1}{\sum_{f=1}^{4}(BSØ(UKk_f) \cdot KG(UKk_f))} \right)_q \qquad \boxed{\text{Formel 22}}$$

$$TKF(UKw)_q = \left(\frac{1}{\sum_{t=1}^{3}(BSØ(UKw_t) \cdot KG(UKw_t))} \right)_q \qquad \boxed{\text{Formel 23}}$$

$$TKF(UKv)_q = \left(\frac{1}{\sum_{o=1}^{3}(BSØ(UKv_o) \cdot KG(UKv_o))} \right)_q \qquad \boxed{\text{Formel 24}}$$

Sind die Teilkorrekturfaktoren bekannt, kann der Korrekturfaktor berechnet werden. Gemäß Formel 15 aus Kapitel 5.4.3 gilt demzufolge:

Der Korrekturfaktor

$$KF(UKm) = \frac{\sum_{q=1}^{b}(TKF(UKm))_q}{b}$$

KF $\equiv$ Korrekturfaktor des UKm;

q $\equiv$ Index der Teilkorrekturfaktoren der untersten Hierarchieebene eines UKm;

b $\equiv$ Anzahl der Teilkorrekturfaktoren der untersten Hierarchieebene eines UKm

Für eine gewerbliche Wäscherei folgt hieraus:

KF(UKma) =   Korrekturfaktor des Unterscheidungskriteriums Maschinenausstattung;

KF(UKk) =   Korrekturfaktor des Unterscheidungskriteriums Kundenmix;

KF(UKw) =   Korrekturfaktor des Unterscheidungskriteriums Wäscheart;

KF(UKv) =   Korrekturfaktor des Unterscheidungskriteriums Verschmutzungsart

$$KF(UKma) = TKF(UKma)$$ | Formel 25 |

$$KF(UKk) = TKF(UKk)$$ | Formel 26 |

$$KF(UKw) = \frac{\sum_{y=1}^{4}(TKF(UKw))_y}{4}$$ | Formel 27 |

$$KF(UKv) = \frac{\sum_{z=1}^{9}(TKF(UKv))_z}{9}$$ | Formel 28 |

Nachdem nun die Berechnung der vier Korrekturfaktoren aufgezeigt wurde, soll nun die Generierung des individuellen Gesamtgewichtungsfaktors visuell vorgestellt werden:

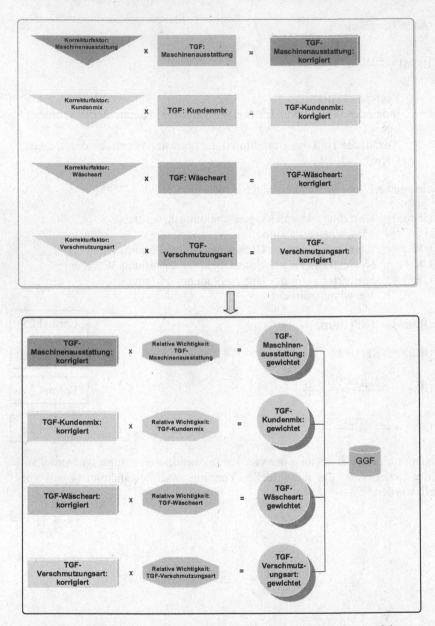

Abbildung 52: Generierung des individuellen Gesamtgewichtungsfaktors

Die folgenden Formeln verdeutlichen den dargestellten Ablauf bis zur Ermittlung des individuellen Gesamtgewichtungsfaktors (GGF).

Zunächst muss die Generierung der Sub-Teilgewichtungsfaktoren gemäß Formel 16 aus Kapitel 5.5 durchgeführt werden:

Die Sub-Teilgewichtungsfaktoren

$$\text{SubTGF(UKm)}_r = \left(\sum_{e=1}^{g} (\text{BS(UKm}_e) \cdot \text{KG(UKm}_e)) \right)_r$$

$\text{SubTGF(UKm)}_r \equiv$	Sub-Teilgewichtungsfaktoren r des UKm der untersten Hierarchieebene;
$\text{BS} \equiv$	Betriebsindividuelle Spezifika;
$\text{KG} \equiv$	Kriteriengewichtung;
$e \equiv$	Index der Subkriterien der Sub-Teilgewichtungsfaktoren der untersten Hierarchieebene eines UKm;
$g \equiv$	Anzahl der Subkriterien;
$r \equiv$	Index der Sub-Teilgewichtungsfaktoren der untersten Hierarchieebene eines UKm;

Für eine gewerbliche Wäscherei folgt hieraus:

$\text{SubTGF(UKma)}_r =$	Sub-Teilgewichtungsfaktoren des Unterscheidungskriteriums Maschinenausstattung;
$\text{SubTGF(UKk)}_r =$	Sub-Teilgewichtungsfaktoren des Unterscheidungskriteriums Kundenmix;
$\text{SubTGF(UKw)}_r =$	Sub-Teilgewichtungsfaktoren des Unterscheidungskriteriums Wäscheart;
$\text{SubTGF(UKv)}_r =$	Sub-Teilgewichtungsfaktoren des Unterscheidungskriteriums Verschmutzungsart

$$\text{SubTGF(UKma)}_r = \left(\sum_{ww=1}^{3} (\text{BS(UKma}_{ww}) \cdot \text{KG(UKma}_{ww})) \right)_r \qquad \boxed{\text{Formel 29}}$$

$$\text{SubTGF(UKk)}_r = \left(\sum_{uu=1}^{4} (\text{BS(UKk}_{uu}) \cdot \text{KG(UKk}_{uu})) \right)_r \qquad \boxed{\text{Formel 30}}$$

$$\text{SubTGF(UKw)}_r = \left(\sum_{yy=1}^{3} (\text{BS(UKw}_{yy}) \cdot \text{KG(UKw}_{yy})) \right)_r \qquad \boxed{\text{Formel 31}}$$

$$\text{SubTGF(UKv)}_r = \left(\sum_{zz=1}^{3} (\text{BS(UKv}_{zz}) \cdot \text{KG(UKv}_{zz})) \right)_r \qquad \boxed{\text{Formel 32}}$$

Nun kann die Generierung der Teilgewichtungsfaktoren aus den Sub-Teilge-wichtungsfaktoren gemäß Formel 17 aus Kapitel 5.5 aufgezeigt werden:

Der Teilgewichtungsfaktor

$$TGF(UKm) = \frac{\sum_{r=1}^{s}(SubTGF(UKm))_r}{s}$$

TGF $\equiv$ Teilgewichtungsfaktor;

r $\equiv$ Index der Sub-Teilgewichtungsfaktoren der untersten Hierarchieebene eines UKm;

s $\equiv$ Anzahl der Sub-Teilgewichtungsfaktoren der untersten Hierarchie ebene eines UKm

Für eine gewerbliche Wäscherei folgt hieraus:

TGF(UKma) =   Teilgewichtungsfaktor des Unterscheidungskriteriums Maschinenausstattung;

TGF(UKk) =   Teilgewichtungsfaktor des Unterscheidungskriteriums Kundenmix;

TGF(UKw) =   Teilgewichtungsfaktor des Unterscheidungskriteriums Wäscheart;

TGF(UKv) =   Teilgewichtungsfaktor des Unterscheidungskriteriums Verschmutzungsart;

TGF(UKma) =SubTGF(UKma)	Formel 33
TGF(UKk) = SubTGF(UKk)	Formel 34
$TGF(UKw) = \frac{\sum_{gg=1}^{4}(SubTGF(UKw))_{gg}}{4}$	Formel 35
$TGF(UKv) = \frac{\sum_{pp=1}^{9}(SubTGF(UKv))_{pp}}{9}$	Formel 36

Sind nun die Teilgewichtungsfaktoren ermittelt, müssen diese, wie in Formel 18 aus Kapitel 5.5 aufgezeigt, korrigiert werden. Nun kommen die bereits berech-neten Korrekturfaktoren zum Einsatz:

Der korrigierte Teilgewichtungsfaktor

$$TGF_{korr.}(UKm) = KF(UKm) \cdot TGF(UKm)$$

$TGF_{korr.} \equiv$ korrigierter Teilgewichtungsfaktor;

Für eine gewerbliche Wäscherei folgt hieraus:

$$TGF_{korr.}(UKma) = KF(UKma) \cdot TGF(UKma)$$ | Formel 37

$$TGF_{korr.}(UKk) = KF(UKk) \cdot TGF(UKk)$$ | Formel 38

$$TGF_{korr.}(UKw) = KF(UKw) \cdot TGF(UKw)$$ | Formel 39

$$TGF_{korr.}(UKv) = KF(UKv) \cdot TGF(UKv)$$ | Formel 40

Die „korrigierten Teilgewichtungsfaktoren" müssen zuletzt mit den „relativen Wichtigkeiten" gemäß Formel 19 verrechnet werden, sodass die „gewichteten Teilgewichtungsfaktoren" bestimmt werden können, siehe Abbildung 52:

Der gewichtete Teilgewichtungsfaktor

$$TGF_{gew.}(UKm) = TGF_{korr.}(UKm) \cdot RW(UKm)$$

$TGF_{gew.} \equiv$ gewichteter Teilgewichtungsfaktor;
$RW \equiv$ relative Wichtigkeit

Für eine gewerbliche Wäscherei folgt hieraus:

$RW(UKma) =$ relative Wichtigkeit des Unterscheidungskriteriums Maschinenausstattung;
$RW(UKk) =$ relative Wichtigkeit des Unterscheidungskriteriums Kundenmix;
$RW(UKw) =$ relative Wichtigkeit der Unterscheidungskriteriums Wäscheart;
$RW(UKv) =$ relative Wichtigkeit der Unterscheidungskriteriums Verschmutzungsart

$$TGF_{gew.}(UKma) = TGF_{korr.}(UKma) \cdot RW(UKma)$$ | Formel 41

$$TGF_{gew.}(UKk) = TGF_{korr.}(UKk) \cdot RW(UKk)$$ | Formel 42

$$TGF_{gew.}(UKw) = TGF_{korr.}(UKw) \cdot RW(UKw)$$

| Formel 43 |

$$TGF_{gew.}(UKv) = TGF_{korr.}(UKv) \cdot RW(UKv)$$

| Formel 44 |

6.3 Generierung des individuellen Gesamtgewichtungsfaktors aus den Teilgewichtungsfaktoren einer gewerblichen Wäscherei

Sind die 4 „gewichteten Teilgewichtungsfaktoren" ermittelt, kann der Gesamtgewichtungsfaktor gemäß Formel 20 berechnet werden:

Der individuelle Gesamtgewichtungsfaktor

$$GGF(UKm) = \frac{1}{\sum_{h=1}^{p}(TGF_{gew.}(UKm))_h}$$

GGF ≡   Gesamtgewichtungsfaktor;
h ≡   Index der gewichteten Teilgewichtungsfaktoren;
p ≡   Anzahl der gewichteten Teilgewichtungsfaktoren

Für eine gewerbliche Wäscherei folgt hieraus:

$$GGF(UKm) = \frac{1}{TGF_{gew.}(UKma) + TGF_{gew.}(UKk) + TGF_{gew.}(UKw) + TGF_{gew.}(UKv)}$$

| Formel 45 |

Somit stellt der Kehrwert der Summe der „gewichteten Teilgewichtungsfaktoren" den individuellen Gesamtgewichtungsfakor eines Betriebes dar.

Welchen individuellen Gesamtgewichtungsfaktor ein Wäschereibetrieb letztendlich bekommt, hängt jedoch, wie bereits ausführlich dargestellt, von den Angaben zu den oben aufgeführten Tonnagenabfragen (betriebsindividuellen Spezifika) ab. Diese Abfragen sind elementar, um ein klares Bild über die Verteilung der bearbeiteten und zu bewertenden Wäsche und damit zur betriebsindividuellen Situation zu erhalten. Nur so können die Kriteriengewichtungen auf die betroffenen Wäschemengen „angerechnet" werden, Aussagekraft erhalten und damit individuell auf den Betrieb bezogen werden.

Die generelle Ermittlung des individuellen Gesamtgewichtungsfaktors (GGF) wurde nun ausführlich am Beispiel der Wäschereibranche dargestellt.

Dieser individuelle GGF kann nun mit den relativen IST-Werten der Bewertungskriterien multipliziert werden, um diese gemäß der individuellen Betriebskonstellation anzupassen und damit mit den Betrieben der Branche oder dem Branchendurchschnitt vergleichbar zu machen.

Der Kern der Zielsetzung der Methodik aus Kapitel 5, nämlich die Bestimmung eines individuellen GGF, welcher branchenunabhängig eine repräsentative Vergleichbarkeit für eine in sich heterogene und damit durch eine große Diversität charakterisierte Branche herstellt, konnte damit am Untersuchungsgegenstand der Wäschereibranche bestätigt werden. Folglich konnte die Methodik des branchenunabhängigen ressourcen- und energiebezogenen Benchmarksystems aus Kapitel 5 erfolgreich auf die Wäschereibranche angewendet werden und infolgedessen ein aussagekräftiges betriebsindividuelles Benchmarking entwickelt werden. Es bleibt hinzuzufügen, dass das Bewertungskriterium der „Verarbeitungsqualität" (Qualität) nicht angepasst und damit außen vor gelassen wurde, da wie bereits Erwähnung fand, hier von jedem Wäschereibetrieb dieselbe Leistung erwartet werden darf, ohne eine Gewichtung vorzunehmen.

6.4 Case Study eines anonymen Wäschereibetriebes - Schwachstellenerkennung und Entscheidungsunterstützung

In diesem Kapitel wird im Rahmen einer Fallstudie am Beispiel eines anonymen Wäschereibetriebes der Stichprobe die Generierung des individuellen Gesamtgewichtungsfaktors dezidiert dargestellt, mit dessen Hilfe die relativen IST-Werte der Bewertungskriterien des Betriebs, wie bspw. Liter Frischwasser pro Kilogramm saubere Wäsche, angepasst und damit im Rahmen des betriebsindividuellen Benchmarksystems vergleichbar mit dem Branchendurchschnitt werden.

Eine nähere Beschreibung des Betriebes erfolgt nachfolgend durch Auflistung der Tonnagenverteilung hinsichtlich der vier Unterscheidungskriterien. Dabei wird ersichtlich, dass es sich um einen kleinen Betrieb handelt, der vermehrt ressourcen- und energieintensive Kundenmixe bearbeitet.

Durch die angesprochene Herstellung der Vergleichbarkeit können „Brennpunkte" im Sinne einer Hot-Spot-Analyse aufgedeckt und infolgedessen Handlungsempfehlungen zur Verbesserung abgeleitet werden.

Hierzu sind neben den relativen Wichtigkeiten alle Kriteriengewichtungen (runde Kriterien in Abbildung 43) der vier Unterscheidungskriterien (Maschinenausstattung, des Kundenmix, der Wäscheart und der Verschmutzungsart) erforderlich, sowie die dazugehörigen individuellen Tonnagenanteile (betriebsindividuelles Spezifika) (achteckige Kriterien in Abbildung 43). Es sei nochmals

darauf hingewiesen, dass Kriteriengewichtungen das Ergebnis der Eigenvektorisierung (AHP) der gemittelten Prioritäteneinschätzungen der Stichprobenbetriebe sind, welche für alle Betriebe der Wäschereibranche Geltung haben (Branchenmeinung), während die Tonnagenantiele selbstverständlich individuell vom
anonymen Betrieb stammen.

Zunächst werden die für die gesamte Wäschereibranche und damit auch für
den anonymen Wäschereibetrieb gültigen Kriteriengewichtungen vorgestellt
(siehe Kapitel 6.2.1), welche für die Berechnung des individuellen Gesamtgewichtungsfaktors notwendig sind. Dabei findet stets das bereits ausführlich dargestellte Verfahren des Analytischen-Hierarchie-Prozesses (Kapitel 5.3.2.2.3)
Anwendung, welches durch die Abfrage von Paarvergleichen von Kriterien Gewichtungen generiert:

Kriteriengewichtungen der 4 Unterscheidungskriterien

Maschinenausstattung

Kriteriengewichtungen (KG) des Unterscheidungskriteriums Maschinenausstattung (ma):

KG (UKma$_a$) für a = 1, 2 oder 3

Tabelle 47: Kriteriengewichtungen des Unterscheidungskriteriums
Maschinenausstattung

Große Wäscherei (1)	Mittlere Wäscherei (2)	Kleine Wäscherei (3)
0,116	0,337	1

Kundenmix

Kriteriengewichtungen (KG) des Unterscheidungskriteriums Kundenmix (k):

KG (UKk$_f$) für f = 1, 2, 3 oder 4

Tabelle 48: Kriteriengewichtungen des Unterscheidungskriteriums Kundenmix

Kundenmix 1 (1)	Kundenmix 2 (2)	Kundenmix 3 (3)	Kundenmix 4 (4)
0,178	0,535	0,814	1

Wäscheart

Kriteriengewichtungen (KG) des Unterscheidungskriteriums Wäscheart (w):

KG (UKw$_t$) für t = 1, 2 oder 3

Tabelle 49: Kriteriengewichtungen des Unterscheidungskriteriums Wäscheart

Kundenmix 1		
Flachwäsche (1)	Trockenwäsche (2)	-
0,493	1	-
Kundenmix 2		
Flachwäsche (1)	Trockenwäsche (2)	Formwäsche (3)
0,416	0,578	1
Kundenmix 3		
-	-	Formwäsche (3)
-	-	1
Kundenmix 4		
Flachwäsche (1)	Trockenwäsche (2)	Formwäsche (3)
0,264	0,604	1

Für „Kundenmix 1", welcher der Kundengruppe Hotel entspricht, gibt es, wie bereits erwähnt, im Unterscheidungskriterium „Wäscheart" keine Formwäsche, da diese der Berufsbekleidung zugeordnet wird (bspw. Arbeitskleidung der Rezeption oder der Küche).

Für „Kundenmix 3" wird im Unterscheidungskriterium „Wäscheart" die Gewichtung mit dem Wert 1 übernommen, da die hier repräsentierte Berufsbekleidung immer ausschließlich konfektionierte „Formwäsche" darstellt, weshalb auch hier nicht weiter differenziert werden muss.

Verschmutzungsart

Kriteriengewichtungen (KG) des Unterscheidungskriteriums Verschmutzungsart (v):

KG (UKv$_o$) für o = 1, 2 oder 3

Tabelle 50: Kriteriengewichtungen des Unterscheidungskriteriums Verschmutzungsart

	Flachwäsche			Trockenwäsche			Formwäsche		
	Normal verschmutzt (1)	Stark verschmutzt (2)	Sonderwäsche (3)	Normal verschmutzt (1)	Stark verschmutzt (2)	Sonderwäsche (3)	Normal verschmutzt (1)	Stark verschmutzt (2)	Sonderwäsche (3)
Kundenmix 1	0,157	0,419	1	0,173	0,481	1	-	-	-
Kundenmix 2	0,175	0,489	1	0,203	0,502	1	0,174	0,508	1
Kundenmix 3	-	-	-	-	-	-	0,192	0,611	1
Kundenmix 4	0,165	0,499	1	0,173	0,567	1	0,175	0,636	1

Nachfolgend sind alle notwendigen Daten des anonymen Wäschereibetriebes in Form der betriebsindividuellen Spezifika (siehe Kapitel 6.2.2) aufgeführt. Gemäß Kapitel 5.4.2 stellen betriebsindividuelle Spezifika (BS) den relativen Anteil der Jahresgesamtmenge hinsichtlich einer Bezugsgröße in Form einer Produktionseinheit (PE) bzw. Outputs, dar, was in der Wäschereibranche den Tonnagenanteilen (an sauberer Wäsche) entspricht:

Betriebsindividuelle Spezifika der 4 Unterscheidungskriterien in Form der Tonnagenverteilung

Maschinenausstattung

Tonnagenanteile (BS) des Unterscheidungskriteriums Maschinenausstattung (ma):

BS (UKma$_a$) für a = 1, 2 oder 3

Tabelle 51: Tonnagenanteile des Unterscheidungskriteriums Maschinenausstattung

Große Wäscherei (1)	Mittlere Wäscherei (2)	Kleine Wäscherei (3)
-	-	1

Kundenmix

Tonnagenanteile (BS) des Unterscheidungskriteriums Kundenmix (k):

BS (UKk$_f$) für f = 1, 2, 3 oder 4

Tabelle 52: Tonnagenanteile des Unterscheidungskriteriums Kundenmix

Kundenmix 1 (1)	Kundenmix 2 (2)	Kundenmix 3 (3)	Kundenmix 4 (4)
0,40	0	0,20	0,40

Wäscheart

Tonnagenanteile (BS) des Unterscheidungskriteriums Wäscheart (w):

BS (UKw$_t$) für t = 1, 2 oder 3

Tabelle 53: Tonnagenanteile des Unterscheidungskriteriums Wäscheart

Kundenmix 1		
Flachwäsche (1)	Trockenwäsche (2)	-
0,60	0,40	-
Kundenmix 2		
Flachwäsche (1)	Trockenwäsche (2)	Formwäsche (3)
-	-	-
Kundenmix 3		
-	-	Formwäsche (3)
-	-	1
Kundenmix 4		
Flachwäsche (1)	Trockenwäsche (2)	Formwäsche (3)
0,60	0,40	0

Auch bei den Tonnagenanteilen des Unterscheidungskriteriums der „Wäscheart" gilt wieder derselbe Zusammenhang, wie bereits bei den jeweiligen Kriteriengewichtungen beschrieben. Daraus lässt sich ableiten, dass nur 0 oder 100 Prozent Formwäsche in „Kundenmix 3" möglich sind, je nachdem ob dieser bearbeitet wird oder nicht.

Verschmutzungsart

Tonnagenanteile (BS) des Unterscheidungskriteriums Verschmutzungsart (v):

BS (UKv$_o$) für o = 1, 2 oder 3

Tabelle 54: Tonnagenanteile des Unterscheidungskriteriums Verschmutzungsart

	Flachwäsche			Trockenwäsche			Formwäsche		
	Normal verschmutzt (1)	Stark verschmutzt (2)	Sonderwäsche (3)	Normal verschmutzt (1)	Stark verschmutzt (2)	Sonderwäsche (3)	Normal verschmutzt (1)	Stark verschmutzt (2)	Sonderwäsche (3)
Kundenmix 1	0,80	0,10	0,10	0,80	0,15	0,05	-	-	-
Kundenmix 2	-	-	-	-	-	-	0,90	0,05	0,05
Kundenmix 3	-	-	-	-	-	-	0,90	0,05	0,05
Kundenmix 4	0,90	0,05	0,05	0,90	0,10	0	0,1	0,2	0,7

6.4.1 Bestimmung des Maschinenausstattung-Teilgewichtungsfaktors

Der anonyme Betrieb bearbeitet jährlich 890 Tonnen Wäsche. Da dies unter 1615 Tonnen Wäsche im Jahr sind, wird er in das Cluster „kleine Wäscherei" eingeordnet (Kapitel 6.1.2) und bekommt eine dementsprechende Kriteriengewichtung (KG) von 1 zugesprochen, siehe Tabelle 41. Die beschriebene TGF-Formel 17 (Kapitel 5.5) besitzt für alle Unterscheidungskriterien gleichermaßen Gültigkeit mit Ausnahme der Maschinenausstattung. Da ein Betrieb hier, wie bereits erläutert, keine betriebsindividuellen Spezifika besitzt, entspricht die Kriteriengewichtung direkt dem Teilgewichtungsfaktor und nimmt damit den besagten Wert 1 an. Nachfolgend werden die Formeln zur Ermittlung der Teilgewichtungsfaktoren einer gewerblichen Wäscherei aus Kapitel 6.2.3 verwendet.

Zunächst muss der Maschinenausstattung-Korrekturfaktor berechnet werden. Hierfür wird Formel 25 herangezogen. Es ergibt sich ein Wert von 2,207. Dieser Maschinenausstattung-Korrekturfaktor ist, wie alle Korrekturfaktoren, für alle Wäschereibetriebe gleichermaßen zu verwenden.

Dann muss der Maschinenausstattung-Teilgewichtungsfaktor gemäß Formel 33 bestimmt werden. Nun kann der „korrigierte Maschinenausstattung-Teilgewichtungsfaktor" gemäß Formel 37 ermittelt werden. So ergibt sich für den „korrigierten Maschinenausstattung-Teilgewichtungsfaktor" ein Wert von 2,207.

6.4.2 Bestimmung des Kundenmix-Teilgewichtungsfaktors

Die Berechnung des „korrigierten Kundenmix-Teilgewichtungsfaktors" erfolgt analog zum Maschinenausstattung-Teilgewichtungsfaktor. So entspricht der Kundenmix-Korrekturfaktor nach Formel 26 dem Wert 2,055. Der Kundenmix-Teilgewichtungsfaktor wird gemäß Formel 34 ermittelt. Der „korrigierte Kundenmix-Gewichtungsfaktor" hat gemäß Formel 38 den Wert 1,303.

6.4.3 Bestimmung des Wäscheart-Teilgewichtungsfaktors

Die Berechnung des „korrigierten Wäscheart-Teilgewichtungsfaktors" erfolgt ebenfalls nach derselben Systematik. Sie ist jedoch aufgrund der zahlreichen Sub-Teilgewichtungsfaktoren etwas komplexer. Die Berechnung des Wäscheart-Korrekturfaktors erfolgt gemäß Formel 27. Der Wert ist 1,465. Der Wäscheart-TGF wird gemäß Formel 35 aus dem Mittelwert von vier Wäscheart-Sub-TGFs, einer für jeden Kundenmix berechnet. Die vier Sub-TGFs werden vorab gemäß Formel 31 ermittelt. Ursächlich für diese Vorgehensweise ist die logisch aufgebaute Strukturhierarchie des Benchmarksystems für die Wäschereibranche, siehe Abbildung 43.

Nun kann der korrigierte Wäscheart-Teilgewichtungsfaktor analog zum Kundenmix-Teilgewichtungsfaktor gemäß Formel 39 berechnet werden. Dieser hat den Wert 0,768.

6.4.4 Bestimmung des Verschmutzungsart-Teilgewichtungsfaktors

Die Berechnung des „korrigierten Verschmutzungsart-Teilgewichtungsfaktors" ist noch komplexer, da er strukturhierarchisch noch eine Ebene unter dem Unterscheidungskriterium der „Wäscheart" angesiedelt ist. Der Verschmutzungsart-Korrekturfaktor berechnet sich gemäß Formel 28. Er entspricht dem Wert 3,428.

Der Verschmutzungsart-TGF wird gemäß Formel 36 aus dem Mittelwert aus neun Verschmutzungsart-Sub-TGFs ermittelt. Die 9 Sub-TGFs werden vorab gemäß Formel 32 ermittelt. Dies kann ebenfalls mit der Strukturhierarchie aus Kundenmixen, welche wiederum durch Wäschearten gegliedert sind, erklärt werden (siehe wieder Abbildung 43).

Der „korrigierte Verschmutzungsart-Teilgewichtungsfaktor" kann nun gemäß Formel 40 berechnet werden. Es ergibt sich ein Wert von 0,809.

6.4.5 Bestimmung des individuellen Gesamtgewichtungsfaktors

Folgende korrigierte Teilgewichtungsfaktoren wurden für die einzelnen Unterscheidungskriterien ermittelt:

Tabelle 55: Korrigierte Teilgewichtungsfaktoren des anonymen Wäschereibetriebes

Korrigierte Teilgewichtungsfaktoren	Werte
Maschinenausstattung-Teilgewichtungsfaktor	2,207
Kundenmix-Teilgewichtungsfaktor	1,303
Wäscheart-Teilgewichtungsfaktor	0,768
Verschmutzungsart-Teilgewichtungsfaktor	0,809

Diese vier TGFs müssen nun mit den jeweiligen relativen Wichtigkeiten anteilig gemäß den Formeln 41-44 (siehe Kapitel 6.2.3) verrechnet werden. Die relativen Wichtigkeiten wurden im Rahmen der Befragung der Stichprobe mit dem Wäscherei-Fragebogen ermittelt und lauten:

Tabelle 56: Relative Wichtigkeiten des anonymen Wäschereibetriebes

Relative Wichtigkeiten	Werte
„Maschinenausstattung"	0,267
„Kundenmix"	0,279
„Wäscheart"	0,275
„Verschmutzungsart"	0,178

Der Gesamtgewichtungsfaktor kann nun nach Formel 45 aus Kapitel 6.3 berechnet werden:

$$GGF(UKm)$$

$$= \frac{1}{(0{,}267 \cdot 2{,}207) + (0{,}279 \cdot 1{,}303) + (0{,}275 \cdot 0{,}768) + (0{,}178 \cdot 0{,}809)}$$

$$= 0{,}765$$

Der anonyme Wäschereibetrieb besitzt folglich einen Gesamtgewichtungsfaktor von 0,765. Ein Faktor mit dem Wert 1 entspricht exakt dem Branchendurchschnitt. Der berechnete Wert 0,765 sagt aus, dass die relativen IST-Werte der jeweiligen Bewertungskriterien des anonymen Betriebes um 23,5 Prozent hinsichtlich des Branchendurchschnitts „herabgesetzt" werden, um mit dem Branchendurchschnitt vergleichbar zu sein. Folglich ist der Betrieb im Vergleich zum Branchendurchschnitt einer „schweren" bzw. überdurchschnittlich ressourcen- und energieintensiven Betriebssituation ausgesetzt, welche damit einen tendenziell hohen Verbrauch erfordert.

Von den vier Unterscheidungskriterien haben die Maschinenausstattung, der Kundenmix und die Wäscheart in etwa gleiche relative Wichtigkeiten, etwas abgeschlagen ist das Unterscheidungskriterium der Verschmutzungsart. Infolgedessen schlagen die drei erstgenannten Unterscheidungskriterien hinsichtlich des individuellen Gesamtgewichtungsfaktors am stärksten zu Buche. Betrachtet man nun die jeweiligen Teilgewichtungsfaktoren fällt sofort auf, dass sich das Unterscheidungskriterium der Maschinenausstattung mit 2,207 am stärksten vom Branchendurchschnitt (=1,000) unterscheidet, gefolgt vom Kundenmix. Die Wäscheart und die Verschmutzungsart liegen beide ca. 20 Prozent unter dem Branchendurchschnitt.

Zusammenfassend kann dieses Ergebnis damit begründet werden, dass dem Betrieb das Sub-Kriterium „Maschinenausstattung kleine Wäscherei" zugeordnet wird, was mit einem großen Maschinenausstattung-TGF repräsentiert wird. Des Weiteren liegt ein „schwieriger Kundenmix" mit 20 Prozent Berufsbekleidung und 40 Prozent Altenheimkunden vor, was mit einem entsprechend hohen Kundenmix-TGF dargestellt wird. So ist die Maschinenausstattung zusammen mit dem Kundenmix ausschlaggebend für den Wert des individuellen GGF (=0,765). Dabei darf nicht vergessen werden, dass der GGF den Kehrwert der Summe der TGFs darstellt (ohne Kehrwert 1,307).

6.4.6 Bewertung eines anonymen Wäschereibetriebes mit dem individuellen Gesamtgewichtungsfaktor

6.4.6.1 Bewertung der Energieeffizienz

Die Bewertung der „Energieeffizienz" ergibt sich aus dem Kilowattstundenverbrauch der gewerblichen Wäscherei für das Geschäftsjahr 2013 im Verhältnis zur Jahresgesamttonnage. Dabei bezieht man sich auf das Bewertungsmaß „Kilowattstunde pro Kilogramm saubere Wäsche". Es soll noch erwähnt werden, dass die Heizenergie im Fragebogen direkt in Kilowattstunde (kWh) oder in Liter Diesel angegeben werden konnte. Das Benchmarksystem rechnet Liter Diesel dementsprechend in das Äquivalent kWh um. Die für das Bewertungsmaß der „Energieeffizienz" benötigten Daten des Kilowattstundenverbrauchs für das Jahr 2013 setzen sich dabei aus der gesamten Heizenergie, sowie dem Strom zusammen. Der anonyme Betrieb der Fallstudie hat für das Geschäftsjahr 2013 einen relativen IST-Wert von durchschnittlich 1,43 kWh zur Wiederaufbereitung eines Kilogramms sauberer Wäsche verbraucht.

1,42 kWh pro Kilogramm saubere Wäsche stellt den Branchendurchschnitt dar. Nun kommt das GGF-Konzept zum Tragen, indem die betriebsindividuelle Situation des Betriebes durch den individuellen Gesamtgewichtungsfaktor (GGF) operationalisiert und damit eine Vergleichbarkeit mit der Branche hergestellt wird. Folglich wird nun der relative IST-Wert mit dem bereits ermittelten individuellen GGF angepasst, da der Betrieb, wie in Kapitel 6.4.5 dargestellt, einer schwierigen betriebsindividuellen Situation gegenübersteht:

((1,43 kWh / kg saubere Wäsche) · 0,765) = 1,094 kWh / kg saubere Wäsche

Der angepasste relative IST-Wert von 1,094 kWh / kg saubere Wäsche liegt deutlich unter dem Branchendurchschnitt von 1,42 kWh/ kg saubere Wäsche. Damit kann man hier von einem guten Resultat sprechen. Wie bereits erwähnt, entwickelt der Autor an dieser Stelle kein genaueren Bewertungsstufen bzw. - systematik. Das Ergebnis unterstreicht die Funktionalität des Bewertungssystems, da nun die individuelle Betriebssituation berücksichtigt wurde und folglich eine überdurchschnittliche Effizienz vorliegt, welche bei Betrachtung eines nicht angepassten IST-Wertes bzw. ohne Hinzunahme des individuellen GGF hinsichtlich des Branchendurchschnitts nicht zutage getreten wäre.

6.4.6.2 Bewertung der Chemieeffizienz

Das Bewertungskriterium der „Chemieeffizienz" stellt einen Sonderfall dar. Es wurde bei der Entwicklung des Benchmarksystems viel Zeit und auch Recherche investiert, ein nicht kostenbasiertes Bewertungsmaß wie bspw. die kWh zu erarbeiten. Leider sind bei Waschmitteln Angaben in Milligramm und bei Flüssigwaschmitteln in Milliliter nicht ohne weiteres oder nur mit sehr großem Aufwand vergleichbar und damit umzurechnen. Hinzu kommt, dass gewerbliche Wäschereien die unterschiedlichsten Komponenten, wie Bleich- und Desinfektionsmittel in ihren Waschprogrammen zusammenführen, so dass das Spektrum an Waschmitteln eine immense Breite aufweist. Des Weiteren gibt es zahlreiche Finanzierungs- und Serviceangebote seitens der Waschmittelanbieter, die die Wäscher wahrnehmen. Dies führt zu einer tendenziell geminderten Vergleichbarkeit. Zum Beispiel bieten zahlreiche Waschmittelhersteller keine Abnahmemenge an Waschmittel mehr an, sondern vielmehr eine definierte Menge an sauberer Wäsche. Wie sie diese vordefinierte Menge sauberer Wäsche erreichen, bleibt den Anbietern überlassen. Der Waschmittelhersteller stellt die Waschprogramme samt Dosierungen selbständig im Wäschereibetrieb ein, sodass man von Outsourcing sprechen kann. Infolgedessen sinkt die Transparenz des Waschmittelverbrauchs weiter, da die Anbieter natürlich keine Angaben hinsichtlich ihrer Chemieeinsatzmengen machen, um diese zur Gewinnmaximierung auf ein Minimum zu reduzieren. Selbst wenn man alle Informationen zu den Waschmitteleinsatzmengen zur Verfügung hätte, würde man dennoch eine Lifecycle Analyse für eine repräsentative Bandbreite an Waschmitteln samt Inhaltsstoffen und Komponenten benötigen. Dass dies nicht zielführend ist, wurde bereits in Kapitel 4.6 ausführlich dargelegt.

So wurde für das Bewertungskriterium der „Chemieeffizienz" ein monetäres bzw. kostenbasiertes Bewertungsmaß verwendet, sprich „Kosten bzw. Euro pro Kilogramm saubere Wäsche". Im weiteren Verlauf der Arbeit konnte im Rahmen von Rückfragen zum Wäscherei-Fragebogen in Erfahrung gebracht werden, dass auch andere Arbeitskreise bzw. Zusammenschlüsse von Wäschereien, die ein simples Benchmarking ohne Gewichtungen anstrebten, bei der Abfrage des Kriteriums Chemie nur ein kostenbasiertes Bewertungsmaß als sinnvoll erachteten. Da die Waschmittelanbieter bundesweit dieselben Angeboten anpreisen und somit keine ausschlaggebenden regionalen Unterschiede in der Auswertung der Daten zu erwarten sind, wurde ebenfalls die aufgezeigte kostenbasierte Abfrage verwendet.

Der anonyme Wäschereibetrieb hatte für das Geschäftsjahr 2013 einen Chemieeinsatz von durchschnittlich 5,65 Cent pro Kilogramm saubere Wäsche verbucht. 3,74 Cent pro Kilogramm saubere Wäsche stellt den Branchendurchschnitt dar. Um wieder eine Vergleichbarkeit der individuellen Betriebssituation mit dem Durchschnitt der Branche herzustellen, muss nun der relative IST-Wert des Betriebes mit dem bereits ermittelten individuellen GGF angepasst werden:

$$((5{,}65 \text{ Cent / kg saubere Wäsche}) \cdot 0{,}765) = 4{,}322 \text{ Cent / kg saubere Wäsche}$$

Angesichts eines Branchendurchschnitts von 3,74 Cent pro Kilogramm saubere Wäsche kann man hier von einem eher schlechten Resultat hinsichtlich der Chemieeffizienz dieses Betriebes ausgehen.

6.4.6.3 Bewertung der Wassereffizienz

Beim Bewertungskriterium der „Wassereffizienz" wird die eingesetzte Frischwassermenge (siehe Kapitel 6.1.1) in Liter als Kriterium für die Textilwiederaufbereitung herangezogen. Die Kosten wären hier als Bewertungsmaß völlig ungeeignet gewesen, da sie sehr starken regionalen Schwankungen unterliegen. Somit ergibt sich für das Unterscheidungskriterium der „Wassereffizienz" das Bewertungsmaß Liter pro Kilogramm saubere Wäsche.

Der anonyme Wäschereibetrieb hatte für das Geschäftsjahr 2013 einen Frischwassereinsatz von durchschnittlich 7,93 Liter pro Kilogramm saubere Wäsche. 7,99 Liter pro Kilogramm saubere Wäsche stellt den Branchendurchschnitt dar.

Um eine Vergleichbarkeit mit der Branche herzustellen, muss nun der relative IST-Wert mit dem individuellen GGF angepasst werden:

$$((7{,}93 \text{ Liter / kg saubere Wäsche}) \cdot 0{,}765) = 6{,}066 \text{ Liter / kg saubere Wäsche}$$

Angesichts eines im Rahmen der empirischen Erhebung ermittelten Branchendurchschnitts von 7,99 Liter pro Kilogramm saubere Wäsche kann man hier von einem guten Resultat ausgehen.

6.4.6.4 Bewertung der Transporteffizienz

Die „Transporteffizienz" und damit die Bewertung des Transports stellt ein sehr konfliktreiches und stark diskutiertes Thema in der Wäschereibranche dar. Viele große Wäschereibetriebe besitzen ganze Flotten an stauraumoptimierten Lastkraftwagen (LKW). Diese Betriebe fahren bis zu 500 Kilometer, um bspw. große Hotels zu erreichen. Doch auch kleinere Wäschereien in ländlichen Regionen fahren immer häufiger größere Strecken, um ihre Existenz zu sichern. Nach Meinung des Autors kann nachhaltiges Verhalten jedoch nur mit einem regionalen Kundenstamm und infolgedessen mit geringen Transportwegen einhergehen. Regionalität muss jedoch nicht zwangsläufig nachhaltig sein. Dies zeigte sich leider in einem von der Deutschen Forschungsgemeinschaft (DFG) unterstützten Forschungsprojekt zum Thema „Vergleichende Ermittlung des Energieumsatzes der Lebensmittelbereitstellung aus regionalen und globalen Prozessketten" (Schlich, 2005).

Das Ergebnis war, dass regionale Betriebe hinsichtlich des Ressourcen- und Energieaufwandes meist nicht mit international agierenden Betrieben konkurrieren können. So ergab sich für die Lebensmittelindustrie, dass regionales Lammfleisch, alle Transporte inbegriffen, einen dreimal größeren Energieaufwand pro Kilogramm verbuchte, als Lammfleisch aus dem ca. 14.000 km weit entfernten Neuseeland, was mit Skaleneffekten aufgrund immenser Produktionsmengen erklärt werden kann. Folglich definiert sich für diese Branche eine effiziente Mindestgröße bzw. Produktionsmenge, ab welcher regionale Produkte als wirklich energieeffizient eingestuft werden können (Ingwersen, 2012).

Die Wäschereibranche hingegen offeriert eine Dienstleistung, deren Ressourcen- und Energieaufwand für die Bereitstellung zwar auch mit der Produktions- bzw. Ausbringungsmenge korreliert, jedoch nicht in so entscheidendem Maße, als dass dies den Ressourcen- und Energieaufwand des Transportes entscheidend beeinflusst oder sogar überkompensiert. Daraus lässt sich schlussfolgern, dass die Förderung von Regionalität, ausgedrückt im Bewertungskriterium der Transporteffizienz, ein repräsentatives Bewertungskriterium der Ressourcen- und Energieeffizienz für das Benchmarksystem darstellt.

Diese Meinung basiert nicht nur auf der ökologischen oder sozialen Seite der Nachhaltigkeit, sondern ist zweifelsohne auch ökonomisch begründbar. So kann angesichts immer weiter ansteigender Energie- und Rohstoffpreise wie für Benzin und Diesel die beschriebene Entwicklung sich ausweitender Transportwege langfristig nur ökonomische Nachteile mit sich bringen.

Folglich wurde dieser Sachverhalt mit einem Bewertungsmaß im Rahmen des Benchmarksystems berücksichtigt. Erste Bemühungen, als Kriterium hierfür den „Verbrauch an Treibstoff pro Kilogramm saubere Wäsche" zu verwenden, sorgten sogleich für großen Gesprächsstoff während des Pretests, da kleine und mittlere Betriebe oft nicht die finanziellen Mittel zur Verfügung haben, moderne LKW-Flotten mit Stauraum-Optimierungssoftware einzusetzen und folglich tendenziell höhere Treibstoffverbräuche zu verbuchen haben. Infolgedessen wurde das neutrale Bewertungsmaß „Gefahrene Meter pro Kilogramm saubere

Wäsche" herangezogen. So steht prinzipiell die technische Ausstattung der Logistik in der Wäschereibranche nicht direkt im Zusammenhang mit der Länge des Transportweges für ein Kilogramm saubere Wäsche. Es ist nicht von der Hand zu weisen, dass hochmoderne LKW-Flotten mit Stauraum-Optimierungssoftware auch mehr Wäsche pro Quadratmeter Staufläche transportieren und damit eine Art „Amortisierung des Transportweges" indirekt stattfinden könnte. Dies trifft jedoch eher auf große Branchen, wie der beschriebenen Lebensmittelindustrie zu, da dieser Effekt für kleine Branchen, wie der Wäschereibranche nicht zum Tragen kommt, was die empirischen Ergebnisse bestätigten. Somit stellt das Bewertungsmaß „Gefahrene Meter pro Kilogramm saubere Wäsche" ein repräsentatives Vergleichskriterium für alle Wäschereitypen dar.

Der anonyme Wäschereibetrieb hat für das Geschäftsjahr 2013 einen Transportweg von durchschnittlich 54,8 Metern pro Kilogramm saubere Wäsche zurückgelegt. 99,3 Meter pro Kilogramm saubere Wäsche stellt den Branchendurchschnitt dar.

Um wieder eine Vergleichbarkeit mit der Branche herzustellen, muss nun der relative IST-Wert mit dem GGF angepasst werden:

$$((54,8 \text{ Meter / kg saubere Wäsche}) \cdot 0,765) = 41,922 \text{ Meter / kg saubere Wäsche}$$

Angesichts eines Branchendurchschnitts von 99,3 Metern pro Kilogramm saubere Wäsche kann hier von einem sehr guten Resultat gesprochen werden.

Zuletzt sei noch erwähnt, dass für alle Bewertungskriterien außer der nachfolgenden Verarbeitungsqualität die „Kosten pro Kilogramm saubere Wäsche" abgefragt wurden, da diese zur Generierung des bereits erläuterten Maschinenausstattung-TGF notwendig waren (Kapitel 6.1.2).

6.4.6.5   Bewertung der Verarbeitungsqualität

Das letzte Bewertungskriterium stellt die „Verarbeitungsqualität" dar, deren sekundären Waschwirkungskriterien in Kapitel 4.7.5.1 bereits dargestellt wurden. Sie ist das einzige Bewertungskriterium, dessen IST-Werte nicht mit dem individuellen Gesamtgewichtungsfaktor angepasst werden müssen, da die Qualität der Wiederaufbereitung gleichermaßen für alle Betriebe vorausgesetzt werden kann. In diesem Zusammenhang hat der Autor einzig für das Bewertungskriterium Verarbeitungsqualität, sowie für das darauf aufbauende Werterhalt-Modell Bewertungsstufen mit Punktzahlen entworfen, die für alle Betriebe gleichermaßen gelten. Für einen wissenschaftlichen Anspruch ist es an dieser Stelle notwendig branchenspezifische Expertenmeinungen einzuholen. Der Autor setzte dies in Zusammenarbeit mit den Hohenstein Instituten, als forschendes und praktizierendes Textilinstitut, welches auch Waschgangkontrollen in den Mitgliedsbetrieben der GG durchführt, um.

Die Verarbeitungsqualität setzt sich aus gleichen Anteilen aus den Subkriterien (Kriterien der sekundären Waschwirkung) der Festigkeitsminderung, der chemischen Schädigung, der anorganischen Gewebeinkrustation, dem Grundweißwert sowie dem Weißgrad zusammen (siehe Kapitel 4.7.5.1).

Abbildung 53 visualisiert den kompletten Bewertungsablauf der Verarbeitungsqualität mit ihren fünf Subkriterien samt den dazugehörigen Bewertungsstufen.

Die in der Abbildung dargestellten 5 Subkriterien stellen die Kriterien der sekundären Waschwirkung dar. Gegenstand der Bewertung ist ein 50 mal gewaschenes Waschgangkontrollgewebe (WGK), welches in einem repräsentativen Waschverfahren der Wäscherei wiederaufbereitet wird und nun hinsichtlich dieser 5 Kriterien untersucht und bewertet werden soll. Diese Waschgangkontrollgewebe bzw. Monitore zur Prüfung der Sekundäreffekte sind definierte textile Materialien in gleichbleibender Qualität, z.B. Standardbaumwollgewebe nach DIN 53919-2:1980-05.

So können die zu untersuchenden Kriterien reproduzierbar nachgewiesen und quantifiziert werden. Dabei werden unter anderem die Vergrauung, die optische Aufhellung, die Textilschädigung, sowie anorganische Inkrustationen bewertet. Diese unerwünschten Nebeneffekte entwickeln sich kumulativ und machen sich erst nach mehreren Wiederaufbereitungen erkennbar. Dabei muss aber betont werden, dass nur der Waschprozess bewertet wird, weshalb im Rahmen dieser Arbeit das Werterhalt-Modell (Kapitel 4.7.5.2) entwickelt wurde. Die jeweiligen Bewertungsstufen der 5 Kriterien der „Verarbeitungsqualität" lehnen sich an den notwenigen Anforderungen der Güte- und Prüfbestimmungen sachgemäße Wäschepflege RAL-RG 992 an, sind jedoch zum Teil etwas ambitionierter ausgestaltet, da nach ausführlicher Analyse zahlreicher WGK-Ergebnisse der Hohenstein Institute ein höheres Niveau als das in der RAL verlangte festgestellt werden konnte (RAL, 2011). So soll das Benchmarksystem Akzente setzen und zu einer Verbesserung der Prozessabläufe in der Textilwiederaufbereitung stimulieren bzw. motivieren.

Die jeweiligen Bewertungsstufen der 5 Subkriterien der Verarbeitungsqualität sind im oberen Rahmen in Abbildung 53 dargestellt. Dabei wird zeilenweise der komplette Bewertungsablauf eines Subkriteriums von der Einstufung des IST-Wertes samt jeweiliger Punktevergabe bis zur Ermittlung der durchschnittlichen Gesamtpunktzahl veranschaulicht. Die Definition der Kriterien, wie auch der Ablauf der Messmethoden sind alle in der RAL-RG 992 reglementiert, welche die „Gütesicherung für sachgemäße Wäschepflege" repräsentiert (RAL, 2011). Es ist von der Jahrestonnage des Betriebes abhängig, wie oft eine gewerbliche Wäscherei analysiert wird. Da der anonyme Wäschereibetrieb im Rahmen dieser Feldstudie, wie bereits erläutert, eine „kleine Wäscherei" darstellt, müssen jährlich drei „Kontrollen" durchgeführt werden. Die Ergebnisse stellen immer Durchschnittwerte dar. Es gibt, wie im oberen Kasten der Abbildung aufgezeigt vier Bewertungsstufen, welchen von links nach rechts 0-3 Punkte zugeordnet werden.

Für das Subkriterium der Festigkeitsminderung hat der anonyme Betrieb einen Wert von 14,93 Prozent erreicht. Somit fällt das Ergebnis dieses Subkriteriums in die Bewertungsstufe „gut", wie in Abbildung 53 ersichtlich ist. Der Betrieb erhält folglich einen Punkt. Für das Subkriterium der chemischen Faserschädigung hat der anonyme Betrieb einen Wert von 0,57 erreicht und fällt damit ebenfalls in die Bewertungsstufe „gut". Der Betrieb erhält auch für dieses Subkriterium einen Punkt. Das durchschnittliche Ergebnis für den anonymen Wäschereibetrieb bezüglich der Anorganischen Gewebeinkrustationen beträgt 0,1 und fällt damit in die Bewertungsstufe „exzellent". Der Betrieb erhält für dieses Subkriterium der sekundären Waschwirkung 3 Punkte. Für das Subkriterium des Grundweißwertes hat der anonyme Betrieb einen Wert von 88,3 erreicht und fällt damit in die Bewertungsstufe „gut". Der Betrieb erhält somit einen Punkt.

Das durchschnittliche Ergebnis für den anonymen Wäschereibetrieb hinsichtlich des Weißgrades beträgt 212 und fällt damit in die Bewertungsstufe „exzellent". Der Betrieb erhält für diese hervorragende Leistung 3 Punkte.

Der Durchschnitt der in den 5 Subkriterien erreichten Punktzahlen entspricht nun der Gesamtpunktzahl für das Bewertungskriterium der „Verarbeitungsqualität", siehe ebenfalls Abbildung 53. Der anonyme Betrieb erreicht für das Bewertungskriterium der Verarbeitungsqualität insgesamt 9 Punkte. Das macht einen Durchschnitt von 1,8 Punkten. Die Bewertungsstufen des Bewertungskriteriums der Verarbeitungsqualität sind auch in Abbildung 53 unten dargestellt. Mit 1,8 Punkten wird der anonyme Betrieb insgesamt mit „sehr gut" bewertet.

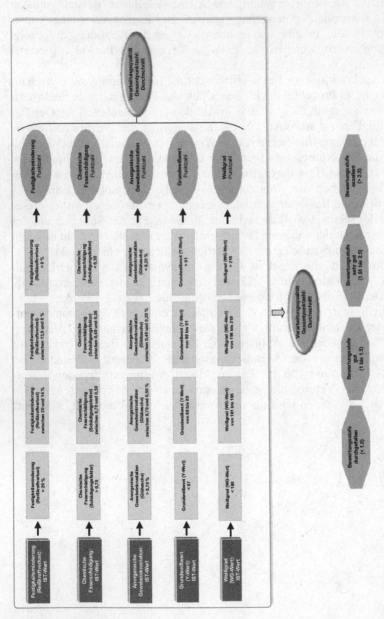

Abbildung 53: Bewertungsablauf der Verarbeitungsqualität

6.4.6.6 Bewertung des Werterhalts eines anonymen Wäschereibetriebes

Da die Qualität der Wiederaufbereitung eines Wäschestücks nicht allein von der Waschleistung einer gewerblichen Wäscherei abhängt, wie bereits in Kapitel 4.7.5.2 beschrieben, muss für eine ganzheitliche Bewertung die Leistung des Trocknungsprozesses hinzugezogen werden. Der Begriff Werterhalt soll hierbei die Qualität der gesamten Wiederaufbereitung, sprich des Waschens und Trocknens, repräsentieren. Unter Qualität wird hierbei vor allem die Wäscheschonung verstanden und daraus resultierend die Anzahl an Waschzyklen, die ein Textil noch verwendbar oder im Umlauf ist. Das Bewertungsmaß hierfür ist der „Vergrauungsgrad" des Waschgangkontrollgewebes, wie bereits ausführlich in Kapitel 4.7.5.2 beschrieben. So setzt sich die Punktzahl des Werterhalts aus den erreichten Punktzahlen des Wasch- und Trocknungsprozesses zusammen. Abbildung 54 verdeutlicht diesen Zusammenhang:

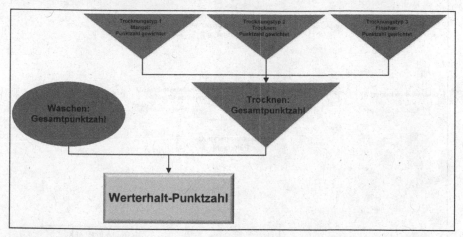

Abbildung 54: Zusammensetzung des Werterhalts aus Waschen und Trocknen

Da die Bewertungssystematik des Waschens im Werterhaltmodell der Systematik der „Verarbeitungsqualität" entspricht, kann direkt mit der Bewertung des Trocknens fortgefahren werden. Der anonyme Wäschereibetrieb hatte im „Waschteil" im Durchschnitt 1,8 Punkte erzielt. Nun soll die Leistung bzw. die Qualität des Trocknungsprozesses des Betriebes ermittelt werden. Der Trocknungsprozess untergliedert sich in drei gängige Maschinenbereiche. Es gibt den Trockner, die Mangel und den Finisher, wie in Abbildung 54 dargestellt. Diese drei Trocknungarten werden nun, wie bereits beschrieben, mit jeweils zwei 50:50 Baumwoll-Polyester Standardtestgeweben hinsichtlich des Vergrauungsgrades bzw. des Grundweißwertverlustes Y untersucht. Dabei soll in einem repräsentativen Waschverfahren für jede Trocknungsart das eine Standardtestgewebe 50 mal nur gewaschen und das andere 50 mal gewaschen und getrocknet werden. Die Differenz der beiden Standardtestgewebe, sprich der Grundweißwertverlust wird in Bewertungsstufen eingeordnet. Abbildung 55 zeigt das Bewertungsschema der drei Trocknungsarten.

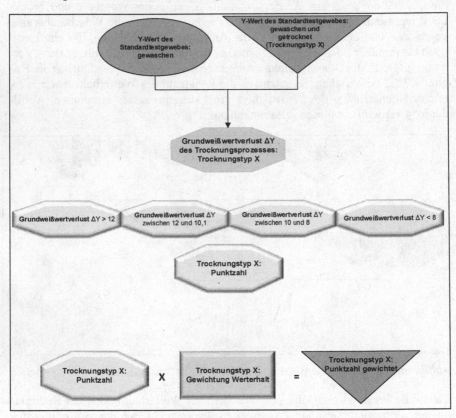

Abbildung 55: Punktzahl-Ermittlung der Trocknungsarten

Das obere Achteck in Abbildung 55 repräsentiert den IST-Wert des angesprochenen Grundweißwertverlust ΔY des jeweiligen Trocknungstyps X. Direkt darunter sind horizontal die Bewertungsstufen des Grundweißwertverlustes aufgeführt, sodass nach Einordnung des IST-Wertes die Punktzahl, wieder von 0 bis 3, zugeordnet werden kann (graues Achteck unter den 4 horizontal angeordneten

Bewertungsstufen). In der untersten Zeile der Abbildung wird die Ermittlung der jeweiligen gewichteten Punktzahl des jeweiligen Trocknungstyps X dargestellt. So wird die erreichte Punktzahl mit der im Betrieb anzutreffenden Tonnagenverteilung (betriebsindividuelle Spezifika) des Trocknungstyps X multipliziert, sodass für jede der 3 Trocknungstypen eine gewichtete Punktzahl ermittelt wird, die in die Gesamtpunkzahl-Trocknen eingeht (siehe Abbildung 55).

Es ist wichtig zu erwähnen, dass Trocknungstyp M für Flachwäsche in der Mangel, Trocknungstyp T für Trockenwäsche im Trockner und Trocknungstyp F für Formwäsche im Finisher definiert wird. So muss die erreichte Punktzahl eines Trocknungstyps mit den relevanten betriebsindividuellen Spezifika in Form von Tonnagenanteilen angepasst werden. Folglich müssen die Produkte der relevanten Kundenmix-Tonnagenanteilen mit den relevanten Wäscheart-Tonnagenanteile bestimmt und aufsummiert werden, um die jeweilige Gewichtung des Werterhalts (GWE) des Trocknungstyps zu ermitteln.

Die Folgenden Formeln 46-48 geben die aufgezeigten Zusammenhänge mathematisch wieder:

$$GWE(M) = \sum_{bb=1}^{4}(BS(UKk_{bb}) \cdot BS(UKw_1)) \qquad \boxed{\text{Formel 46}}$$

$$GWE(T) = \sum_{bb=1}^{4}(BS(UKk_{bb}) \cdot BS(UKw_2)) \qquad \boxed{\text{Formel 47}}$$

$$GWE(F) = \sum_{bb=1}^{4}(BS(UKk_{bb}) \cdot BS(UKw_3)) \qquad \boxed{\text{Formel 48}}$$

$GWE \equiv$ Gewichtung Werterhalt;
$M \equiv$ Mangel; bearbeitet Flachwäsche (w_1);
$T \equiv$ Trockner; bearbeitet Trockenwäsche (w_2);
$F \equiv$ Finisher; bearbeitet Formwäsche (w_3);
$UKk_{bb} \equiv$ Unterscheidungskriterium Kundenmix
für k_{bb} ist bb = 1, 2, 3 oder 4

Nachfolgend sind alle relevanten betriebsindividuellen Spezifika in Form von Tonnagenanteilen des anonymen Betriebes aufgeführt.

Tonnagenverteilung der 3 Trocknungsarten

Kundenmix

Tabelle 57: Tonnagenanteile des Unterscheidungskriteriums Kundenmix des anonymen Wäschereibetriebes

Kundenmix 1	Kundenmix 2	Kundenmix 3	Kundenmix 4
40 Prozent	0 Prozent	20 Prozent	40 Prozent

Wäscheart

Tabelle 58: Tonnagenanteile des Unterscheidungskriteriums Wäscheart des anonymen Wäschereibetriebes

Kundenmix 1		
Flachwäsche (w_1)	Trockenwäsche (w_2)	-
60 Prozent	40 Prozent	-
Kundenmix 2		
Flachwäsche (w_1)	Trockenwäsche (w_2)	Formwäsche (w_3)
0 Prozent	0 Prozent	0 Prozent
Kundenmix 3		
-	-	Formwäsche (w_3)
-	-	100 Prozent
Kundenmix 4		
Flachwäsche (w_1)	Trockenwäsche (w_2)	Formwäsche (w_3)
60 Prozent	40 Prozent	0 Prozent

Bewertung von Trocknungstyp 1 (Mangel)

Der anonyme Wäschereibetrieb hat einen durch das Mangeln verursachten Grundweißwertverlust von 8,2 Prozent. Dies entspricht der Bewertungsstufe „sehr gut", wie in Abbildung 55 ersichtlich. Der Betrieb erhält folglich für die Trocknungsart 1 (Mangel) 2 Punkte. Nun müssen die relevanten Kundenmix-Tonnagenanteile mit den Flachwäsche-Tonnagenanteilen multipliziert und dann addiert werden. So lautet die Berechnung des Gesamtanteils des betroffenen Trocknungstyps 1 (Mangel) für den anonymen Betrieb laut Formel 46 folgendermaßen:

$$(0,4 \cdot 0,6) + (0 \cdot 0) + (0,2 \cdot 0) + (0,4 \cdot 0,6) = 0,48$$

Folglich werden die erreichten 2 Punkte mit 0,48 multipliziert, sodass 0,96 Punkte in die „Trocknen: Gesamtpunktzahl" eingehen (siehe Abbildung 54).

Bewertung von Trocknungstyp 2 (Trockner)

Der anonyme Wäschereibetrieb hat einen durch das Trocknen verursachten Grundweißwertverlust von 9,5 Prozent. Dies entspricht der Bewertungsstufe „sehr gut". Der Betrieb erhält somit 2 Punkte. Diese Punktzahl muss nun anteilig mit dem angesprochenen Gesamtanteil des betroffenen Trocknungstyps 2 (Trockner) verrechnet werden.

So setzt sich der Gesamtanteil des betroffenen Trocknungstyps 2 (Trockner) aus der Summe der relativen Tonnagenanteile der Kundenmixe, in denen Trockenwäsche auftritt und den Tonnagen-Anteilen der Trockenwäsche selbst zusammen. Dies berechnet sich laut Formel 47 für den anonymen Betrieb folgendermaßen:

$$(0,4 \cdot 0,4) + (0 \cdot 0) + (0,2 \cdot 0) + ((0,4 \cdot 0,4) = 0,32$$

Folglich werden die erreichten 2 Punkte mit 0,32 multipliziert, sodass 0,64 Punkte der gewichteten Punktzahl für Trocknungstyps 2 (Trockner) entsprechen. Diese 0,64 Punkte gehen nun gemäß Abbildung 54 in die „Trocknen: Gesamtpunktzahl" ein.

Bewertung von Trocknungstyp 3 (Finisher)

Der anonyme Wäschereibetrieb hat einen durch das Finishen verursachten Grundweißwertverlust von 8,8 Prozent. Dies entspricht ebenfalls der Bewertungsstufe „sehr gut". Der Betrieb erhält folglich für die Trocknungsart des Finishens ebenfalls 2 Punkte. Auch hier wird analog vorgegangen, nur dass jetzt die relevanten Kundenmix-Tonnagenanteile, in denen Formwäsche auftreten mit den Formwäsche-Tonnagenanteilen multipliziert werden, um dann zum Gesamtanteil des Trocknungstyps 3 (Finisher) aufsummiert zu werden. So lautet die Berechnung laut Formel 48 für den anonymen Betrieb folgendermaßen:

$$(0,4 \cdot 0) + (0 \cdot 0) + (0,2 \cdot 1) + (0,4 \cdot 0) = 0,2$$

Folglich werden die erreichten 2 Punkte mit 0,2 multipliziert, sodass 0,4 Punkte in die „Trocknen: Gesamtpunktzahl" eingehen.

Nun kann die „Trocknen: Gesamtpunktzahl" durch Bildung der Summe der gewichteten Punktzahlen der drei Trocknungstypen berechnet werden (siehe Abbildung 54):

$$0,96 + 0,64 + 0,4 = 2$$

Der Betrieb hat im Bereich Trocken 2 Punkte erreicht, was der Bewertungsstufe „sehr gut" entspricht. Wie bereits aufgezeigt hat der Betrieb im Bereich Waschen 1,8 Punkte erreicht. Es sei an dieser Stelle nochmals erwähnt, dass das „Waschen" nicht mit relativen Tonnagenanteilen korrigiert wird, da man sich an der in der Praxis angewandten Methode mit nur einem repräsentativen Waschgang eines Wäschereibetriebes orientiert, obwohl dies nicht als optimales Verfahren bezeichnet werden kann. Es wäre jedoch mit erheblich mehr Aufwand verbunden bzw. es würde eventuell sogar eine impraktikable Herausforderung darstellen, jedes angewandte Waschprogramm einer gewerblichen Wäscherei anteilig zu korrigieren, da hier weitaus mehrere Konstellationen als die drei beim Trocknen (Trockner, Mangel, Finisher) angewandten vorhanden sind, siehe Kapitel 4.7.5.2.

Um die Gesamtpunktzahl für den Werterhalt zu ermittelt, muss nun das Vergrauungsverhältnis von Waschen zu Trocknen berechnet werden, um die jeweilig erreichten Gesamtpunktzahlen von Waschen und Trocknen ins richtige Verhältnis zu setzen. Da beim Waschen die Vergrauung des Standardtestgewebes um 11,7 (von 100 auf 88,3) Prozent sank und beim Trocknen, nach anteiliger Verrechnung, um 8,736 (= 8,2 · 0,48 + 9,5 · 0,32 + 8,8 · 0,2) Prozent, kommt ein Vergrauungsverhältnis von Waschen zu Trocken von 1,339 : 1 zustande. In diesem Verhältnis werden nun die jeweiligen Gesamtpunktzahlen von Waschen und Trocknen anteilig korrigiert:

$$((1,8 · 1,339) + (2 · 1)) / 2,339 = 1,886$$

Die Bewertungsstufen für den Werterhalt lauten folgendermaßen:

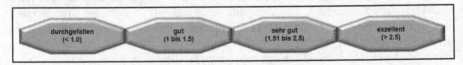

Abbildung 56: Bewertungsstufen des Werterhalts einer gewerblichen Wäscherei

So schneidet der Betrieb beim „Werterhalt" mit 1,886 Punkten ab. Dies entspricht einer Benotung von „sehr gut". Der anonyme Wäschereibetrieb bekommt folglich für den Werterhalt dieselbe Gesamtbewertung zugeschrieben wie zuvor beim Bewertungskriterium der Verarbeitungsqualität, welches nur das Trocken betrachtet hatte.

6.4.6.7 Zusammenfassung der Bewertung des anonymen Wäschereibetriebes

Für den anonymen Wäschereibetrieb wurde aufgrund seiner individuellen Betriebssituation hinsichtlich der Unterscheidungskriterien der Maschinenausstattung, des Kundenmix, der Wäscheart und der Verschmutzungsart ein individueller Gesamtgewichtungsfaktor von 0,765 ermittelt (siehe Kapitel 6.4.5). Ein Faktor mit dem Wert 1 entspricht exakt dem Branchendurchschnitt. Infolgedessen wurde erläutert, dass die relativen IST-Werte der Bewertungskriterien um 23,5 Prozent hinsichtlich des Branchendurchschnitts „herabgesetzt" werden, um eine Vergleichbarkeit zum Branchendurchschnitt oder einzelnen ebenfalls mit dem GGF angepassten Betrieben herzustellen. Durch die „Herabsetzung" kann für den Betrieb die Aussage getroffen werden, dass er im Vergleich zum Branchendurchschnitt einer „schweren Betriebssituation" ausgesetzt ist. So werden die vermeintlich erhöhten relativen IST-Werte des anonymen Wäschereibetriebes der individuellen Betriebssituation gemäß angepasst, sodass eine aussagekräftige Bewertung der Ressourcen- und Energieeffizienz gemacht werden kann, welche bei Betrachtung ohne Anpassung nicht möglich gewesen wäre.

Für das Bewertungskriterium der Energieeffizienz wurde der Branchendurchschnitt von 1,42 Kilowattstunden pro Kilogramm saubere Wäsche mit einem angepassten relativen IST-Wert von 1,094 Kilowattstunden pro Kilogramm saubere Wäsche deutlich unterboten.

Beim Bewertungskriterium der Chemieeffizienz hingegen wurde der Branchendurchschnitt von 3,74 Cent pro Kilogramm saubere Wäsche mit einem angepassten relativen IST-Wert von 4,32 Cent pro Kilogramm saubere Wäsche um ca. 15,5 Prozent verfehlt bzw. überboten.

Für das Bewertungskriterium der Wassereffizienz wurde der Branchendurchschnitt von 7,99 Liter pro Kilogramm saubere Wäsche mit einem angepassten relativen IST-Wert von 6,066 Liter pro Kilogramm saubere Wäsche deutlich unterboten.

Auch beim Bewertungskriterium der Transporteffizienz wurde der Branchendurchschnitt von 99,3 Metern pro Kilogramm saubere Wäsche mit einem angepassten relativen IST-Wert von 41,92 Meter pro Kilogramm saubere Wäsche ebenfalls deutlich unterboten.

Für die nicht gewichteten Bewertungskriterien der Verarbeitungsqualität, wie auch des Werterhalts unterbietet der anonyme Wäschereibetrieb ebenfalls den Branchendurchschnitt.

Zusammenfassend kann festgestellt werden, dass der individuelle Gesamtgewichtungsfaktor die betriebsindividuelle Situation des anonymen Wäschereibetriebs sehr gut widerspiegelt. Zum einen handelt es sich um einen kleinen Betrieb mit tendenziell schlechter Maschinenausstattung. Zum anderen bearbeitet der Betrieb einen überdurchschnittlich hohen Anteil an ressourcen- und energieintensiven Kundenmixen, wie Berufsbekleidungskunden und Altenpflegeheime. Die Wäsche-, wie auch Verschmutzungsartaufteilung entspricht eher dem Branchendurchschnitt, was nichts an der Gesamtwirkung des individuellen Gesamtgewichtungsfaktors ändert (Herabsetzung der relativen IST-Werte der Bewertungskriterien um 23,5 Prozent).

Die sich daraus ergebenden korrigierten bzw. angepassten relativen IST-Werte zeigen deutlich, dass der Betrieb mit Ausnahme der Chemieeffizienz sehr ressourcen- und energieeffizient arbeitet und das sogar unter der Prämisse einer überdurchschnittlich guten Verarbeitungsqualität bzw. Werterhalts.

Das unterdurchschnittliche Bewertungsergebnis für die Chemieeffizienz könnte jedoch zum Teil auf das überdurchschnittliche Ergebnis in der Verarbeitungsqualität zurückzuführen sein, da durch den erhöhten Chemieeinsatz (eigentlich nur erhöhte Ausgaben, diese korrelieren jedoch sehr stark mit einem erhöhten Chemieeinsatz, siehe Kapitel 6.4.6.2) ein besonders überdurchschnittliches Waschergebnis resultieren kann, wobei eine Überdosierung mit Chemikalien auch zu Schädigungen am Textil führen kann (siehe Kapitel 4.3.2).

Dies kann jedoch insgesamt nichts am überdurchschnittliche Bewertungsergebnis des anonymen Wäschereibetriebes ändern, da zum einen die Chemieeffizienz nur eines von vier gleichwertigen Bewertungskriterien darstellt, von denen die Wasser- sowie Energieeffizienz (Transporteffizienz ist außen vor) ebenfalls einen großen Einfluss auf die Verarbeitungsqualität bzw. den Werterhalt haben. Zum anderen hält sich die Chemieeffizienz mit einem um 15,5 Prozent erhöhten relativen IST-Wert dennoch in einem noch akzeptablen Bereich des Ressourcenverbrauchs auf.

6.5 Darstellung der Ergebnisse der 40 Stichproben-Betriebe

Nachdem nun in Kapitel 6.4 anhand eines anonymisierten Betriebes aufgezeigt werden konnte, wie der individuelle Gesamtgewichtungsfaktor (GGF) aus den vier Teilgewichtungsfaktoren (TGF) berechnet wird, um die relativen IST-Werte der Bewertungskriterien anzupassen und damit eine Vergleichbarkeit herzustellen, sollen nun die Ergebnisse der Stichprobe des Untersuchungsgegenstandes der Wäschereibranche vorgestellt werden. So wird geklärt, ob die Güte und Validität der Methodik eines branchenunabhängigen Benchmarksystems (Kapitel 5) anhand des Untersuchungsgegenstandes der Wäschereibranche (Kapitel 6) aufgezeigt werden kann. Dabei wird abgeleitet aus der Formel des individuellen Gesamtgewichtungsfaktors (Formel 45) die „Summe der gewichteten Teilgewichtungsfaktoren" verwendet, um Trends und Korrelationen aufzuzeigen, sodass ein besseres Verständnis, wie die einzelnen TGFs zu der Summe beitragen, resultiert. Die „Summe der gewichteten Teilgewichtungsfaktoren" entspricht hierbei dem Kehrwert des GGF:

$$\sum TGF(UKm) = TGF_{gew.}(UKma) + TGF_{gew.}(UKk) + TGF_{gew.}(UKw) +$$
$$TGF_{gew.}(UKv) = \frac{1}{GGF}$$

| Formel 49 |

Es wurde farblich gekennzeichnet, welchem Größencluster die 40 Wäschereibetriebe der Stichprobe angehören.

Die nachfolgende Tabelle zeigt die ermittelten Werte der „Summe der gewichteten Teilgewichtungsfaktoren" und der vier korrigierten TGFs, welche mit den dazugehörigen relativen Wichtigkeiten (RW) zu den gewichteten TGFs verrechnet werden. Weiterführend wird aus Vereinfachungsgründen nur noch von der „Summe der Teilgewichtungsfaktoren" und den einzelnen Teilgewichtungsfaktoren gesprochen.

Tabelle 59: Die Teilgewichtungsfaktoren der Stichprobe

Be-trieb	Summe der gewichteten Teilgewich-tungs-faktoren[7]	korrigierter Teilgewich-tungsfaktor: Maschinen-ausstattung	korrigierter Teilgewich-tungsfaktor: Kundenmix	korrigierter Teilgewich-tungsfaktor: Wäscheart	korrigierter Teilgewich-tungsfaktor: Verschmut-zungsart
1	1,21	2,207	0,850	0,760	0,548
2	1,21	2,207	1,070	0,767	0,550
3	1,26	2,207	1,094	0,775	0,720
4	1,29	2,207	1,109	0,896	0,768
5	1,31	2,207	1,128	0,951	0,807
6	1,36	2,207	1,158	0,962	0,809
7	1,37	2,207	1,291	0,978	0,959
8	1,38	2,207	1,296	1,029	1,071
9	1,45	2,207	1,303	1,044	1,080

---

7 Summe der gewichteten Teilgewichtungsfaktoren: $\sum TGF(UKm) = \frac{1}{GGF}$

Be-trieb	Summe der gewichteten Teilgewich-tungs-faktoren[7]	korrigierter Teilgewich-tungsfaktor: Maschinen-ausstattung	korrigierter Teilgewich-tungsfaktor: Kundenmix	korrigierter Teilgewich-tungsfaktor: Wäscheart	korrigierter Teilgewich-tungsfaktor: Verschmut-zungsart
10	1,49	2,207	1,496	1,118	1,109
11	1,52	2,207	1,532	1,161	1,124
12	1,53	2,207	1,543	1,175	1,304
13	0,52	0,744	0,366	0,621	0,244
14	0,68	0,744	0,516	0,812	0,616
15	0,81	0,744	0,658	0,824	0,667
16	0,83	0,744	0,842	0,836	0,730
17	0,92	0,744	0,842	0,981	0,760
18	0,92	0,744	0,847	1,001	0,938
19	0,94	0,744	0,924	1,016	1,057
20	0,95	0,744	1,117	1,024	1,084
21	0,97	0,744	1,161	1,024	1,089
22	1,02	0,744	1,253	1,035	1,116
23	1,03	0,744	1,279	1,085	1,141
24	1,05	0,744	1,282	1,101	1,141
25	1,08	0,744	1,465	1,111	1,324
26	1,11	0,744	1,496	1,145	1,400
27	0,59	0,256	0,621	0,716	0,663
28	0,63	0,256	0,807	0,727	0,755
29	0,78	0,256	0,866	0,827	0,878
30	0,79	0,256	0,948	0,858	0,904
31	0,80	0,256	1,054	1,013	0,930
32	0,83	0,256	1,089	1,037	0,941
33	0,84	0,256	1,095	1,045	0,997
34	0,86	0,256	1,096	1,046	1,062
35	0,87	0,256	1,128	1,087	1,081
36	0,88	0,256	1,213	1,090	1,102
37	0,89	0,256	1,252	1,093	1,110
38	0,9	0,256	1,262	1,104	1,161
39	0,91	0,256	1,379	1,113	1,180
40	0,96	0,256	1,424	1,171	1,190
Durch-schnitt	1,017	1,012	1,104	0,979	0,953
RW	1,000	0,267	0,279	0,275	0,178

In Tabelle 59 entspricht jede Zeile den Werten eines Betriebes. Dabei steht Dunkelgrau für große, Mittelgrau für mittlere und Hellgrau für kleine Wäschereien. Die obere der beiden hellen Zeilen im unteren Bereich der Tabelle stellt den Durchschnitt hinsichtlich der jeweils in den Spalten dargestellten Gewichtungsfaktoren dar.

Der Durchschnittwert der in der ganz linken Spalte dargestellten „Summe der Teilgewichtungsfaktoren" der 40 Betriebe, sowie der in den vier Spalten rechts daneben dargestellten TGFs entspricht bei einer maximalen normierten Abweichung von 13,7 Prozent immer dem Wert 1, was bestätigt, dass das Benchmarksystem in seiner Systematik (samt Korrekturfaktoren) grundsätzlich harmonisiert und stimmig ist. Dies leuchtet auch ein, wenn man sich vergegenwärtigt, dass sich die Gewichtungen aller Betriebe in Summe nivellieren müssen. Die geringen Abweichungen der „Summe der Teilgewichtungsfaktoren" (sowie des GGFs als Kehrwert) und der TGFs von dem Wert 1 lassen sich damit erklären, dass die Stichprobenbetriebe nicht immer vollständige oder auch falsche Tonnagenangaben gemacht haben (Summe der Tonnagenanteile $\neq$ 100 Prozent).

Die unterste Zeile entspricht den relativen Wichtigkeiten (RW) der vier Unterscheidungskriterien bzw. Teilgewichtungsfaktoren (TGFs). Wie man erkennen kann, herrscht hier eine tendenzielle Gleichverteilung mit Ausnahme des Teilgewichtungsfaktors der Verschmutzungsart, dessen relativer Wert mit 0,178 etwas geringer ausfällt.

Die Größe der relativen Wichtigkeiten unterstreicht eine gewisse Notwendigkeit bzw. Daseinsberechtigung der einzelnen Unterscheidungskriterien bzw. Teilgewichtungsfaktoren und damit deren Beitrag zur „Summe der Teilgewichtungsfaktoren" und folglich zum Gesamtgewichtungsfaktor. Dies kann mit der Tatsache untermauert werden, dass auch für die Ermittlung der relativen Wichtigkeiten, also den Paarvergleichen zwischen den UKs selbst, die fast identische Fragestellung, wie zwischen den Sub-UKs verwendet worden ist (UKs: Welches Kriterium hat einen größeren Einfluss auf den Ressourcen- und Energieverbrauch?; Sub-UKs: Welches Kriterium hat einen größeren Ressourcen- und Energieverbrauch zur Folge?). Bei den UKs ist die Fragestellung lediglich aufgrund des abstrakten Paarvergleichs, wie bspw. der Vergleich zwischen Kundenmixen mit Wäschearten demensprechend indirekter bzw. allgemeiner gestellt.

Nun sollen die individuellen „Summen der Teilgewichtungsfaktoren" größenclusterabhängig betrachtet werden. Abbildung 57 zeigt dementsprechend den Zusammenhang der Jahrestonnage der Stichprobebetriebe mit den dazugehörigen „Summen der Teilgewichtungsfaktoren" auf:

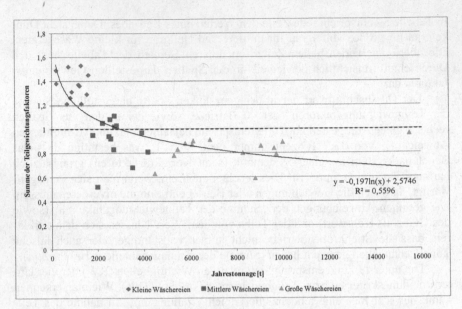

Abbildung 57: Summe der Teilgewichtungsfaktoren der Stichproben-Betriebe
klassifiziert nach Größencluster in Abhängigkeit der
Jahrestonnage

Es handelt sich hierbei um statistisch signifikant unterschiedliche Größencluster,
da der Signifikanzwert P = < 0,001 ist, bei einem vorgegebenen Signifikanzniveau α von 0,05 (nach ANOVA one way). Die Größencluster weisen statistisch
signifikante Unterschiede hinsichtlich der „Summen der Teilgewichtungsfaktoren" auf, wobei diese mit der Größe der Wäscherei abnimmt (p<0,001, ANOVA
one way).

So kann die Aussage getroffen werden, dass der GGF der Wäschereibetriebe, als Kehrwert der Summe der Teilgewichtungsfaktoren (siehe Formel 45),
desto größer ist, je größer das Größencluster ist, dem der Betrieb angehört.

Der Korrelationskoeffizient r (nach Pearson) beträgt 0,748 und beschreibt
damit eine hohe Korrelation zwischen der Jahrestonnage und dem GGF, sodass
die Aussage getroffen werden kann, dass mit sinkender Größe der Wäscherei der
GGF sinkt (Bühl und Zöfel, 2005, S. 322).

Nun soll das UK der Maschinenausstattung und damit die größenclusterabhängigen Korrelationen der Maschinenausstattung-Teilgewichtungsfaktoren dargestellt werden.

Abbildung 58 zeigt dementsprechend den Zusammenhang der Jahrestonnage der Stichprobebetriebe mit den dazugehörigen MA-TGFs auf:

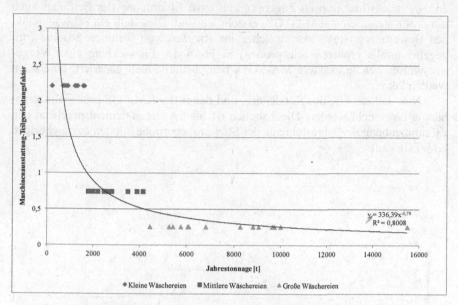

Abbildung 58: Maschinenausstattungs-Teilgewichtungsfaktoren der Stichprobenbetriebe klassifiziert nach Größencluster in Abhängigkeit der Jahrestonnage

Es handelt sich auch hier um statistisch signifikant unterschiedliche Größencluster, da der Signifikanzwert $P = < 0{,}001$ ist, bei einem vorgegebenen Signifikanzniveau α von 0,05 (nach ANOVA one way). Die Größencluster weisen statistisch signifikante Unterschiede hinsichtlich der MA-TGFs auf, wobei diese mit der Größe der Wäscherei abnehmen ($p < 0{,}001$, ANOVA one way).

Der Korrelationskoeffizient r (nach Pearson) beträgt 0,895 und repräsentiert damit eine hohe Korrelation zwischen der Jahrestonnage und den MA-TGFs. So kann festgestellt werden, dass mit sinkender Größe der Wäscherei der Maschinenausstattung-TGF zunimmt und damit der GGF sinkt (siehe Formel 45) (Bühl und Zöfel, 2005, S. 322). Dies kann damit begründet werden, dass kleinere Wäschereien im Vergleich zu einer größeren mit einer weitaus schlechteren Maschinenausstattung ein Kilogramm saubere Wäsche wiederaufbereiten müssen. Dies spiegelt sich in diesen differenzierten MA-TGFs wieder.

Wie bereits in Kapitel 5.4.1 beschrieben, stellen die MA-TGFs eine Ausnahme im Rahmen des betriebsindividuellen Benchmarksystems für Wäschereien dar, sodass hier je nach Zugehörigkeit bzw. Einordnung des Betriebes auch nur drei Kategorien von MA-TGFs ersichtlich sind. Dies stellt ein Schwachpunkt des Bewertungssystems dar, welcher im Rahmen von weiteren Studien (mit gegebenenfalls größeren Stichproben) in Form der Entwicklung einer Vorgehensweise, welche exaktere MA-TGFs betriebsindividuell generiert, untersucht werden könnte.

Nun soll das UK des Kundenmix und damit der KM-TGF größenclusterabhängig untersucht werden. Die Tabellen 61 bis 63 zeigen dementsprechend den Zusammenhang der Jahrestonnage der Stichprobebetriebe mit den dazugehörigen KM-TGFs auf.

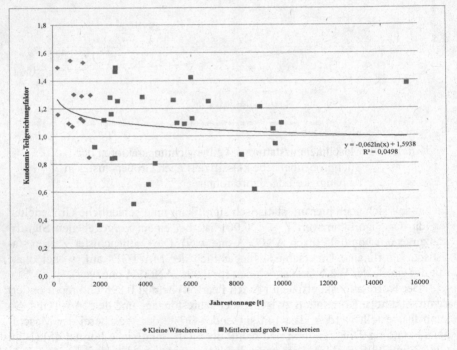

Abbildung 59: Kundenmix-Teilgewichtungsfaktoren der Stichprobenbetriebe klassifiziert nach Größencluster in Abhängigkeit der Jahrestonnage

Es handelt sich bei den drei Größenclustern nicht um statistisch signifikant unterschiedliche Cluster, da der P-Wert = 0,095 ist und damit das vorgegebenen Signifikanzniveau α von 0,05 übersteigt (nach ANOVA one way).

Führt man jedoch die Größencluster mittlere und große Wäscherei zu einem gemeinsamen Cluster zusammen, handelt es sich um 2 statistisch signifikant unterschiedliche Größencluster nach t-Test, da P = 0,043 ist. Nun zeigt sich in Abbildung 59, dass die Kundenmix-TGFs hinsichtlich der beiden Größencluster korrelieren.

Der Korrelationskoeffizient r beträgt 0,224 und beschreibt gemäß der Interpretation des Korrelationskoeffizienten nach Bühl und Zöfel eine vorhandene geringe Korrelation zwischen der Jahrestonnage und den Kundenmix-TGFs, sodass die Aussage getroffen werden kann, dass der KM-TGF mit der Größe der Wäscherei abnimmt und damit der GGF steigt (siehe Formel 45) (Bühl und Zöfel, 2005, S. 322).

Dieser Effekt erklärt und verdeutlicht sich, wenn man sich die Anteile der Betriebe an den Kundenmixen vergegenwärtigt. Die nachfolgenden Tabellen 61–63 zeigen die Tonnagenanteile der Stichproben-Betriebe an den Kundenmixen 1 bis 4, sortiert nach Größenclustern.

Die Kundenmixe klassifizieren sich dabei folgendermaßen:

Tabelle 60: Darstellung der Kundenmixe

Kundenmix 1	Kundenmix 2	Kundenmix 3	Kundenmix 4
Hotel	Krankenhaus, textile Medizin-produkte	Berufsbekleidung, textile persönliche Schutzausrüstung	Heime & Pflege-einrichtungen, Privatwäsche

Tabelle 61: Kundenmix-Tonnagenanteile großer Wäschereien

Betrieb-Nr.	Kundenmix 1	Kundenmix 2	Kundenmix 3	Kundenmix 4
27	0,3	0,4	0,1	0,2
28	0,3	0,58	0,12	0
29	0,4	0,3	0,1	0,2
30	0,03	0,8	0,07	0,1
31	0,12	0,76	0,08	0,04
32	0,3	0,15	0,4	0,15
33	0,1	0,43	0,25	0,22
34	0	0,6	0,15	0,25
35	0	0,81	0,05	0,14
36	0,68	0	0,26	0,06
37	0,3	0,4	0,2	0,1
38	0,5	0,3	0,15	0,05
39	0,73	0,17	0,1	0
40	0,15	0,73	0,02	0,1
	0,31	0,43	0,14	0,11

Tabelle 62: Kundenmix-Tonnagenanteile mittlerer Wäschereien

Betrieb-Nr.	Kundenmix 1	Kundenmix 2	Kundenmix 3	Kundenmix 4
13	1	0	0	0
14	0,9	0	0,05	0,05
15	0,8	0	0,12	0,08
16	0,5	0,3	0,2	0
17	0,65	0,1	0,05	0,2
18	0,65	0,1	0,05	0,2
19	0,25	0,35	0,05	0,35
20	0,33	0,6	0	0,07
21	0,11	0,57	0,11	0,21
22	0,15	0,3	0,05	0,5
23	0,35	0,2	0,05	0,4
24	0,26	0,45	0,18	0,11
25	0,02	0,88	0,05	0,05
26	0,1	0,4	0,1	0,4
	0,41	0,33	0,07	0,20

Tabelle 63: Kundenmix-Tonnagenanteile kleiner Wäschereien

Betrieb-Nr.	Kundenmix 1	Kundenmix 2	Kundenmix 3	Kundenmix 4
1	0,08	0,8	0,12	0
2	0,07	0,85	0,08	0
3	0,3	0,5	0	0,2
4	0,6	0,1	0,25	0,05
5	0,4	0	0,2	0,4
6	0,4	0,02	0,18	0,4
7	0,3	0,4	0,1	0,2
8	0,35	0,3	0,05	0,3
9	0,2	0,4	0,1	0,3
10	0,15	0,3	0,05	0,5
11	0,15	0,25	0,05	0,55
12	0,02	0,4	0,28	0,3
	0,25	0,36	0,12	0,27

Es zeigt sich, dass die Tonnagenanteile des vereinten Größenclusters großer und mittlerer Betriebe an den „einfacheren" Kundenmixen 1 und 2 ca. 75 Prozent verbuchen, hingegen die „schwereren" Kundenmixe 3 und 4 nur ca. 25 Prozent der bearbeiteten Wäsche ausmachen.

Kleine Wäschereien hingegen haben einen wesentlich höheren Anteil an den Kundenmixen 3 und 4 mit ca. 39 Prozent. Dies unterstreicht den bereits beschriebenen Trend, dass kleine Wäschereien hinsichtlich des Unterscheidungskriteriums des Kundenmix einer "schwereren" Wiederaufbereitungsaufgabe gegenüberstehen als mittlere und große Wäschereien.

Zusammenfassend kann festgestellt werden, dass es natürlich wegen den durchgeführten größenclusterabhängigen Vergleichen zur Ermittlung von Korrelationen zu gewissen Überlappungen kommen kann, da sowohl die größenclusterabhängige Darstellung des Unterscheidungskriteriums der Maschinenausstattung, als auch des Kundenmix gleichgerichtete Korrelationen aufzeigten. So kann nicht ausgeschlossen werden, dass auch Dopplungen bei den UKs Maschinenausstattung und Kundenmix auftreten können. Die Bestimmung des diesbezüglichen Ausmaßes samt gegebenenfalls Interventionen zur Optimierung des Bewertungssystems könnte folglich Gegenstand weiterer Studien, welche mit einer größeren Stichprobe arbeiten, darstellen.

Für den Untersuchungsgegenstand der Wäschereibranche jedoch erwiesen sich alle Unterscheidungskriterien im Rahmen der Ergebnisauswertung (Durchschnitt aller TGFs und der GGFs = 1, siehe Kapitel 6.5), sowie nach Aussage der Wäschereibetriebe hinsichtlich der Repräsentativität bzw. Praxisbezogenheit und damit dem Nutzen der Ergebnisse als zielführend. So zeigte bereits Tabelle 59 mit den Anteilen an den relativen Wichtigkeiten eine gewisse Notwendigkeit auf, beide Kriterien zur Differenzierung einer gewerblichen Wäscherei zu verwenden.

Ob dennoch von einem noch vertretbaren Anteil an Dopplungen ausgegangen werden kann, wurde im Rahmen einer Analyse der unterschiedlichen Ergebnisse des ganzen Datensatzes unter Hinzunahme von allen vier Unterscheidungskriterien im Vergleich zu den Ergebnissen nur unter Hinzunahme der drei, von den Wäschern im paarweisen Vergleich bewerteten, UKs untersucht (Kundenmix, Wäscheart und Verschmutzungsart, ohne das UK der Maschinenausstattung).

Dabei ergab sich eine Abweichung von 3,4 Prozent des gemittelten GGFs aller Stichprobenbetriebe beim Bewertungssystem mit vier UKs im Vergleich zum gemittelten GGF bei drei UKs. Diese geringe Abweichung kann bei einer Gleichverteilung an Betriebsgrößen auch angenommen werden, da andernfalls eine tendenziell fehlerhafte Bewertungssystematik aufgrund unproportionaler Abhängigkeiten zwischen den Größenclustern vorherrschen würde.

Der hohe Anteil der relativen Wichtigkeit des Unterscheidungskriteriums der Maschinenausstattung beim Bewertungssystem mit vier UKs, sowie die Einstufung der Einzelergebnisse laut Stichprobe als repräsentativ und damit zielführend im Rahmen der Ergebnisauswertung, spricht für die Verwendung des Kriteriums. Dies zeigte auch die starke Übereinstimmung bei den Antworten der Stichprobenbetriebe, sodass ein konsistentes Antwortmuster vorlag.

Es konnte im Rahmen der Analyse festgestellt werden, dass beim Bewertungssystem mit nur drei im Vergleich zu 4 UKs sich ein Mittelwert für den Betrag der Abweichungen der 40 GGFs der Stichprobenbetriebe von 21,7 Prozent ergab. Dieser Wert setzt sich aus einer gemittelten Minderung der GGFs des Clusters „kleine Betriebe" um ca. 31 Prozent und zu einer dementsprechenden Erhöhung der GGFs des Clusters „große Betriebe" um 21 Prozent, bei 8-

prozentiger Erhöhung des Clusters „mittlere Betriebe" zusammen (siehe Cluster-Einteilung Tabelle 41).

Folglich kann angenommen werden, dass die 40 Stichprobenbetriebe ein Bewertungssystem mit drei UKs und damit ohne das Unterscheidungskriterium der Maschinenausstattung aufgrund der dargestellten Verschiebung der relativen Anteile der GGFs der drei Größencluster (dementsprechend auch die Einzelergebnisse) als eher nicht repräsentativ und damit zielführend betrachten würden, da die Ergebnisse bei 4 UKs, wie bereits erwähnt, als sehr realitätsnah eingestuft wurden.

Zusammenfassend spricht dies für die Verwendung des Unterscheidungskriteriums der Maschinenausstattung, was im Rahmen der Anwendung der Methodik am Beispiel der Wäschereibranche auch Anwendung fand. Hinsichtlich der angesprochenen Problematik des Ausmaßes an Dopplungen des Unterscheidungskriteriums der Maschinenausstattung, als auch des Kundenmix kann folglich von einem eher vertretbaren Anteil an Dopplungen ausgegangen werden. So wurden im Rahmen des betriebsindividuellen Benchmarksystems alle vier UKs eingesetzt, wobei dies noch nicht als optimal bezeichnet werden kann, da mit dem UK der Maschinenausstattung eines der vier Unterscheidungskriterien nicht gleichermaßen den paarweisen Vergleichen unterzogen wurde.

Folglich könnte es Gegenstand weiterer Forschung darstellen, dieses wichtige Kriterium zukünftig noch in eine geeignetere Form im Rahmen des Bewertungssystems zu integrieren.

Darüber hinaus könnte die Analyse, inwieweit die beiden Unterscheidungskriterien bzw. Teilgewichtungsfaktoren der Maschinenausstattung, sowie des Kundenmix auch synergetisch wirken und somit einen gleichgerichteten direkten Einfluss auf den GGF ausüben könnten, weiteres Forschungspotential darstellen.

Nun sollen die UKs der Wäscheart und der Verschmutzungsart und damit der WA-TGF und der VA-TGF größenclusterabhängig untersucht werden.

Die Abbildungen 60 und 61 zeigen dementsprechend den Zusammenhang der Jahrestonnage der Stichprobebetriebe mit den dazugehörigen TGFs auf.

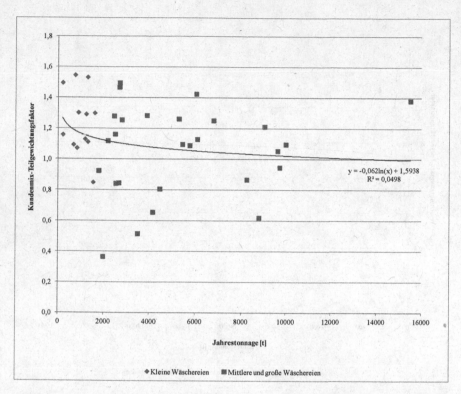

Abbildung 60: Wäscheart-Teilgewichtungsfaktoren der Stichprobenbetriebe klassifiziert nach Größencluster in Abhängigkeit der Jahrestonnage

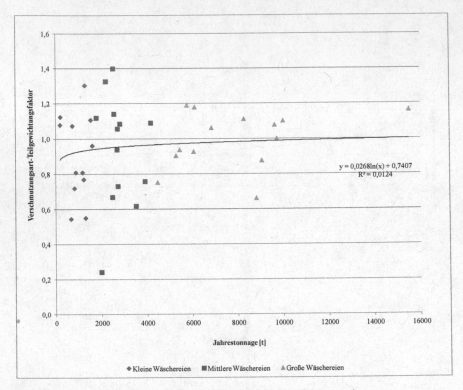

Abbildung 61: Verschmutzungsart-Teilgewichtungsfaktoren der
Stichprobenbetriebe klassifiziert nach Größencluster in
Abhängigkeit der Jahrestonnage

Beim Unterscheidungskriterium bzw. dem Teilgewichtungsfaktor der Wäscheart
(P-Wert = 0,695), sowie der Verschmutzungsart (P = 0,635) unterscheiden sich
die jeweiligen Größencluster nicht signifikant gemäß ANOVA (one way), da
beide P-Werte über dem Signifikanzniveau von 0,05 liegen.

Der Korrelationskoeffizient r beträgt 0,091 beim UK der Wäscheart und
0,111 beim UK der Verschmutzungsart. Folglich beschreiben beide Koeffizien-
ten eine sehr geringe Korrelation zwischen der Jahrestonnage und den jeweiligen
TGFs. Dies lässt den Schluss zu, dass hier die größencluster- sowie jahrestonna-
genabhängigen Korrelationen zu vernachlässigen sind (Bühl und Zöfel, 2005,
S. 322).

Zusammenfassend kann festgestellt werden, dass die Anteile der relativen
Wichtigkeiten der vier Unterscheidungskriterien Maschinenausstattung, Kun-

denmix, Wäscheart und Verschmutzungsart annähernd gleichverteilt sind, sodass deren Teilgewichtungsfaktoren dementsprechend zum Gesamtgewichtungsfaktor beitragen.

Die beiden Unterscheidungskriterien der Wäsche-, sowie Verschmutzungsart erwiesen sich im Gegensatz zu den UKs der Maschinenausstattung und des Kundenmix hinsichtlich eines größenabhängigen Zusammenhangs als nicht signifikant, obwohl die Experten deren angesprochene relative Wichtigkeit zum GGF in ihrer Einschätzung angegeben hatten. Es könnte folglich im weiteren Forschungsverlauf analysiert werden, welche Aspekte die Wäsche-, sowie Verschmutzungsart beeinflussen und möglicherweise darüber hinaus welche Aspekte einen Einfluss auf gleichzeitig alle relativen Wichtigkeiten und damit alle vier Unterscheidungskriterien haben. Hierzu wäre eine größere Stichprobe nötig.

Funktionalität des Konzeptes des individuellen Gesamtgewichtungsfaktors in der Wäschereibranche

Nachfolgend soll die Funktionalität des individuellen Gesamtgewichtungsfaktors im Rahmen der Stichprobe und damit am Beispiel der Wäschereibranche beschrieben werden. Es zeigt sich bei der Analyse größenclusterabhängiger Zusammenhänge, dass die relativen IST-Werte der Bewertungskriterien einer Wäscherei durch den individuellen GGF zum einen durch die aufgezeigte Korrelation hinsichtlich der Maschinenausstattung, sowie zum anderen aufgrund des Kundenmix größenclusterabhängig „herabgesetzt" oder „heraufgesetzt" und damit durch die Individualisierung angepasst werden. Folglich ist ein Betrieb im Vergleich zum Branchendurchschnittsbetrieb dementsprechend einer „schwereren Betriebssituation" oder „leichteren Betriebssituation" ausgesetzt, sodass dessen relative IST-Werte vermindert oder erhöht werden, um einen aussagekräftigen Vergleich des Ressourcen- und Energieverbrauchs mit dem Branchendurchschnitt oder ebenfalls „gewichteten" Betrieben vollziehen zu können.

So wird bspw. der Kilowattstundenverbrauch pro Kilogramm saubere Wäsche einer kleinen Wäscherei (dreieckiges Cluster) von 1,8 kWh durch einen individuellen GGF kleiner 1, wie bspw. 0,8, um 20 Prozent auf 1,44 kWh gesenkt, um mit dem Branchendurchschnitt oder mit ebenfalls durch den jeweiligen GGF angepassten Werten anderer Betriebe vergleichbar zu sein.

Hingegen bei einer größeren Wäscherei (quadratisches oder rautenförmiges Cluster) wird der Wert von 1,8 kWh durch einen individuellen GGF größer 1, wie bspw. 1,2 um 20 Prozent auf 2,16 kWh erhöht, um mit dem Branchendurchschnitt oder mit ebenfalls durch den jeweiligen GGF angepassten Werten anderer Betriebe vergleichbar zu sein.

Die Interpretation sowie Verwendungsmöglichkeiten der vorgestellten Ergebnisse der 40 Stichproben-Betriebe werden in Kapitel 7.2 erläutert.

7 Diskussion

7.1 Methodik

Nachfolgend soll die Methodik des branchenunabhängigen Benchmarksystems nach deren Anwendung am Untersuchungsgegenstand der Wäschereibranche (Kapitel 6) hinsichtlich der Eignung des im Rahmen der Methodik angewendeten multikriteriellen Bewertungsverfahrens des AHP, sowie methodenspezifischen Charakteristika wie die Ermittlung von Korrekturfaktoren und mathematische Abhängigkeiten zwischen den Unterscheidungskriterien diskutiert werden.

Des Weiteren soll ebenfalls nach Anwendung der Methodik hinsichtlich den in Kapitel 3 vorgestellten Ansätzen der kennzahlenbezogenen Umweltleistungsbewertung diskutiert werden, an welcher Stelle die entwickelte Methode Vor- bzw. mit Blick auf die anderen Ansätze Nachteile hat.

7.1.1 Beurteilung des gewählten multikriteriellen Bewertungsverfahrens des Analytischen Hierarchieprozesses

In Kapitel 5.3.2.2.4 wurde ein Vergleich der multikriteriellen Entscheidungsverfahren zur Ermittlung des geeigneten Bewertungsverfahrens bei Mehrfachzielsetzung im Rahmen der Entwicklung der Methodik eines branchenunabhängigen ressourcen- und energiebezogenen Benchmarksystems durchgeführt. Dabei stellte sich der AHP als das wohl geeignetste multikriterielle Verfahren heraus. Mit der Anwendung der entwickelten Methodik am Untersuchungsgegenstand der Wäschereibranche wurde nun auch der AHP auf den Prüfstein gestellt.

Der AHP erwies sich im Rahmen der entwickelten Methodik als ein Entscheidungsverfahren, welches, wie in der Literatur beschrieben zwar mathematisch anspruchsvoll, jedoch infolgedessen auch exakte und differenzierte Ergebnisse liefert. Hierfür waren zum einen die aufwendigen Matrizeniterationen zum anderen die Saaty-Skala mit einer großen Bandbreite von 0 bis 9 verantwortlich.

Des Weiteren erwies sich das Vorhandensein einer Konsistenzanalyse beim AHP im Vergleich zu anderen Ansätzen im Rahmen der Methodikentwicklung als sehr vorteilhaft. Diese Konsistenzprüfungen waren nur möglich, da für die Generierung von Gewichtungen strikt alle Paarvergleiche im Rahmen der empirischen Erhebung vollzogen wurden.

Als sehr positiv bestätigte sich auch nach Anwendung des AHP im Rahmen der entwickelten Methodik, dass der AHP nicht ausschließlich bei der Bewertung von Auswahlproblemen und damit der Auswahl einer optimalen Alternative Anwendung findet, sondern auch nur die alleinige Bewertung einzelner Kriterien und Sub-Kriterien der Fokus der Methode sein kann. Dies untermauert, wie bereits in Kapitel 1.3 erwähnt, dass zur Herstellung einer Vergleichbarkeit heterogener Unternehmen im Rahmen des Benchmarksystems multiple Kriterien der Abgrenzung bzw. Unterscheidung verwendet und später aggregiert werden und somit die Thematik aus methodischer Sicht analog zu einer Entscheidungsunterstützung bei Mehrfachzielsetzung gesehen werden kann, auch wenn keine optimale Alternative gesucht wird.

So konnte mit Hilfe des AHP die Ermittlung eines betriebsindividuellen Gesamtgewichtungsfaktors entwickelt werden, welcher sich aus zahlreichen durch Paarvergleiche generierte Teil-Gewichtungen (TGFs) zusammensetzt, ohne eine optimale Alternativenwahl als Ziel zu haben.

Im Nachhinein kann der Aufwand der Abfrage aller möglichen Paarvergleiche samt der dazugehörigen Ausprägungsskalen von 1-9 des AHP, obwohl dies einen Wäscherei-Fragebogen mit einem Umfang von 22 Seiten zur Folge hatte, als gerechtfertigt und im Hinblick auf die Problemstellung und der Stichprobengröße zielführend eingestuft werden. Seitens der Befragten Betriebe stellte das Ausfüllen eines solch umfangreichen Fragebogens letztendlich kein Hindernis dar, da durch eine anwenderfreundliche Zwischenspeicher-Funktion des elektronischen Fragebogens das Bearbeiten phasenweise vollzogen werden konnte.

Hinzu kommt der Vorteil von auf dem Markt erhältlicher AHP-Software, welche bei den aufwendigen Berechnungen (Matrizeniterationen) des AHP sehr hilfreich waren. Bei den anderen multikriteriellen Methoden war dies meist nicht gegeben oder die Software-Lösungen erwiesen sich als sehr kostspielig.

Des Weiteren mussten sich die Befragten des standardisierten Fragebogens nicht mit dem mathematischen Konstrukt des AHP auseinandersetzen. So stellte die Automatisierung und Einfachheit der Datenabfrage im Rahmen des Fragebogens, welche sich aus der AHP-Software „Expert Choice" ableitete einen großen Vorteil dar. Einzig die strikte Anwendung von Paarvergleichen führt zu mehr Aufwand, was jedoch mit sehr genauen Bewertungen belohnt wurde.

Wie bereits erwähnt, kann zusätzlich beim AHP mittels der Konsistenzanalyse die Qualität bzw. Güte der ermittelten Gewichtungen bewertet und gegebenenfalls korrigiert werden. Dies stellte sich auch bei der Definition und Benennung der Unterscheidungskriterien des Benchmarksystems als hilfreich heraus, da mit der anfänglichen Verwendung des Begriffes des Unterscheidungskriteriums „Wäschereigröße" inkonsistente Antwortmuster resultierten. Danach wurde mit der Begriffsverwendung der „Maschinenausstattung" die eigentliche Intention des Kriteriums deutlich und die Antwortmuster konsistent.

Wie in Kapitel 5.3.2.2.4 beschrieben, sehen Kritiker in der Hierarchiestruktur des AHP die Schwäche wie auch die Stärke des Verfahrens (Schneeweiß, 1991, S. 173). Bei dynamischen sich weiter entwickelnden Problemsituationen, wie sich im Nachhinein ändernden Prioritäteneinschätzungen der Befragten kann sich die statische und fixe Hierarchiestruktur des AHP folglich als hinderlich erweisen. Für das im Rahmen dieser Arbeit entwickelte Benchmarksystem stellte genau dieses statische Charakteristikum einen großen strukturellen Mehrwert dar, da auf diese Weise ein komplexes statisches Gefüge an Kriterien und Sub-Kriterien, in welchem alle Paarvergleichen vollzogen werden, konsistent strukturiert werden konnte.

Aus theoretischer Sicht ist die MAUT im Rahmen der multikriteriellen Verfahrensklasse dem AHP überlegen, da sie den Voraussetzungen an ein präskriptives Entscheidungsverfahren in Form der geforderten Rationalitätspostulate (Kapitel 5.3.2.2.4) entspricht, wie bspw. dass die Kriterien, welche den Paarvergleichen unterzogen werden, vollständig substituierbar sind (Franken, 2009, S. 4).

Da das besagte Kriterien-Gefüge den geforderten Rationalitätspostulaten nicht vollständig entspricht, vor allem da die Kriterien des Benchmarksystems nicht vollständig substituierbar sind, kann die MAUT im Rahmen der Aufgabenstellung nicht zielführend Verwendung finden.

Es wäre jedoch möglich gewesen unter der Konvention der Nicht-Einhaltung aller Rationalitätspostulate dennoch zu agieren, um Unterschiede in der Qualität der Ergebnisse zwischen MAUT und AHP zu analysieren. Dies könnte weiteres Forschungspotential darstellen.

Der hohe Verbreitungsgrad, welcher wohl mit dem hoch entwickelten technischen Stand an AHP-Software-Lösungen auf dem Markt einhergeht, sowie die Anwendungsbezogenheit der Methode selbst waren neben den bereits geschilderten Faktoren ausschlaggebend für die Anwendung des AHP im Rahmen der branchenunabhängigen Methodik.

So kann nach Anwendung des AHP festgestellt werden, dass die Befragten sich hinsichtlich der MAUT mit einem mathematisch aufwendigerem und anspruchsvollerem Konstrukt hätten auseinandersetzen müssen. Dies wäre für die Stichprobenbetriebe ein großes Hindernis gewesen, da schon die Anwendung des AHPs für viele Befragte zwar umsetzbar aber dennoch nicht als trivial eingestuft wurde.

Diese Ausführungen sowie die hohe Präzision der ermittelten Gewichtungen und Ergebnisse der 40 Stichprobenbetriebe unterstreicht die richtige Wahl des geeigneten multikriteriellen Bewertungsverfahrens des AHP zur Entwicklung der Methodik eines branchenunabhängigen ressourcen- und energiebezogenen Benchmarksystems.

Nachfolgend soll auf ein wesentliches Charakteristikum der Methode, die Korrekturfaktoren, eingegangen werden.

7.1.2 Die Korrekturfaktoren

Wie bereits in Kapitel 5.4.3 beschrieben, stellt ein wesentlicher Teil der Ermittlung der Teilgewichtungsfaktoren die jeweiligen Korrekturfaktoren dar, da sie zur Harmonisierung des Bewertungssystems notwendig sind. Folglich sind sie für alle Betriebe der relevanten Branche gleich zu verwenden. So wurde für jeden TGF im Rahmen der Methodik ein Korrekturfakor ermittelt. Hierfür bediente man sich der Teilgewichtungsfaktoren eines fiktiven Durchschnittsbetriebes. Die betriebsindividuellen Spezifika dieses Betriebes entsprechen konsequenterweise den gemittelten betriebsindividuellen Spezifika und damit durchschnittlichen Anteilen (durchschnittlichen Tonnagen) der gesamten Branche.

Es kann an dieser Stelle diskutiert werden, wie die Bildung dieser Korrekturfaktoren vollzogen werden kann. Die angesprochene Durchschnittsbildung könnte bspw. auch durch eine rudimentäre Gleichverteilung der jeweiligen betriebsindividuellen Spezifika ersetzt werden. So erscheinen branchspezifisch auch andere Verteilungen denkbar. Hinsichtlich der Gesamtgewichtungs- sowie Teilgewichtungsfaktoren der Stichprobenbetriebe eignete sich die Durchschnittsbildung jedoch am besten, da die jeweilgen Branchendurchschnittswerte der Faktoren immer den Wert 1 ergaben (bei einer maximalen normierten Abweichung von 13,7 Prozent, siehe Kapitel 6.5). So konnte eine als zielführend einzuordnende Harmonisierung des ressourcen- und energiebezogenen Benchmarksystems vollzogen werden.

7.1.3 Mathematische Abhängigkeiten zwischen den Unterscheidungskriterien

Es wurde bereits in Kapitel 5.2.2 auf die notwendige Einhaltung einer branchenspezifischen Strukturhierarchie bei der Bildung der Paarvergleiche hingewiesen, welche der eines Entscheidungsbaumes ähnelt. So ist es von Relevanz, ob sich Kriterium A nach Kriterium B differenziert oder Kriterium B nach der jeweiligen Ausprägung von Kriterium A unterschieden wird. Dabei ändert sich zwar die Anzahl der Elemente nicht, dennoch sollte es sich um eine inhaltlich logische Strukturhierarchie bzw. Aufbau im Bewertungssystem handeln, da dies deren Definition bzw. Bedeutung beim Befragten ändern kann. So differenzieren bzw.

gliedern sich im betriebsindividuellen Benchmarksystem (Kapitel 6) die Sub-Kriterien Flach-, Trocken- und Formwäsche des Unterscheidungskriteriums Wäscheart nach den Kundenmix 1, 2, 3 und 4 und nicht umgekehrt, da diese Gliederung alle Konstellationen der Branche exakt abbildet.

Darüber hinaus könnte die bestimmte Struktur der Unterscheidungskriterien nicht nur deren Bedeutung, sondern gegebenenfalls auch deren mathematische Abhängigkeiten beeinflussen.

So könnte die entwickelte Methodik versäumt haben strukturelle bzw. hierarchiebedingte Abhängigkeiten auch mathematisch im Rahmen der Ermittlung von Gewichtungen abzubilden. Dieser Problematik könnte man bspw. mit dem Themenfeld der Entropie (Reinheit) von Entscheidungsbäumen begegnen, was infolgedessen weiteres Forschungspotential darstellen würde.

Für den Untersuchungsgegenstand der Wäschereibranche erwies sich die vereinfachte Vorgehensweise im Rahmen der Ergebnisauswertung, sowie nach Aussage der Wäschereibetriebe hinsichtlich der Repräsentativität bzw. Praxisbezogenheit und damit dem Nutzen der Ergebnisse dennoch als zielführend.

7.1.4 Vor- und Nachteile der Methodik des branchenunabhängigen Benchmarksystems hinsichtlich ausgewählten Ansätzen der kennzahlenbezogenen Umweltleistungsbewertung

Ein weiterer großer Teil der Methodendiskussion stellt den verfolgten Anwendungszweck dar. Folglich muss sich jeder Anwender bzw. Betrieb hinsichtlich der Wahl des geeigneten Verfahrens der Umweltleistungsbewertung des entsprechenden Bezugsrahmens und Zwecks klar werden.

So müssen zahlreiche Fragen geklärt werden, wie bzw. ob die Umweltleistung einer ganzen Organisation oder eher eines Organisationsteils oder ob ein Produkt oder Prozess bewertet werden soll. Dann muss geklärt werden, ob mehrere Wirkungskategorien parallel oder nur auf eine Wirkungskategorie, wie z.B. das Treibhausgaspotential fokussiert werden soll. Es sollte auch in Erfahrung gebracht werden, wie die Systemgrenzen definiert sind und damit ob die Organisation selbst die Grenze darstellt oder der gesamte Lebenszyklus von der Wiege bis zur Bahre (Haubach, 2013, S. 61).

In Kapitel 3.3 der vorliegenden Arbeit wurden bereits ähnliche Ansätze der kennzahlenbezogenen Umweltleistungsbewertung vorgestellt, um das im Rahmen dieser Arbeit zu entwickelnde Bewertungssystem zur Messung der Ökoeffizienz (betriebsindividuelles Benchmarksystem) vor dessen Anwendung thematisch einzuordnen. Diese Ansätze stellten die Methode der ökologischen Knappheit (BUWAL-Methode), der Ökologische Fußabdruck sowie dessen Anwendung auf Organisationen – der Organisation Environmental Footprint und die

DIN EN ISO 14072 - Organisational Life Cycle Assessment (Spezifikation der Ökobilanzierung nach der DIN EN ISO 14040/14044 auf Organisationen) dar. Sie haben alle gemein, dass sie auf Organisationen zugeschnittenen sind.

Nachfolgend soll nach Anwendung der Methodik in Kapitel 6 hinsichtlich den in Kapitel 3.3 vorgestellten Ansätzen der kennzahlenbezogenen Umweltleistungsbewertung diskutiert werden, an welcher Stelle die entwickelte Methode Vor- bzw. mit Blick auf die anderen Ansätze Nachteile hat.

7.1.5 Vor- und Nachteile der entwickelten Methodik hinsichtlich der Methode der ökologischen Knappheit

Wie bereits in Kapitel 3.3.1 beschrieben, basieren die Bewertungskriterien der Methode der ökologischen Knappheit meist auf politisch konstruierten Werten, was wohl auf einen nicht unerheblichen subjektiv behafteten Anteil der Bewertungsgrundlage schließen lässt (Powell et al., 1997, S 11-15). Somit besteht keine einheitliche transparente und verbindliche Richtlinie bzw. Vorgehensweise, wie eine korrekte Bestimmung von Umweltbelastungspunkten vollzogen werden soll (Finnveden, 1997, S. 163-169).

Die Werte der Bewertungskriterien des im Rahmen dieser Arbeit entwickelten Benchmarksystems basieren auf exakten empirisch erhobenen Ressourcen- und Energieverbräuchen der Betriebe einer Branche zur Herstellung einer Produktionseinheit, sodass keine externen Einflüsse vorliegen können. Dabei ist einzig die Auswahl der wesentlichen Bewertungskriterien nicht frei von politischen Zusammenhängen und sollte gegebenenfalls in einer Stakeholderanalyse bestimmt werden.

Die Methodik des entwickelten Benchmarksystems basiert des Weiteren auf einer strukturierten und eindeutigen Vorgehensweise, welche in Kapitel 5 ausführlich beschrieben wurde (siehe Formel 2-20).

Das Ziel des im Rahmen dieser Arbeit zu entwickelnden Bewertungssystems der Ökoeffizienz stellt die Herstellung einer aussagekräftigen Vergleichbarkeit der Umweltleistung heterogener Unternehmen einer Branche dar. So kann infolgedessen ein Vergleich gewichteter bzw. angepasster relativer IST-Werte eines Betriebes mit dem Branchendurchschnitt sowie den ebenfalls mit dem GGF angepassten relativen IST-Werten anderer Betriebe vollzogen und damit gegebenenfalls Brennpunkte im Sinne einer Hot-Spot-Analyse identifiziert werden. Auch die Methode der ökologischen Knappheit kann durch Herstellung einer Vergleichbarkeit mittels Umweltbelastungspunkten solche Brennpunkte offenlegen, jedoch stellen die soeben dargelegten Kritikpunkte eines möglichen Mangels an Objektivität und Transparenz wegen politisch konstruierten Werten der Bewertungskriterien einen gewissen Nachteil dar, der dem makroökonomischen Charakter des Ansatzes geschuldet sein könnte.

Abschließend kann festgestellt werden, dass die vornehmlich ökologisch ausgerichtet Methode der ökologischen Knappheit keine monetären Größen vor dem Hintergrund des nachhaltigen Wirtschaftens abbildet, wobei die ökonomische Nachhaltigkeit aus Unternehmenssicht von großem Interesse sein dürfte.

7.1.6 Vor- und Nachteile der entwickelten Methodik hinsichtlich des Organisation Environmental Footprints

Die Anwendung des Organisation Environmental Footprints (Kapitel 3.3.3) setzt einerseits einen hohen Abstrahierungsgrad hinsichtlich der Konstruktion eines Globalen Hektars von der realen Flächennutzung, sowie andererseits eine Vielzahl an größtenteils konstruierten Annahmen voraus (Giljum, 2007, S. 3). Die Methodik des branchenunabhängigen Benchmarksystems legt hingegen ohne große Abstrahierung und Annahmen fest, wie die wesentlichen Unterscheidungskriterien der Betriebe einer Branche zu bestimmen und infolgedessen zur Ermittlung von Gewichtungen verwendet werden können, um die Herstellung einer Vergleichbarkeit der Ressourcen- und Energieverbräuche zu schaffen. Die entwickelte Methodik ist damit klar strukturiert (siehe Formel 2-20) und basiert auf dem wissenschaftlichen Konzept der Ökoeffizienz.

Obwohl beide Ansätze auf die Umweltleistungsbewertung von Organisationen zugeschnitten sind, so scheinen sie dennoch grundsätzlich verschieden zu sein, da die Ansatzpunkte beim OEF eher makroökonomischer, beim entwickelten Benchmarksystem hingegen mikroökonomischer Natur sind. Die Kritikpunkte der hohen Abstrahierung und großen Anzahl an Annahmen des OEF können hier als Beispiel für makroökonomische Ansätze genannt werden.

· Die im Rahmen dieser Arbeit entwickelte Methodik ist folglich für eine mikroökonomisch orientierte Umweltleistungsbewertung ausgelegt, um die Identifizierung von bspw. ressourcen- und energiespezifischen Brennpunkten oder Potentialen eines Betriebes in Folge der Anwendung zu ermöglichen.

Zuletzt sei noch darauf hingewiesen, dass auch der ökologisch ausgerichtete OEF keine monetären Größen vor dem Hintergrund des nachhaltigen Wirtschaftens abbildet im Gegensatz zur entwickelten Methodik.

7.1.7 Vor- und Nachteile der entwickelten Methodik hinsichtlich des Organisational Life Cycle Assessments

Wie bereits in Kapitel 3.3.4 beschrieben, möchte das Organisational Life Cycle Assessment bzw. die DIN EN ISO 14072 einen Standard anbieten, welcher auf einem generalisierenden und umfassenden Ansatz basiert, indem LCA-Methodologie erstmals auf Organisationen angewendet wird. Da sich die Norm nahtlos und rechtsgültig an die weltweit anerkannte LCA-Methodik der DIN EN ISO 14040/14044 angliedert, stellt sie ein neues und sehr interessantes Werkzeug zur Messung der Umweltleistung speziell für Organisationen dar, ohne dabei wie die bereits vorgestellten Konzepte mit hohen Abstrahierungen oder einer Vielzahl an Annahmen zu arbeiten (Finkbeiner, 2013, S. 1-4).

Doch auch dieses Instrument führt im Gegensatz zum im Rahmen der Arbeit entwickelten Benchmarksystem keine monetäre bzw. ökonomische Berücksichtigung der Stoff- und Energieflüsse und damit Kostentreiber vor dem Hintergrund der Beanspruchung der Umwelt einer Organisation durch, sondern bilanziert einzig die Umweltaspekte und -auswirkungen einer Organisation. Dies bietet den Betrieben neben dem ökologischen jedoch keinen unmittelbaren ökonomischen Mehrwert. Hinzu kommt die branchenunabhängige Ausrichtung der Norm, ohne detaillierte und anwendungsnahe Hinweise für branchenspezifische Spezifikationen anzubieten. Somit hat Sie das gleiche Problem, wie die ursprüngliche DIN EN ISO 14040/14044, indem sie oft keine Alternative für eine direkte Verbesserung der Umweltleistung eines Betriebes darstellt, da sie lediglich den Management- oder Bewertungsrahmen zur Verbesserung der Nachhaltigkeitsleistung aufzeigt. Die Unternehmen müssen ihre Kennzahlen und Ziele selbst definieren und folglich direkte Handlungsverbesserungen für einen kontinuierlichen Verbesserungsprozess der Umweltleistung eigenständig ableiten. Diesen Herausforderungen sind viele Betriebe jedoch nicht gewachsen. Die Methodik des Benchmarksystems ist ebenfalls branchenunabhängig aufgebaut, zeigt dabei aber genau auf, wie sie branchenspezifisch umzusetzen ist, sodass eine aussagekräftige Messung der Ressourcen- und Energieeffizienz vollzogen werden kann. So ist die Generierung eines direkten ökologischen und ökonomischen Mehrwerts mit wenig Aufwand möglich.

Zusammenfassend kann nach einer ausführlichen Methodendiskussion festgestellt werden, dass das entwickelte Bewertungssystem zur Messung der Umweltleistung (Ökoeffizienz) einer Organisation ein neues ökologie- und ökonomieoptimierendes Verfahren darstellt, welches im Rahmen der LCA-Methodik als Werkzeug ökologisch-ökonomischen Benchmarkings zur Generierung von entsprechenden Umweltkennzahlen der Ressourcen- und Energieeffizienz eingesetzt bzw. integriert werden kann.

7.2 Ergebnisdiskussion

Nachfolgend sollen die mit dem betriebsindividuellen Benchmarksystem ermittelten Ergebnisse (Kapitel 6.5), welche durch die Anwendung der entwickelten Methodik am Untersuchungsgegenstand der Wäschereibranche bestimmt wurden, einer kritischen Diskussion unterzogen werden. Dabei soll zunächst auf in diesem Zusammenhang abgeleitetes Optimierungspotential des betriebsindividuellen Benchmarksystems selbst eingegangen werden.

7.2.1 Die wissenschaftliche Präzision des betriebsindividuellen Benchmarksystems

Der wissenschaftliche Anspruch auf klare Gliederung, klare Aussagen und Präzision kann generell im Widerspruch zur betrieblichen Praxis stehen. Somit kann die Beantwortung vieler Paarvergleiche im Rahmen der Generierung von Gewichtungen schwierig bis unmöglich sein, weil einige der für die Gegenüberstellung verwendeten Kriterien nicht klar definiert sind oder überhaupt nicht sein können. Dies soll nachfolgend diskutiert werden.

Im Fragebogen wird ausdrücklich darauf hingewiesen, dass Branchenmeinungen und Tendenzen abgefragt werden (zur Bestimmung der relativen Wichtigkeiten und Kriteriengewichtungen). Es geht generell nicht um absolut präzise Größen, sondern vielmehr um branchenrelevante Relationen und Korrelationen der wesentlichen Unterscheidungskriterien, wie im Fall der Wäschereibranche „Maschinenausstattung", „Kundenmix", „Wäscheart" und „Verschmutzungsart". So sollte ein Modell entwickelt werden, welches es möglich macht Unternehmen mit unterschiedlichsten Betriebskonstellationen mit Hilfe eines individuellen Gesamtgewichtungsfaktors miteinander vergleichbar zu machen. Die Ergebnisse der empirischen Erhebung konnten aufzeigen, dass dies erfolgreich umgesetzt werden konnte, da der Durchschnitt der individuellen Gesamtgewichtungsfaktoren, sowie Teilgewichtungsfaktoren aller 40 Stichprobenbetriebe bei einer maximalen normierten Abweichung von 13,7 Prozent immer den Wert 1 ergab, was in Kapitel 6.5 genauer dargestellt wurde. Das bedeutet, dass der individuelle Durchschnitts-Gesamtgewichtungsfaktor die relativen IST-Werte durch Multiplikation unverändert lassen würde, was beim Branchendurchschnitt bei korrekter Bewertungssystematik auch zu erwarten ist. Dieses Ergebnis spiegelt sich auch bei den Wäschereibetrieben wieder, indem eine starke Übereinstimmung bei deren Antworten und damit konsistente Antwortmuster ermittelt wurden. So zeigte auch die Analyse im Rahmen der Ergebnisauswertung in Kapitel 6.5, dass die ermittelten Gewichtungsfaktoren die Realität abbilden. Dies muss aber nicht gleichermaßen für alle heterogenen Branchen gelten, da die Bestimmung der

Unterscheidungskriterien schwierig bzw. aufwändig und damit impraktikabel sein kann oder überhaupt nur sehr wenige und rudimentäre Kriterien vorhanden sind. So sind die Gewichtungen immer nur so präzise wie die Unterscheidungskriterien hinsichtlich ihrer Qualität als auch Quantität zur Differenzierung und Charakterisierung der Unternehmen beitragen. Dabei kann man unter der Qualität die Eindeutigkeit und damit Überschneidungsfreiheit der Kriterien beschreiben, um die Unternehmen voneinander zu unterscheiden. Die Quantität an Unterscheidungskriterien und damit Anzahl an Paarvergleichen trägt dementsprechend zum Detaillierungsgrad der Gewichtungen bei, wobei es möglicherweise eine sensible Praktikabilitätsgrenze im Sinne eines Akzeptanzniveaus bezüglich der befragten Stichprobe geben müsste, welche möglicherweise der angestrebten Präzision der Gewichtungen gegenläufig ist, da verzerrte Antwortmuster resultieren könnten. Diese Zusammenhänge genauer zu analysieren könnte Gegenstand weiterer Forschung darstellen.

7.2.2 Die Ausprägungstiefe der Datenabfrage des betriebsindividuellen Benchmarksystems

Im Zusammenhang mit der in Kapitel 7.2.1 erwähnten Kritik kann man infolgedessen an der Abfrage im standardisierten Wäscherei-Fragebogen kritisieren, dass für eine genaue Beantwortung der Paarvergleiche der Unterscheidungskriterien, die Ressourcen- und Energieverbräuche pro Unterscheidungskriterium exakt bekannt sein müssten (auf einer Ausprägungsskala von 1 - 9 sogar sehr genau), was aufgrund der Abstraktion unmöglich ist. Dieser Kritik kann wieder mit dem Sachverhalt begegnet werden, dass im Fragebogen lediglich Branchenmeinungen und Tendenzen abgefragt werden, welche dennoch so präzise wie möglich gestaltet werden sollten um die Praxis so gut wie möglich abzubilden. Wie in Kapitel 7.2.1 soeben erläutert, zeigen die Ergebnisse der empirischen Erhebung, dass genau dies mit der angewandten Abfragesystematik umgesetzt worden ist. Somit kann die Verwendung der Saaty-Skala mit ihrer Ausprägungstiefe von 1 - 9 als zielführend betrachtet werden, da meist differenzierte Antwortmuster zu beobachten waren, welche für eine exakte Gewichtung notwendig sind. Es bleibt jedoch aus den bereits in Kapitel 7.2.1 genannten Gründen zu erwähnen, dass dies nicht gleichermaßen für alle Branchen gelten muss. So kann es immer auch Probleme der Praktikabilität im Sinne des angesprochenen Akzeptanzniveaus der befragten Stichprobe hinsichtlich der Ausprägungsskala geben.

    Doch kommen wir nun im Detail zu möglichen Kritikpunkten der einzelnen Unterscheidungskriterien, sowie deren Sub-Unterscheidungskriterien im Rahmen der Methodik.

7.2.3 Das Unterscheidungskriterium Maschinenausstattung des betriebsindividuellen Benchmarksystems

Die sinkenden Stückkosten pro Kilogramm saubere Wäsche, welche in Form der degressiven Stückkostenkurve in Kapitel 6.1.2 dargestellt wurden, könnten auf die Ressourcen- und Energieeffizienz keinen erheblichen Einfluss haben. Beim Waschen ist durch sehr unterschiedliche größenabhängigen Maschinenausstattungen zwar ein Skaleneffekt erkennbar, jedoch beim energetisch aufwendigeren Maschinenpark für das Trocknen gibt es keinen technologischen „Quantensprung" wie beim Waschen von der Waschschleudermaschine zur Waschstraße (15-25 Liter zu 3-8 Liter Frischwasser pro Kilogramm saubere Wäsche). Das bedeutet, große Wäschereien haben bspw. denselben Trockner wie kleine Betriebe, jedoch diesen 10-mal nebeneinander installiert. Dies kann als Kritikpunkt aufgefasst werden, die „Maschinenausstattung" als Unterscheidungskriterium zu berücksichtigen, obwohl sie nicht ausreichend bedeutsam und damit relevant ist.

Hier kann man entgegnen, dass viele Wäschereien dennoch die liquiden Mittel zur Anschaffung modernster Trocknungsanlagen haben, die wiederum mit Wasser- und Wärmerückgewinnung arbeiten und damit auch ein Skaleneffekt beim Trocken festzustellen ist, der zwar nicht so intensiv wie beim Waschen ausfällt, jedoch durchaus als bedeutsam bezeichnet werden kann.

Des Weiteren konnte die Analyse im Rahmen der Ergebnisauswertung in Kapitel 6.5 aufzeigen, dass die „Maschinenausstattung" ein relevantes und repräsentatives Unterscheidungskriterium für die Wäschereibranche darstellt.

Es bleibt an dieser Stelle festzuhalten, dass das Unterscheidungskriterium der Maschinenausstattung wohl für viele Branchen von Relevanz sein dürfte, da es branchenunabhängig einen großen Einfluss auf die Ressourcen- und Energieverbräuche der Betriebe ausübt.

7.2.4 Das Unterscheidungskriterium Kundenmix des betriebsindividuellen Benchmarksystems

Beim Unterscheidungskriterium „Kundenmix" kann man kritisch hinterfragen, ob es irrelevant sei, da der Kundenmix wiederum in „Wäschearten" untergliedert ist und demnach eine ausschließliche Gliederung nur nach Wäschearten ausreichend sein könnte. Der „Kundenmix" ist jedoch notwendig, um die Vielfalt an Verschmutzungen zu typologisieren bzw. zuzuordnen. So stellt bspw. stark verschmutzte Flachwäsche (Bettlaken) aus Hotels eine andere Situation dar, als stark verschmutzte Flachwäsche aus Altenheimen. Folglich stellt ein Clustern nach Kundengruppen bzw. -mixen eine absolut relevante Zusatzinformation dar, die für eine differenzierte Bewertung nicht vernachlässigt werden darf. In der

Praxis bestehen genau aus diesem Grund für verschiedene Kundengruppen verschiedene Waschprogramme, da die Anschmutzungen oder Flecken selbstverständlich kundenbezogen vielseitig sind.

So ist der Faktor „Sortimentskomplexität" im Modell ebenfalls erfasst und wird über konkrete Tonnagenangaben der jeweiligen Wäscherei anteilig, d.h. in ihrer Bezeichnung „losgrößenrelevant" bestimmt. Die gesamte gewaschene Wäsche einer spezifischen Wäscherei teilt sich auf in Kundenanteile, diese wiederum in Wäschearten und diese schließlich in Verschmutzungsarten. Dies entspricht der realen Sortimentskomplexität.

Zusätzlich entschied sich der Autor ganz bewusst für die Verwendung beider Unterscheidungskriterien des Kundenmix und der Wäscheart, da zum einen ohne die Wäscheart kein Benchmarking hinsichtlich des Werterhalts (Gesamtvergrauungswert – siehe Kapitel 6.4.6.6) möglich ist, da diese den Trocknungsprozess miteinschließt, welcher durch die Wäschearten definiert wird. Zum anderen wird in der empirischen Erhebung (Fragebogen) ganz bewusst die gesamte Wiederaufbereitung miteinbezogen (Welches Kriterium hat einen größeren Einfluss auf den Ressourcen- und Energieverbrauch?; Welches Kriterium hat einen größeren Ressourcen- und Energieverbrauch zur Folge?). Folglich kann auf den Kundenmix nicht verzichtet werden, da sich Wäsche- wie auch Verschmutzungsarten nach den Kundengruppen definieren. Dies spiegelt auch die Differenzierung in den vielen Richtlinien des Robert-Koch-Instituts (RKI) und des Deutschen Instituts für Gütesicherung und Kennzeichnung (RAL) wieder. So steht bspw. die Richtlinie der Wiederaufbereitung für Textilien nach RAL-GZ 992/1 für Hotels, RAL-GZ 992/2 für Krankenhäuser, RAL-GZ 992/3 für Berufsbekleidung und RAL-GZ 992/4 für Alten- und Pflegeheime (RAL, 2011).

Wie bereits in Kapitel 7.2.1 erwähnt, ist die Anzahl an überschneidungsfreien Unterscheidungskriterien für die branchenspezifischen Detaillierungsmöglichkeiten und damit Präzision der zu ermittelten Gewichtungen maßgeblich.

Dennoch ist ein hoher Detaillierungsgrad nicht für alle heterogenen Branchen gleichermaßen möglich, sodass bspw. nur sehr wenige oder auch nur rudimentäre Kriterien vorhanden sein können, die auch als Unterscheidungskriterien geeignet sind. Hier sollte auf weitere nicht in vollem Umfang vertretbare Unterscheidungskriterien verzichtet werden, um die Gesamtgewichtung nicht negativ zu beeinflussen.

Es bleibt an dieser Stelle festzuhalten, dass das Unterscheidungskriterium des Kundenmix wohl ebenfalls für viele Branchen von Relevanz sein dürfte, da es branchenunabhängig einen großen Einfluss auf die Ressourcen- und Energieverbräuche der Betriebe ausübt.

7.2.5 Das Unterscheidungskriterium Wäscheart des betriebsindividuellen Benchmarksystems

Der Energieverbrauch für im Luftstrom getrocknete Wäsche (Trockenwäsche aus Trockner oder Formwäsche aus Finisher) ist wegen des schlechteren Wärmeübertrags größer als der Energieverbrauch für geplättete Wäsche aus der Mangel (Flachwäsche). In der Praxis könnten diese Unterschiede jedoch durch die Maschinentechnik, wie bspw. Wärmerückgewinnung und die betriebsspezifischen Rahmenbedingungen (Maschinenauslastung) nicht in jedem Fall gegeben sein, sodass eine Differenzierung nach der Wäscheart unnötig sein könnte.

Dieser Sachverhalt ist jedoch branchenweit nicht von Belang, da die wenigsten Betriebe die hierfür notwendige Infrastruktur vorweisen können. Dies bestätigten auch die Ergebnisse der empirischen Erhebung wie auch das Feedback der befragten Wäschereien. Weitere Gründe, welche die Wäscheart als ein notwendiges Unterscheidungskriterium des Benchmarksystems beschreiben, wurden bereits im Rahmen des zuvor erläuterten Unterscheidungskriteriums des Kundenmix erläutert. Diese Zusammenhänge gelten ebenfalls für das Unterscheidungskriterium der Verschmutzungsart.

Des Weiteren könnten weitere Unterscheidungskriterien, die im Bewertungssystem bislang keine Berücksichtigung fanden, relevant sein.

7.2.6 Weitere mögliche Einflussfaktoren des Ressourcen- und Energieverbrauchs des betriebsindividuellen Benchmarksystems

In der Praxis zeigt sich, dass der Ressourcen- und Energieverbrauch durch das Kriterium „Qualität des Ressourcenmanagements", wie bspw. Wärme- und Wasserrückgewinnung ebenfalls beeinflusst wird, wie durch die Unterscheidungskriterien „Maschinenausstattung", „Kundenmix", „Wäscheart" und „Verschmutzungsart".

Außerdem könnte bei einer „Black-Box-Betrachtung" ein wesentlicher Teil des Energieverbrauchs nicht durch den wäschespezifischen Energieverbrauch für die Wassererwärmung und Trocknung der Wäsche gebraucht werden, sondern durch das Kriterium „Infrastruktur" verlorengehen (nicht Maschinenausstattung sondern übergeordnete Kriterien wie Wärmeabstrahlung, Dampfverluste des Gesamtbetriebes bzw. Gebäudes).

Natürlich sind die aufgeführten weiteren Kriterien ebenfalls relevant für den Energie- und Ressourcenverbrauch einer gewerblichen Wäscherei, zusätzlich zum wäschespezifischen Verbrauch durch Waschen und Trocknen. Jedoch können solche individuellen sowie schwer messbaren und damit vergleichbaren Kriterien nicht ohne Weiteres in ein branchenweites Bewertungssystem integriert werden, welches zum einen leicht nachvollziehbar und klar strukturiert ist und auf der anderen Seite auf einer quantitativen Bewertung der effektiven und auch nachprüfbaren Energie- und Ressourcenverbräuche basiert.

Für die aufgezeigten weiteren Kriterien ist somit individuelles und betriebsspezifisches „Consulting" gefragt. Die Komplexität und der Grad der Individualität der hier zusätzlich genannten Bewertungskriterien könnte weiteres Forschungspotential darstellen, wobei es fraglich ist, ob dies im Rahmen eines betriebsindividuellen Benchmarksystems, welches für alle Betriebe der Wäschereibranche gleichermaßen Anwendung findet, umsetzbar ist. Die aufgezeigten Kriterien könnten jedoch in anderen heterogenen Branchen durchaus im Rahmen eines Bewertungssystems umsetzbar sein. Dies könnte zum einen mit den anzutreffenden branchenspezifischen Detaillierungsmöglichkeiten und damit Anzahl an überschneidungsfreien Unterscheidungskriterien, sowie zum anderen mit den bereits erwähnten Akzeptanzniveau der Stichprobe hinsichtlich des Umfangs der Befragung zusammenhängen.

Nachdem nun die Unterscheidungskriterien des betriebsindividuellen Benchmarksystems im Zuge der Ergebnisauswertung kritisch hinterfragt und diskutiert wurden, soll nun darauf aufbauend mit den Bewertungskriterien fortgefahren werden.

7.2.7 Die Anpassung der Bewertungskriterien mit dem individuellen Gesamtgewichtungsfaktor im Rahmen des betriebsindividuellen Benchmarksystems

Wie bereits dargestellt, wird der ermittelte individuelle Gesamtgewichtungsfaktor (GGF) eines Betriebes gleichermaßen zur Anpassung der relativen IST-Werte aller Bewertungskriterien verwendet (außer beim Unterscheidungskriterium der Verarbeitungsqualität). Es ist jedoch möglich, dass die Bewertungskriterien nicht gleichermaßen mit demselben GGF individualisiert werden können, da sie nicht alle die gleichen ressourcen- und energiespezifischen Charakteristika aufweisen. So ist z.B. der Wasser- mit dem Energieverbrauch nicht ohne weiteres vergleichbar, da es sich um völlig unterschiedliche Medien handelt. Damit müsste der GGF für jedes Bewertungskriterium spezifisch angepasst werden (bspw. durch einen physikalischen Äquivalentfaktor oder einer neutralen physikalischen Größe). Hierfür ist jedoch die Abfrage zusätzlicher branchenweit geltender Charakteristika in Form von relativen Wichtigkeiten notwendig, wie bspw. die Ermittlung der Relation von Wasser zu Energie hinsichtlich des Einflusses auf den Ressourcen- und Energieverbrauch. Die Bildung eines Expertenkreises oder generalisierend die Durchführung einer Stakeholderanalyse wäre hierfür zielführend. Dies stellt vermutlich genug Raum für weiteres Forschungspotential dar.

Die individuellen Gewichtungsfaktoren, welche durch die Ergebnisse der empirischen Erhebung ermittelt wurden, unterliegen somit einer gewissen Vereinfachung. Es zeigt sich dennoch im Rahmen der angewandten Methodik am Untersuchungsgegenstand der Wäschereibranche, dass die Gewichtungen einen hohen Praxisbezug aufweisen und damit die individuelle Betriebssituation einer Wäscherei gut abbilden. Dies bestätigten die Wäschereibetriebe der Studie, da aussagekräftige Vergleiche der jeweiligen relativen IST-Werte der Bewertungskriterien, wie bspw. der Wasser- und Energieverbrauch pro Kilogramm saubere Wäsche, vollzogen werden konnten, siehe Kapitel 6.5. Diese gewisse Vereinfachung muss nicht gleichermaßen für alle anderen heterogenen Branchen gelten. Insofern könnte es weiteres Forschungspotential darstellten genauer zu analysieren, ob bspw. in Abhängigkeit der Grades der Heterogenität einer Branche die entsprechenden Bewertungskriterien für ein repräsentatives Ergebnis zueinander in Relation gesetzt und damit gewichtet werden müssen. Es könnte aber auch einzig aufgrund der gegebenen physikalischen Charakteristika bzw. Gesetzmäßigkeiten der branchenspezifischen Bewertungskriterien notwendig sein zu gewichten.

Abschließend soll auf die Ergebnisse der empirischen Erhebung fokussiert werden.

7.2.8 Interpretation der Ergebnisse des betriebsindividuellen Benchmarksystems

In Kapitel 6.5 wurde bereits die Funktionalität des individuellen Gesamtgewichtungsfaktors im Rahmen der Stichprobe und damit am Beispiel der Wäschereibranche dargestellt. Es zeigte sich, dass die relativen IST-Werte der Bewertungskriterien einer kleinen Wäscherei (dreieckiges Cluster) durch einen individuellen Gesamtgewichtungsfaktor (GGF) kleiner 1 „herabgesetzt" und damit durch die Individualisierung „verbessert bzw. vereinfacht" werden. So wird bspw. der IST-Wert des Kilowattstundenverbrauchs pro Kilogramm saubere Wäsche mit einem GGF von 0,8 um 20 Prozent herabgesetzt, um mit dem Branchendurchschnitt oder einem ebenfalls bewerteten Betrieb vergleichbar zu werden. Im Kehrschluss werden größere Wäschereien (viereckige bzw. rautenförmige Cluster) mit einem GGF von bspw. 1,2 um 20 Prozent heraufgesetzt und damit „verschlechtert bzw. erschwert", um die aufgezeigte Vergleichbarkeit zu schaffen. Dieses „Herabsetzen" bzw. „Heraufsetzen" der Betriebe kann zum einen mit der aufgezeigten größenclusterabhängigen Korrelation hinsichtlich des Unterscheidungskriteriums der Maschinenausstattung, sowie zum anderen hinsichtlich der größenclusterabhängigen Korrelation des Unterscheidungskriteriums des Kundenmix erklärt werden (siehe Kapitel 6.5).

Bei den Unterscheidungskriterien der Wäscheart und der Verschmutzungs-art unterschieden sich die jeweiligen Teilgewichtungsfaktoren (TGFs) nicht signifikant gemäß ANOVA (one way) hinsichtlich der verschiedenen Größen-cluster. So waren bei diesen beiden UKs keine größenclusterabhängigen Trends oder Korrelationen zu beobachten.

Natürlich kann es, wegen den durchgeführten größenclusterabhängigen Vergleichen zur Ermittlung von Korrelationen zu gewissen Überlappungen kommen, da sowohl die größenclusterabhängige Darstellung des UK der Ma-schinenausstattung, als auch des Kundenmix gleichgerichtete Korrelationen aufzeigte. Die diesbezüglich in Kapitel 6.5 dargestellte Analyse konnte jedoch aufzeigen, dass von einem vertretbaren Anteil an Dopplungen ausgegangen wer-den kann.

So wurden im Rahmen des betriebsindividuellen Benchmarksystems alle vier UKs eingesetzt, wobei dies noch nicht als optimal bezeichnet werden kann, da mit dem UK der Maschinenausstattung nicht alle vier Unterscheidungskriteri-en gleichermaßen den paarweisen Vergleichen unterzogen werden konnten.

Nachfolgend sollen die aufgezeigten empirischen Ergebnisse weiterführend interpretiert werden. Zunächst soll erläutert werden, wieso der GGF des Wäsche-reibetriebes desto kleiner ist, je kleiner das Größencluster ist, dem der Betrieb angehört, was aufgrund von Signifikanz- und Korrelationswerten bestätigt wur-de. Dies kann mit den bereits erwähnten Unterscheidungskriterien der Maschi-nenausstattung, als auch des Kundenmix erklärt werden. Im Rahmen der empiri-schen Ermittlung repräsentativer Unterscheidungskriterien einer gewerblichen Wäscherei war das Kriterium der Maschinenausstattung stets sehr zentral. Die Sub-Unterscheidungskriterien „MA einer kleinen Wäscherei", „MA einer mittle-ren Wäscherei" und „MA einer großen Wäscherei" wurden statistisch mit aus der Stichprobe erhobenen Grenzwerten bestimmt, wie in Kapitel 6.1.2 dargestellt. Bei der empirischen Untersuchung wurde ersichtlich, dass mit der Größe einer gewerblichen Wäscherei ganz erheblich die Infrastruktur im Sinne der Maschi-nenausstattung korreliert, was natürlich einen immensen Einfluss auf den Res-sourcen- und Energieverbrauch ausübt, was in Kapitel 4.7.1 bereits genauer erläutert wurde. So steigt der MA-TGF mit sinkender Wäschereigröße. Analog steigt ebenfalls der KM-TGF mit sinkender Wäschereigröße (wenn man mittlere und große Wäschereien zu einem Größencluster zusammenfügt). Auch dies wur-de aufgrund von Signifikanz- und Korrelationswerten, sowie eines T-Tests bestä-tigt. Folglich verwundert es nicht, dass der individuelle Gesamtgewichtungsfak-tor des Stichprobenbetriebes umso kleiner ist, je kleiner das Maschinenausstat-tung-Betriebsgrößen-Cluster ist, dem der Betrieb angehört und umgekehrt (For-mel 45).

Des Weiteren soll diskutiert werden, wieso die Tonnagenanteile des vereinten Größenclusters mittlerer und großer Betriebe an den „einfacheren" Kundenmixen 1 und 2 ca. 75 Prozent verbuchen, hingegen die „schwereren" Kundenmixe 3 und 4 nur ca. 25 Prozent der bearbeiteten Wäsche ausmachen. Kleine Wäschereien hingegen haben einen wesentlich höheren Anteil an den Kundenmixen 3 und 4 mit ca. 39 Prozent. Die beschriebenen Zusammenhänge wurden bisher mit dem Trend erläutert, dass kleine Wäschereien hinsichtlich des Unterscheidungskriteriums des Kundenmix einer "schwereren" Wiedcraufbereitungsaufgabe gegenüberstehen, mittlere und große Wäschereien dementsprechend umgekehrt.

So bearbeiten kleinere Wäschereien vermehrt auch „schwerere" Kundenmixe wie Berufsbekleidung und Altenpflegeheime, da diese Wäscheposten bzw. – arten vermehrt auf Waschschleudermaschinen oder kleineren Waschstraßen bearbeitet werden aufgrund der diffizilen Zusammensetzung oder Diversität der Wäschestücke, welche in Masse nicht bearbeitet werden können, im Gegensatz zu Hotel- oder Krankenhauswäsche. So gibt es bspw. Kaschmirpullover und Krawatten aus Altenpflegeheimen, die gesondert in einzelnen flexiblen Maschinen behandelt werden müssen.

Bei den UKs bzw. Teilgewichtungsfaktoren der Wäscheart, sowie der Verschmutzungsart waren hingegen keine größenabhängige Trends oder Korrelationen zu beobachten.

Dieser Sachverhalt kann damit begründet werden, dass alle Wäschereibetriebe alle Wäschearten und auch Verschmutzungsarten in ihrem Sortiment haben und damit keine größen- oder kundenmixabhängigen Unterschiede anzutreffen sind. So haben auch alle Wäschereien alle Wäschekategorien samt Verschmutzungstypen.

Zusammenfassend konnte im Rahmen der Ergebnisauswertung in Kapitel 6.5 festgestellt werden, dass die Anteile der relativen Wichtigkeiten der vier Unterscheidungskriterien Maschinenausstattung, Kundenmix, Wäscheart und Verschmutzungsart annähernd gleichverteilt sind, sodass deren Teilgewichtungsfaktoren auch einen gleichwertigen Einfluss auf den Gesamtgewichtungsfaktor ausüben.

Eine Signifikanz hinsichtlich einer größenabhängigen Korrelation der beiden Unterscheidungskriterien der Wäsche-, sowie Verschmutzungsart konnte im Gegensatz zu den UKs der Maschinenausstattung und des Kundenmix nicht festgestellt werden, obwohl die Experten deren angesprochene relative Wichtigkeit zum GGF in ihrer Einschätzung angegeben hatten. Es könnte folglich weiteres Forschungspotential darstellen zu untersuchen, welche Aspekte diese beiden Unterscheidungskriterien beeinflussen, sowie gegebenenfalls darüber hinaus welche Aspekte einen Einfluss auf gleichzeitig alle vier relativen Wichtigkeiten und damit alle Unterscheidungskriterien haben. Dies wäre im Rahmen einer größeren Stichprobe umzusetzen.

Abschließend kann konstatiert werden, dass die Funktionalität des Konzeptes des individuellen Gesamtgewichtungsfaktors und damit das multikriterielle Bewertungssystem zur Messung der Ökoeffizienz ein neues Verfahren zur Generierung von Umweltkennzahlen für Organisationen darstellt und somit die Wäschereibranche repräsentativ abbildet. Dies gilt im Einzelnen hinsichtlich der betriebsindividuellen Situation einer gewerblichen Wäscherei sowie zum anderen aggregiert durch die Abbildung aller Korrelationen und Trends der Branche durch Teilgewichtungsfaktoren und in Summe Gesamtgewichtungsfaktoren.

In Zuge dessen können heterogene Betriebe einer Branche einen aussagekräftigen Vergleich der relativen IST-Werte ihrer Bewertungskriterien mit dem Branchendurchschnitt (oder auch anderen mit dem GGF angepassten Betrieben) vollziehen, was vorhandene Messkonzepte bislang nicht vorweisen können. Auf diese Weise wird es möglich Brennpunkte im Sinne einer Hot-Spot-Analyse im eigenen Betrieb zu erkennen und Verbesserungspotential auf quantitativer Basis gezielt umzusetzen.

8 Schlussbetrachtung und Ausblick

Beitrag zur wissenschaftlichen Disziplin

Es konnte festgestellt werden, dass bislang weder effizienzorientierte branchenunabhängig anwendbare aber dennoch -spezifische Messkonzepte existieren, die sich zum einen mit der *Problematik der Definition repräsentativer Bewertungskriterien der Nachhaltigkeit* vor dem Hintergrund der Ökoeffizienz beschäftigen, noch zum anderen der *Problematik der Heterogenität der zu bewertenden Branchen* in diesem Zusammenhang begegnen. Folglich versuchte das im Rahmen dieser Arbeit entwickelte betriebsindividuelle ressourcen- und energiebezogene Benchmarksystem am Beispiel der Wäschereibranche diesbezüglich einen Beitrag zur wissenschaftlichen Disziplin der Betriebswirtschaftslehre zu leisten.

Dabei entstand diese Arbeit vor dem Hintergrund des Konzeptes der nachhaltigen Entwicklung, welches in den letzten Jahren zu einer weltweit akzeptierten Handlungsmaxime in Politik und Gesellschaft geworden ist. Im Zuge dieser Entwicklung verstärkt sich der öffentliche und in geringerem Maße auch regulatorische Druck auf die Wäschereibetriebe, nachhaltiges Wirtschaften umzusetzen.

Dies steht jedoch im offenbaren Widerspruch mit dem Betriebsalltag der Wäschereien, welcher sich derzeit durch einen scharfen Preiskrieg auszeichnet. Dieses vermeintliche Dilemma stellte den Ausgangspunkt dieser Arbeit dar. Dabei ging man von der Grundüberlegung aus, dass sich ökologische Performance und ökonomischer Erfolg nicht ausschließen müssen, sondern vielmehr die Basis eines grundsätzlichen Verständnisses nachhaltigen Wirtschaftens darstellen. Da das Konzept der Ökoeffizienz ein Werkzeug der Darstellung dieser ökologisch-ökonomischen Relationen repräsentiert, basiert die im Rahmen dieser Arbeit entwickelte Methodik auf diesem Konstrukt.

So stellt der Versuch der Entwicklung des entwickelten Benchmarksystems nicht nur einen Beitrag zur Betriebswirtschaftslehre dar, sondern ebenfalls zum Konzept der nachhaltigen Entwicklung bzw. zum Konzept des nachhaltigen Wirtschaftens.

Da für den Untersuchungsgegenstand der Wäschereibranche, als typisch heterogene Branche, keine spezifischen Werkzeuge für eine aussagekräftige Bewertung der Ökoeffizienz existieren bzw. deren Aussagekraft nicht gegeben ist, wird die im Rahmen dieser Arbeit allgemein und branchenunabhängig anwendbare Methodik zur Herstellung der Vergleichbarkeit von Unternehmen einer Branche hinsichtlich der Ressourcen- und Energieeffizienz in einem ersten empirischen Test anhand einer ausgewählten Stichprobe von 40 Wäschereibetrieben angewendet, sodass aussagekräftiges betriebsindividuelles Benchmarking der Ressourcen- und Energieverbräuche völlig unterschiedlicher und bislang nicht vergleichbarer Betriebe möglich wird. Hierfür müssen zunächst branchenspezifische repräsentative Bewertungskriterien der Ressourcen- und Energieeffizienz bestimmt werden.

Abschließend soll es möglich sein betriebsspezifische Brennpunkte zu identifizieren und somit Handlungsempfehlungen zur Optimierung der Ressourcen- und Energieeffizienz der Wäschereibetriebe abzuleiten, sodass eine zielorientierte Reduzierung des Ressourcen- und Energieverbrauchs folgen kann.

In dieser Form können Ressourcen und Energie eingespart und gleichzeitig Kosten gesenkt werden, sodass Nachhaltigkeit zum Geschäftsfeld im Sinne einer WIN-WIN-Situation avancieren kann.

Das betriebsindividuelle Benchmarksystem vor dem Hintergrund möglicher zukünftiger Entwicklungen der Nachhaltigkeit in der Wäschereibranche

Neben dem Preis und der Qualität von Produkten und Dienstleistungen hat sich die betriebliche Nachhaltigkeit in den letzten Jahren zu einem wichtigen Wettbewerbsfaktor für gewerbliche Wäschereien entwickelt und sie gewinnt auch zukünftig zunehmend an Bedeutung. Im Umgang mit Betriebsführern und Produktionsmeistern im Rahmen der empirischen Erhebung dieser Arbeit stellte sich heraus, dass der vorausschauende und systematische Einbezug von Nachhaltigkeitsaspekten in strategische und unternehmerische Entscheidungen eines Wäschereibetriebes nicht nur von ideellem Wert ist, sondern auch neue materielle und finanzielle Potentiale aufdecken kann. So sind die meisten Betriebsleiter und Produktionsmeister der Branche der Meinung, dass ressourcen- und energieeffizientes Wirtschaften die Wettbewerbsfähigkeit steigern und den Wäschereibetrieb als attraktiven und zukunftssicheren Dienstleister darstellen kann. Folglich versuchen viele Betriebe das Kommunizieren und Vermarkten des nachhaltigen Wirtschaftens nach außen zu verstärken und damit das Image einer nachhaltigen Wäscherei aufzubauen.

Hierbei stellen bisherige Nachhaltigkeitssysteme meist keine unterstützende Alternative für eine direkte Verbesserung der Umweltleistung einer gewerblichen Wäscherei dar, da sie lediglich den Management- oder Bewertungsrahmen zur Verbesserung der Nachhaltigkeitsleistung aufzeigen. Die Wäschereibetriebe müssen ihre Kennzahlen und Ziele selbst definieren und folglich Handlungsverbesserungen für einen kontinuierlichen Verbesserungsprozess der Umweltleistung eigenständig ableiten. Diesen Herausforderungen sind viele gewerbliche Wäschereien jedoch nicht gewachsen, sodass nur sehr wenige Zertifizierungen in diesem Bereich, wie die weit verbreitete ISO 14001 vorweisen können und wohl auch in Zukunft kaum werden.

Hinzu kommt die Unterschiedlichkeit der Wäschereibetriebe selbst, sodass zahlreiche Versuche eines Benchmarkings der Branche mit dem Ziel der Ressourcen- und Energieeinsparung keinen Mehrwert brachten und ebenfalls in Zukunft kaum werden, wobei ein potentielles Interesse an aussagekräftigem Benchmarking nach wie vor besteht. So besitzt herkömmliches Benchmarking in Form eines direkten Vergleichs der Umweltleistung (Ressourcen- und Energieeffizienz), keine Aussagekraft (Äpfel mit Birnen-Vergleiche), wie bspw. der Vergleich des Energieverbrauchs eines kleinen 4-Tonnen-Betriebes mit 80 Prozent Altenheim-Kunden mit einem 20-Tonnen-Betrieb mit 80 Prozent Hotel-Kunden. Folglich muss die betriebsindividuelle Situation bei der Bewertung und dem Management der Nachhaltigkeitsleistung eines Wäschereibetriebes mit berücksichtigt werden. So kommt in der Entwicklung des Themenfeldes Nachhaltigkeit in der Wäschereibranche auch der konkrete Forschungsbedarf dieser Arbeit zum Vorschein: Die Entwicklung eines branchenspezifischen bzw. –individuellen Bewertungssystems der Umweltleistung (Ökoeffizienz), welches eine aussagekräftige Vergleichbarkeit der Ressourcen- und Energieverbräuche schafft und damit den Wäschereien ein praktikables Werkzeug zur Bewertung ihrer Ressourcen- und Energieverbräuche an die Hand gibt.

So wünschen die Wäschereibetriebe das Thema Nachhaltigkeit zukünftig als Geschäftsfeld im Sinne einer WIN-WIN-Situation nutzen zu können, sodass ökologische Potentiale gleichzeitig zu ökonomischen Chancen werden. Im Zuge dessen begegnet das entwickelte betriebsindividuelle Benchmarksystem dieser Entwicklung mit der Herstellung aussagekräftiger Vergleiche, welche die Möglichkeit bieten betriebsspezifische Brennpunkte im Sinne einer Hot-Spot-Analyse zu identifizieren und damit den Ausgangspunkt für eine zielorientierte Einsparung von Ressourcen und Energie, schafft. Umgesetzt wird dies durch die angesprochene Berücksichtigung der Betriebssituation mittels individuellen Gewichtungen (Maschinenausstattung, Kundenmix, Wäsche- und Verschmutzungsart).

Ausblickend müssen Betriebe der Wäschereibranche dem zukünftig immer weiter ansteigenden Druck der Stakeholder standhalten, nachhaltiges Wirtschaften nachweislich und transparent zu praktizieren und kommunizieren. Dabei kann mit dem entwickelten ressourcen- und energiebezogene betriebsindividuellen Benchmarksystem ein Schritt in die richtige Richtung gemacht werden, um Nachhaltigkeit als Wettbewerbsfaktor neben Preis und Qualität zu nutzen und damit die Wettbewerbsfähigkeit durch ressourcen- und energieeffizientes Wirtschaften zu steigern. Folglich ist nachhaltiges Wirtschaften einerseits hinsichtlich des Aufdeckens materiellen und finanziellen Potentials durch verminderte Ressourcen- und Energieverbräuche und andererseits hinsichtlich der damit einhergehenden Imagebildung interessant.

So stellt der Teilbereich der Ökoeffizienz im Rahmen der Effizienzstrategien der Nachhaltigkeit für gewerbliche Wäschereien den aktuell wohl stärksten Ansatzpunkt der Implementierung nachhaltigen Wirtschaftens dar, gefolgt von wenigen Ansätzen der Konsistenzstrategie, wie die Verwendung von Solarthermie oder Holzpellets zur Energiegewinnung. Dies geht zum einen mit dem sich langsam vollziehenden Technologiewandel, zum anderen mit der schlechten liquiden Situation der meisten Betriebe der eher kleinen Wäschereibranche einher. Ansätze der Suffizienzstrategie der Nachhaltigkeit spielen für Wäschereibetriebe bislang keine Rolle, da diese Ansätze, wie für die meisten Branchen, ökonomisch nicht zu stemmen sind und wohl nur im Rahmen eines gesellschaftlichen Strukturwandels umsetzbar wären, siehe Kapitel 2.2. Nachfolgend soll das weitere Forschungspotential der Arbeit vorgestellt werden.

Weiteres Forschungspotential

Die Bewertungskriterien wurden im Rahmen der Methodikentwicklung nicht zueinander in Relation gesetzt, sodass jeweils eine isolierte Betrachtung bzw. Bewertung vorliegt. Nun könnte es von wissenschaftlichem Interesse sein die Bewertungskriterien zu einer Kenngröße im Sinne einer Gesamtbewertung zu vereinen. Durch Ermittlung der relativen Wichtigkeiten zwischen den Bewertungskriterien könnte man nun einen aggregierten Wert, z.B. den Ökoeffizienzindex, generieren. Eine andere Möglichkeit wäre für jedes Bewertungskriterium separat einen Ökoeffizienzindex zu bestimmen. Folglich bräuchte man hier keine relativen Wichtigkeiten und hätte jeweils ein Bewertungsergebnis pro Bewertungskriterium.

Die vorliegende Arbeit hat sich nicht mit der Generierung einer einzigen aggregierten Kenngröße bzw. eines Indexes vertiefend beschäftigt, da dies nicht den Schwerpunkt der Untersuchung darstellte. Die Komplexität, die Abhängigkeiten und Korrelationen zwischen den Bewertungskriterien im Rahmen eines branchenspezifischen Konzepts abzubilden, könnte folglich weiteren Forschungsbedarf darstellen. Dies kann zum einen im Rahmen einer Stakeholderanalyse geschehen, mit deren Hilfe relative Wichtigkeiten ermittelt und als Folge eine Gesamtbewertung abgegeben werden könnte. Zum anderen könnten diese Abhängigkeiten mit naturwissenschaftlichen Konzepten, wie bspw. aus der Physik abgebildet werden. Diese Ansätze hätten infolgedessen einen stark branchenspezifischen Charakter. So könnten die Bewertungskriterien mittels eines bereits angesprochen physikalischen Äquivalentfaktors oder einer neutralen physikalischen Größe (siehe Kapitel 7.2.7) spezifisch angepasst werden. Hierfür wäre die Abfrage zusätzlicher branchenweit geltender Charakteristika in Form von relativen Wichtigkeiten notwendig, wie bspw. die Ermittlung der Relation von Wasser zu Energie hinsichtlich des Einflusses auf den Ressourcen- und Energieverbrauch. Dabei könnte ein Expertenkreis gebildet oder generalisierend wieder eine Stakeholderanalyse durchgeführt werden.

Auch hinsichtlich der Unterscheidungskriterien des Bewertungssystems gibt es zahlreiche Anknüpfungspunkte für weiteres Forschungspotential. So ist für eine zielführende Anwendung der entwickelten Methodik ein branchenrepräsentativer logischer Aufbau des Benchmarksystems, wie in Kapitel 5.2.2 dargestellt, notwendig. Folglich muss mit dem wichtigsten Kriterium bei der Differenzierung (nach dargelegter Begründung bzw. Argumentation) begonnen werden, worauf dann die anderen Unterscheidungskriterien nacheinander in absteigender Wichtigkeit folgen. Zusätzlich zu dieser bestimmten Struktur der Unterscheidungskriterien könnten gegebenenfalls auch deren mathematische Abhängigkeiten Einfluss auf die zu ermittelten Gewichtungsfaktoren ausüben. Folglich könnte die entwickelte Methodik versäumt haben strukturelle bzw. hierarchiebedingte Abhängigkeiten auch mathematisch im Rahmen der Ermittlung von Gewichtungen abzubilden. Dies könnte im weiteren Forschungsverlauf bspw. mit dem Themenfeld der Entropie (Reinheit) von Entscheidungsbäumen begegnet werden.

Des Weiteren könnte auch die Bestimmung des in Kapitel 6.5 erläuterten Ausmaßes an Dopplungen hinsichtlich der größenabhängigen Unterscheidungskriterien der Maschinenausstattung und des Kundenmix samt gegebenenfalls Interventionen zur Optimierung des Bewertungssystems Gegenstand weiterer Studien darstellen, welche mit einer größeren Stichprobe arbeiten.

Es könnte auch von Interesse sein, das Unterscheidungskriterium der Maschinenausstattung, dessen Gewichtungen im Rahmen der Arbeit nicht gleichermaßen durch Paarvergleiche umgesetzt wurden (siehe Kapitel 6.1.2) zukünftig noch in eine geeigneterer Form im Rahmen des Bewertungssystems zu integrieren.

Die Unterscheidungskriterien der Wäsche-, sowie Verschmutzungsart zeigten, gegensätzlich zu der Maschinenausstattung und dem Kundenmix, hinsichtlich einer größenabhängigen Korrelation keine Signifikanz auf, obwohl die 40 Stichprobenbetriebe deren angesprochene relative Wichtigkeit zum GGF angegeben hatten. Es könnte somit von Interesse sein zu klären, welche Aspekte einen maßgeblichen Einfluss auf diese beiden Unterscheidungskriterien haben, sowie gegebenenfalls darüber hinaus die Faktoren zu bestimmen, die auf gleichzeitig alle vier relativen Wichtigkeiten und damit alle Unterscheidungskriterien einen Einfluss haben.

Der Fokus der vorliegenden in der Betriebswirtschaftslehre angesiedelten Arbeit lag auf den wirtschaftlichen Aspekten und den überwiegend unternehmensinternen Herausforderungen der Effizienzstrategie (Ökoeffizienz) der Nachhaltigkeit. Interessant wäre auch eine Bearbeitung der Thematik vor dem Hintergrund der Konsistenz-, sowie der Suffizienzstrategie im Speziellen, als auch der Versuch eines Verbunds der Nachhaltigkeitsstrategien zu einem ganzheitlichen Nachhaltigkeitskonzept.

Darüber hinaus hat die Untersuchung gezeigt, dass die meisten diskutierten Probleme um Nachhaltigkeit auch durch eine Erweiterung des unternehmensbezogenen Rahmens gelöst werden können. So wären Ansätze anderer Disziplinen, wie bspw. naturwissenschaftlicher, volkswirtschaftlicher und gesellschaftspolitischer Art, zur Umsetzung des Konzeptes der Nachhaltigkeit heranzuziehen, um die Methodik des branchenspezifischen ressourcen- und energiebezogenen Benchmarksystems umfassender zu beleuchten. Beispiele hierfür könnten sich vor dem Hintergrund alternativer Energiekonzepte unter Berücksichtigung vorhandener technischer Möglichkeiten und des gesellschaftlichen Wandels abspielen. So könnte zum Beispiel das fortschreitende gesellpolitische Thema der Integration regenerativer Energien in die Wirtschaftsweisen eines Unternehmens, wie die Umsetzung der Solarthermie samt deren Gewichtung eine Erweiterung des unternehmensbezogenen Rahmens des Bewertungssystems darstellen.

Die zusammenfassende Betrachtung der vorliegenden Arbeit zeigt, dass die Methodik des branchenunabhängigen ressourcen- und energiebezogenen Benchmarksystems eine solide Grundlage bietet, um betriebsindividuelles Benchmarking in unterschiedlichen Branchen anzuwenden. Entscheidungsträger in Politik und Wirtschaft können damit durch Schaffung von Transparenz und Messbarkeit durch das Werkzeug einer gewichteten und damit aussagekräftigen Ökoeffizienz von Betrieben dabei unterstützt werden, Ansätze für Handlungsempfehlungen zur stetigen Verbesserung hin zu ressourcen- und energieeffizientem Wirtschaften zu finden. Möglichkeiten der Modifikation, sowie Erweiterung und Verbesserung des Systems sind im Rahmen zukünftiger Anwendungen, entsprechend den spezifischen Anforderungen, umsetzbar.

9 Zusammenfassung

Bisherige Konzepte zu Umwelt- und Nachhaltigkeitsmanagementsystemen (z.B. EMAS, ISO 14000, ISO 26000, EMASplus) zur Umweltleistungsmessung sowie zur Nachhaltigkeitsbewertung und -berichterstattung (z.B. DNK, GRI) sind mit ihren branchenunabhängigen Formulierungen zu allgemein gehalten, um für eine konkrete Messung nachhaltigen Wirtschaftens von Unternehmen geeignet zu sein. Folglich existiert keine ideale Methode, um ein branchenunabhängiges aber dennoch –spezifisch anwendbares ressourcen- und energiebezogenes Benchmarking zu vollziehen. Vor diesem Hintergrund hat die vorliegende Arbeit das Ziel, eine Methodik für ein branchenunabhängiges ressourcen- und energiebezogenes Benchmarksystem unter Berücksichtigung der *Problematik der Definition repräsentativer Bewertungskriterien der Ressourcen- und Energieeffizienz*, sowie *der Heterogenität der zu bewertenden Branchen* zu entwickeln.

So behandelt die entwickelte Methodik erstmals den konkreten Forschungsbedarf der Herstellung einer aussagekräftigen Vergleichbarkeit der Ressourcen- und Energieverbräuche völlig unterschiedlicher und bislang nicht vergleichbarer Betriebe. Die Anwendung der Methodik am Untersuchungsgegenstand der Wäschereibranche zeigt einen Ansatz, wie man betriebsindividuelles Benchmarking der Ressourcen- und Energieverbräuche heterogener Wäschereibetriebe erreichen kann.

Dabei war es zunächst notwendig, die Fragestellung vor dem Hintergrund des Konzeptes des nachhaltigen Wirtschaftens hinsichtlich einer konzeptionellen Einordnung des gewählten Nachhaltigkeitsverständnisses zu diskutieren, was in Kapitel 2 erfolgte. Nach der Analyse der Entstehungs- und Entwicklungsgeschichte dieses Konzeptes wurden infolgedessen die Konzepte einer nachhaltigen Unternehmensführung ausführlich erläutert. Dabei stellte sich die „ökologieorientierte Betriebswirtschaftslehre", welche ökologische Aspekte nur als Nebenbedingung unter der Prämisse der Gewinnmaximierung des Unternehmens mit ins Kalkül zieht, als geeignet im Rahmen der vorgestellten Problematiken heraus.

Im Rahmen des dritten Kapitels wurde der Stand der Forschung in der Umweltleistungsbewertung zur Klassifizierung und Abgrenzung des zu entwickelnden Bewertungssystems vorgestellt.

Im vierten Kapitel wurde darauf aufbauend mit der Wäschereibranche eine typisch heterogene Branche mit den benannten Problematiken der *Definition repräsentativer Bewertungskriterien der Nachhaltigkeit (Ökoeffizienz)*, sowie *der*

Heterogenität der zu bewertenden Branche vorgestellt. Nach einer ausführlichen Vorstellung multipler Einflussfaktoren, welche die besagte Heterogenität verursachen, mündete das Kapitel in dem Versuch, eine Ökobilanzierung nach der DIN EN ISO 14040/14044 einer Wäscherei durchzuführen. Dabei stellte sich heraus, dass man den geforderten Detaillierungsgrad und den damit einhergehenden Informationsbedarf, wie bspw. alle Inhaltsstoffe sämtlicher Chemikalien zu bestimmen, nicht gerecht werden kann. So wurde der Mangel an betriebsindividuellen Messkonzepten repräsentativ für heterogene Branchen nochmals aufgezeigt.

In Kapitel 5 wurde mit der Entwicklung der Methodik für ein branchenunabhängiges ressourcen- und energiebezogenes Benchmarksystem, welches dennoch branchenspezifisch anwendbar ist, ein solches Messkonzept vorgestellt. Dabei stellt der Kern der Methodik die Generierung eines betriebsindividuellen Gesamtgewichtungsfaktors dar (GGF-Konzept), welcher als Operationalisierung einer Vergleichbarkeit angesehen werden kann und damit der Problematik der Heterogenität begegnet. Die Ermittlung von Kriteriengewichtungen im Rahmen des GGF-Konzeptes kann in Analogie zu einem Entscheidungsproblem bei Mehrfachzielsetzung (Multi Criteria Decision Making – MCDM) gesehen werden, da mehrere Kriterien und Sub-Kriterien zueinander in Relation gesetzt werden mussten.

Im Verlauf der Untersuchung wurde ersichtlich, dass einzig die multikriteriellen Bewertungsverfahren des *Multi-Attributive Decision Making* (MADM) zur Bearbeitung der Problemstellung geeignet sind, da es sich bei den angesprochenen Kriterien um diskrete Merkmale handelt, welche nicht ohne weiteres in quantifizierbare Zielfunktionen transferiert werden können. Eine Literaturanalyse zeigte die Vielfalt an unterschiedlichen Problemstellungen auf, welche seit den 1970er Jahren mit dieser Methoden-Familie wahrgenommen werden. Dabei spielen vermehrt Umweltaspekte eine elementare Rolle. So sind zahlreiche Veröffentlichungen anzutreffen, bei welchen mehrere Zielgrößen bei der Bewertung von Kriterien parallel bearbeitet werden können.

Folglich besteht mit den multikriteriellen Bewertungsverfahren der MADM eine wissenschaftlich anerkannte Methoden-Familie, die eine Bewertung auf Grundlage mehrerer Kriterien möglich macht. Vor dem Hintergrund der Aufgabenstellung wurden infolgedessen die gängigen multiattributiven Verfahren der Nutzwertanalyse, der Multi-Attributive-Nutzen-Theorie sowie des Analytischen-Hierarchie-Prozesses (AHP) vorgestellt und dabei einer vergleichenden Studie unterzogen. Dabei stellte sich der AHP als das geeignete Verfahren im Rahmen der Methodik eines branchenunabhängigen ressourcen- und energiebezogenen Benchmarksystems heraus.

Unter Anwendung des AHP konnte das GGF-Konzept nun umgesetzt werden. Dazu waren zunächst Teilgewichtungsfaktoren aus Kriteriengewichtungen und betriebsindividuellen Spezifika zu ermitteln. Relative Wichtigkeiten waren notwendig, um die Teilgewichtungsfaktoren zum individuellen Gesamtgewichtungsfaktor anteilig zu verrechnen. Die Kriteriengewichtungen sowie relativen Wichtigkeiten wurden im empirischen Teil der Methodik mittels standardisiertem Fragebogen in entsprechenden Interviews mit Experten durch Paarvergleiche der bereits ermittelten Unterscheidungskriterien, sowie Sub- Unterscheidungskriterien, im Rahmen des AHP ermittelt.

In Kapitel 6 wurde die erarbeitete Methodik am Untersuchungsgegenstand der Wäschereibranche angewandt. Das Kapitel zeigt dabei im Rahmen einer Fallstudie, wie der individuelle Gesamtgewichtungsfaktor eines anonymen Wäschereibetriebes im Zuge des GGF-Konzepts bestimmt wird. Darauf aufbauend konnte die Bewertung und infolgedessen die Beurteilung der relevanten Bewertungskriterien des Betriebes erfolgen.

Abschließend wurden die Ergebnisse von 40 Stichproben-Betrieben präsentiert. Die Anteile der relativen Wichtigkeiten der vier Unterscheidungskriterien Maschinenausstattung, Kundenmix, Wäscheart und Verschmutzungsart waren annähernd gleichverteilt, sodass festgestellt werden konnte, dass alle vier Kriterien für eine Differenzierung gewerblicher Wäscherei laut Expertenmeinungen der 40 Stichprobenbetriebe relevant sind und damit deren Teilgewichtungsfaktoren dementsprechend zum Gesamtgewichtungsfaktor beitragen.

Bei einer Untersuchung größenabhängiger Korrelationen innerhalb der vier Unterscheidungskriterien erwiesen sich jedoch nur die beiden Unterscheidungskriterien der Maschinenausstattung und des Kundenmix als signifikant. Die beiden Unterscheidungskriterien der Wäsche-, sowie Verschmutzungsart hingegen erwiesen sich hinsichtlich eines größenabhängigen Zusammenhangs als nicht signifikant, obwohl die Experten deren angesprochene relative Wichtigkeit zum GGF in ihrer Einschätzung angegeben hatten. Es gilt also im weiteren Forschungsverlauf zu klären, welche Aspekte diese beiden Unterscheidungskriterien beeinflussen, sowie gegebenenfalls darüber hinaus welche Aspekte einen Einfluss auf gleichzeitig alle vier relativen Wichtigkeiten und damit alle Unterscheidungskriterien haben. Dazu bedarf es jedoch einer größeren Stichprobe.

So konnten dennoch größenabhängige Korrelationen beim individuellen Gesamtgewichtungsfaktoren (GGF), sowie bei den Teilgewichtungsfaktoren der Maschinenausstattung und des Kundenmix der Stichproben-Betriebe aufgezeigt werden. Folglich konnte zum einen für die Wäschereibranche festgestellt werden, dass je kleiner das Größencluster ist, dem eine Wäscherei angehört, desto kleiner ist auch der Gesamtgewichtungsfaktor des jeweiligen Betriebes und umgekehrt.

Diese Zusammenhänge beschreiben, dass die relativen IST-Werte der Bewertungskriterien (Verbrauchskriterien, wie bspw. Energieeinsatz in Relation zu einer produzierten Einheit) hinsichtlich eines aussagekräftigen Vergleichs mit dem Branchendurchschnitt oder ebenfalls gewichteten Betrieben durch die Gewichtungen des Benchmarksystems „herabgesetzt" oder „heraufgesetzt" werden. Folglich ist ein Betrieb im Vergleich zum Branchendurchschnittsbetrieb dementsprechend einer „schwereren Betriebssituation" oder „leichteren Betriebssituation" ausgesetzt, sodass dessen relative IST-Werte vermindert oder erhöht werden.

So repräsentiert der individuelle Gesamtgewichtungsfaktor die betriebsindividuelle Situation einer gewerblichen Wäscherei, sodass er als Art Operationalisierung der Herstellung einer angestrebten Vergleichbarkeit angesehen werden kann, welche der Problematik der Heterogenität begegnet.

Kapitel 7 diskutierte die Methodik des branchenunabhängigen Benchmarksystems nach deren Anwendung am Untersuchungsgegenstand der Wäschereibranche. Des Weiteren wurde hinsichtlich den in Kapitel 3 vorgestellten Ansätzen der kennzahlenbezogenen Umweltleistungsbewertung diskutiert, an welcher Stelle die entwickelte Methode Vor- bzw. mit Blick auf die anderen Ansätze Nachteile hat. Dann wurden die mit dem betriebsindividuellen Benchmarksystem ermittelten Ergebnisse einer kritischen Diskussion unterzogen. Dabei wurde zunächst auf abgeleitetes Optimierungspotential des betriebsindividuellen Benchmarksystems selbst eingegangen, gefolgt von einer Interpretation der Ergebnisse.

Kapitel 8 stellte die Schlussbetrachtung und den Ausblick der Arbeit dar. Dabei wird der Beitrag zur wissenschaftlichen Disziplin, das entwickelte betriebsindividuelle Benchmarksystem vor dem Hintergrund möglicher zukünftiger Entwicklungen der Nachhaltigkeit in der Wäschereibranche, sowie das weitere Forschungspotential aufgezeigt.

Zusammenfassend kann festgestellt werden, dass eine angemessene Methodik für eine gewichtete und damit aussagekräftige Messung der Ökoeffizienz einer Organisation entwickelt werden konnte, welche die angestrebte Definition repräsentativer Bewertungskriterien der Nachhaltigkeit sowie eine einheitliche Vergleichsbasis trotz vorherrschender Heterogenität der Betriebe einer Branche schafft. Somit liegt ein branchenunabhängiges aber dennoch -spezifisch anwendbares ressourcen- und energiebezogenes Messkonzept vor.

Folglich unterstützt die Methodik eine Verbesserung der Wirtschaftsweise hin zu ökologisch und ökonomisch optimierten Gesichtspunkten. Dabei kann sie im Rahmen der LCA-Methodik als Werkzeug ökologisch-ökonomischen Benchmarkings zur Generierung von entsprechenden Umweltkennzahlen der Ressourcen- und Energieeffizienz eingesetzt bzw. integriert werden, um Entscheidungsprozesse nachhaltigen Wirtschaftens im Sinne einer Hot-Spot-Analyse in Wirtschaft und Politik zu unterstützen.

Literaturverzeichnis

Abwasserverordnung - AbwV (2004), Verordnung über Anforderungen an das Einleiten von Abwasser in Gewässer.

Ahbe, S.; Schebek, L.; Jansky, N.; Wellge, S.; Weihofen, S. (2014): „Methode der ökologischen Knappheit für Deutschland – Eine Initiative der Volkswagen AG"; Logos Verlag Berlin GmbH, Berlin.

Ahlheim, M. (2002), Umweltkapital in Theorie und politischer Praxis. Diskussionsbeiträge aus dem Institut für Volkswirtschaftslehre der Universität Hohenheim, Nr. 207, 1-10, Hohenheim.

Albrecht, S. und Ilg, R. (2010), Ökobilanzierung - Lernmodule 1-4 für Master: Online Bauphysik, Stuttgart.

ASUE - Arbeitsgemeinschaft für sparsamen und umweltfreundlichen Energieverbrauch e.V. (2006), Stichwort Methan - Erdgasversorgung und Treibhausgasemissionen: Aktuelle Fakten und Argumente, http://asue.de/cms/upload/inhalte/erdgas_und_um welt/broschuere/asue_methan.pdf, zugegriffen am 04.01.2015.

Atteslander, P. (2006), Methoden der empirischen Sozialforschung (11. Auflage). Berlin: Schmidt.

Baker, N. (1975), Recent Advances in R&D Benefit Measurement and Project Selection Methods, in: Management Science, Vol. 21, No. 10, 1164-1175.

Balderjahn, I. (2004), Nachhaltiges Marketing-Management: Möglichkeiten einer umwelt-und sozialverträglichen Unternehmenspolitik. Stuttgart: Lucius & Lucius.

Bamberg, G. und Coenenberg, A. (2006), Betriebswirtschaftliche Entscheidungslehre, München.

Bartmann, H. (2001), Substituierbarkeit von Naturkapital, in: Held, M. und Nutzinger, H.G. (Hrsg.), Nachhaltiges Naturkapital. Ökonomik und zukunftsfähige Entwicklung. Frankfurt am Main, 50-68.

Bartz, W. J. (2010), Expert Praxislexikon Tribologie Plus: 2010 Begriffe für Studium und Beruf. expert verlag.

Bechmann, A. (1978), Nutzwertanalyse, Bewertungstheorie und Planung, Bern, Stuttgart.

Beeh, M. (2013), Branchenbericht Solare Prozesswärme für gewerbliche Wäschereien, Ausarbeitung im Rahmen des BMU-Projekts SoProW, Bönnigheim.

BMU - Bundesministerium für Umwelt, Naturschutz und Reaktorsicherheit (2000), Erprobung der CSD-Nachhaltigkeitsindikatoren in Deutschland, Bericht der Bundesregierung, Berlin.

BMU - Bundesministerium für Umwelt, Naturschutz und Reaktorsicherheit (2013), Rio plus 20, http://www.bmu.de/themen/europa-international/int-umweltpolitik/rio-plus-20/, zugegriffen am 06.11.2013.

BMZ - Bundesministerium für wirtschaftliche Zusammenarbeit und Entwicklung (2014), UN-Konferenz für Umwelt und Entwicklung (Rio-Konferenz 1992), http://www.bmz.de/de/service/glossar/K/konferenz_rio.html, zugegriffen am 06.11.2014.

Bontrup, H.-J. (2008), Lohn und Gewinn: Volks- und betriebswirtschaftliche Grundzüge, München.

Borucke, M.; Moore D.; Cranston, G.; Gracey K.; Iha, K. (2013), Accounting for demand and supply of the biosphere's regenerative capacity: the National Footprint Accounts' underlying methodology and framework, in: Ecological Indicator 24, S. 518–533.

Bramer, M. A. (2013), Principles of Data Mining - Second Edition, Series: Undergraduate Topics in Computer Science, XIV.

Braungart, M. und McDonough, W. (2002), Cradle to Cradle. Remaking the Way We Make Things, North Point Press.

Brink, A. (2002), VBR: Value-Based-Responsibility, München, Mering.

Brown, D. und Dillard, J. (2006), Triple Bottom Line: A business metaphor for a social construct, Portland.

Bühl, A., Zöfel, P. (2005), SPSS 12. Einführung in die moderne Datenanalyse unter Windows, 9. Aufl., Addison-Wesley, München.

Bundesministerium für Umwelt, Naturschutz und Reaktorsicherheit (BMU)/Umweltbundesamt (UBA) (Hrsg.) (1997), Leitfaden Betriebliche Umweltkennzahlen, Bonn.

Bundesministerium für Umwelt, Naturschutz und Reaktorsicherheit (BMU)/Umweltbundesamt (UBA) (Hrsg.) (2001), Handbuch Umweltcontrolling, 2. Aufl. München.

Carlowitz, H. C. von (2009), Sylvicultura oeconomica. Haußwirthliche Nachricht und naturmässige Anweisung zur wilden Baum-Zucht. Reprint der 2. Aufl. Leipzig, Braun, 1732. Remagen-Oberwinter, Kessel.

Carroll, A. B. (1996), Business and Society: Ethics and Stakeholder Management , 3rd Edition (Southwestern, Cincinnati).

Chatterjee, P. und Finger, M. (1994), The Earth Brokers. Power, Politics and World Development. London, New York.

Christ, C. (2000), Umweltschonende Technologien aus industrieller Sicht –Verfahrensverbesserungen und Stoffkreisläufe, in: Chem.-Ing.-Tech., 72. Jg. 2000, H. 1, 42-57.

Curbach, J. (2009), Die Corporate Social Responsibility Bewegung, Wiesbaden.

DBU - Deutsche Bundesstiftung Umwelt (2000), Umweltleistungsbewertung lt. 1. ISO 14031 (Environmental Performance Evaluation) in mittelständischen Unternehmungen, https://www.dbu.de/PDF-Files/A-11946.pdf, zugegriffen am 08.01.2015.

DBU - Deutsche Bundesstiftung Umwelt (2012), Ganzheitliche energetische Betrachtung einer Wäscherei als Lösungsansatz für prozessintegrierte Energieeinsparung zur nachhaltigen Steigerung der Energieeffizienz von Wäschereien.

Deming, W. E. (1994), The New Economics for Industry, Government, Education, Cambridge, MA: MIT Center for Advanced Engeneering Study.

Deutscher Bundestag (2004), Wissenschaftliche Dienste des deutschen Bundestages: Der aktuelle Begriff - Nachhaltigkeit.

DIN 53919-2: 1980-05 (1980), Standardbaumwollgewebe zur Beurteilung von Waschverfahren: Prüfung von Waschverfahren mit Kontrollstreifen.

DIN EN ISO 14001: 2009 (2009), Umweltmanagementsysteme: Anforderungen mit Anleitung zur Anwendung, Deutsche und Englische Fassung EN ISO 14001: 2009, Berlin.

DIN EN ISO 14004: 2010 (2010), Umweltmanagementsysteme - Allgemeiner Leitfaden über Grundsätze, Systeme und unterstützende Methoden; Deutsche Fassung EN ISO 14004: 2010, Berlin

DIN EN ISO 14031: 2013 (2013), Umweltmanagement: Umweltleistungsbewertung - Leitlinien, Deutsche Fassung EN ISO 14031: 2013, Berlin.

DIN EN ISO 14040: 2009 (2009), Umweltmanagement. Ökobilanz. Grundsätze und Rahmenbedingungen., Deutsches Institut für Normung e.V., Berlin.

DIN EN ISO 14044: 2006 (2006), Umweltmanagement. Ökobilanz. Anforderungen und Anleitungen., Deutsches Institut für Normung e.V., Berlin.

DIN ISO 14025: 2011 (2011), Umweltkennzeichnungen und -deklarationen - Typ III Umweltdeklaration - Grundsätze und Verfahren (ISO 14025: 2011) Deutsches Institut für Normung e.V., Berlin.

DNK - Deutscher Nachhaltigkeitskodex (2014), Grundidee, http://www.deutscher-nachhaltigkeitskodex.de/de/dnk/grundidee.html, zugegriffen am 07.07.2014.

Domschke, W. und Scholl, A. (2006), Jenaer Schriften zur Wirtschaftswissenschaft - Heuristische Verfahren, Jena.

Dreyer, A. (1974), Scoring-Modelle bei Mehrfachzielsetzungen - Eine Analyse des Entwicklungsstandes von Scoring-Modellen, in: Zeitschrift für Betriebswirtschaft, 255-274.

DTV - Deutscher Textilreinigungs-Verband e.V. (2011), Der DTV-Branchenbericht – Zahlen, Daten, Fakten, DTV Jahrbuch, Bonn.

Dubielzig, F. und Schaltegger, S. (2005), Corporate Citizenship, in: Althaus, M., Geffken, M. und Rawe, S. (Hrsg.), Handlexikon Public Affairs, Münster.

Dyckhoff, H. und Ahn, H. (1998), Integrierte Alternativengenerierung und -bewertung, in: Die Betriebswirtschaft, 49-63.

E2 Management Consulting AG (2014), Kennzahlen zum Umweltmanagement Managementsystems, http://www.e2mc.com/index.php?option=com_content&view=article &id=98%3Akennzahlen-zum-umweltmanagement managementsystems&catid=34% 3Ae2leistungen&Itemid=69&lang=de, zugegriffen am 01.12.2014.

Easy-mind (2005), Vergleich - "Analytic Hierarchy Process" (AHP) - "Nutzwertanalyse" (NWA), http://community.easymind.de/page-77.htm, zugegriffen am 20.01.2014.

Eberle, U. und Grießhammer, R. (2000), Analyse gewerblicher Waschprozesse, Freiburg.

Education and Culture (A) (2007), Nachhaltigkeit in der gewerblichen Wäscherei, Modul 1 Einsatz von Wasser, Kapitel 1 Was ist Nachhaltigkeit?, http://www.laundry-sustainability.eu/de/Microsoft_PowerPoint_-_Modul_1-1_Nachhaltigkeit_191107. PDF, zugegriffen am 03.06.2013.

Education and Culture (B) (2007), Nachhaltigkeit in der gewerblichen Wäscherei, Modul 1 Wasseranwendung, Kapitel 4 Gründe für Abwasserbelastung und Möglichkeiten zur Verbesserung der Abwasserqualität, http://www.laundry-sustainability.eu/de/ Microsoft_PowerPoint_-_Modul_1-4___Grunde_..._und_wie_min._191107.PDF, zugegriffen am 03.06.2013.

Education and Culture (C) (2007), Nachhaltigkeit in der gewerblichen Wäscherei, Modul 1 Wasserverwendung, Kapitel 5a Abwasserbehandlung Arten der Abwasserentsorgung, http://www.laundry-sustainability.eu/de/Microsoft_PowerPoint_-_Modul_1-5_a_Abwasserbehandlung_191107.PDF, zugegriffen am 03.06.2013.

Education and Culture (D) (2007), Nachhaltigkeit in der gewerblichen Wäscherei, Modul 1 Wasseranwendung, Kapitel 6b Abwassergesetze Deutschland, http://www.laundry-sustainability.eu/de/Microsoft_PowerPoint_-_Modul_1-6_b_Gesetze_D_191107.PDF, zugegriffen am 03.06.2013.

Education and Culture (E) (2007), Nachhaltigkeit in der gewerblichen Wäscherei, Modul 3 Waschprozess, Kapitel 1 Sinnerscher Kreis und Effekte auf das Waschverhalten, http://www.laundry-sustainability.eu/de/Microsoft_PowerPoint_-_Modul_3-1_Sinner_Waschverhalten_191107.PDF, zugegriffen am 03.06.2013.

EMAS (2001), Verordnung (EG) Nr. 761/2001 des Europäischen Parlaments und des Rates vom 19. März 2001 über die freiwillige Beteiligung von Organisationen an einem Gemeinschaftssystem für das Umweltmanagement und die Umweltbetriebsprüfung (EMAS), Brüssel.

EMAS (2014), Was ist EMAS? http://www.emas.de/ueber-emas/, zugegriffen am 07.07.2014.

Engelfried, J. (2011), Nachhaltiges Umweltmanagement, München, Wien.

Everts, F. (2009), Training Manager TCD EMEA, New low temperature washing processes for laundries.

Finkbeiner, M. (2009), Carbon Footprinting - opportunities and threats, in: International Journal of Life Cycle Assessment, 14(2), S. 91-94.

Finkbeiner, M. (2013), From the 40s to the 70s - the future of LCA in the ISO 14000 family, in: International Journal of Life Cycle Assessment, 18, S. 1-4.

Finkbeiner, M. (2014), EMAS und die Schnittstellen zu Organisation Environmental Footprints (OEF) - eine Einführung, OEF Workshop, Berlin.

Finnveden, G. (1997), Valuation Methods Within LCA - Where are the Values? International Journal of Life Cycle Assessment, 2, 3; S. 163-169.

Fleßa, S. (2010), Entscheidungstheorie - Teil 3c, Lst. für Allgemeine Betriebswirtschaftslehre und Gesundheitsmanagement, Greifswald.

Föll, H. (2014), Einführung in die Materialwissenschaft I, Christian-Albrechts-Universität Kiel, Technische Fakultät.

Franken, S. (2009), Grundmodelle der Entscheidungstheorie, Köln.

Freeman, R. E. (1984), Strategic Management: A stakeholder approach, Boston: Pitman.

French, W. L. und Bell, C. H. (1973), Organisationsentwicklung, Sozialwissenschaftliche Strategien zur Organisationsveränderung, Bern, Stuttgart.

Frischknecht, R.; Büsser Knöpfel, S.; Flury, K.; Stucki M. (2013), Ökofaktoren Schweiz 2013 gemäß der Methode der ökologischen Knappheit: Methodische Grundlagen und Anwendung auf die Schweiz. Umwelt-Wissen Nr. 1330. treeze und ESU-services GmbH im Auftrag des Bundesamt für Umwelt (BAFU), Bern.

Gassert, K. (2003), Risikokommunikation von Unternehmen: Modelle und Strategien am Beispiel gentechnisch veränderter Lebensmittel. Wiesbaden.

Geldermann, J. (2008), Multikriterielle Entscheidungsunterstützung für Automatisierungsprojekte, Fraunhofer IPA Workshop, Stuttgart.

Geldermann, J. (2013), Leitfaden zur Anwendung von Methoden der multikriteriellen Entscheidungsunterstützung - Methode: PROMETHEE, Göttingen.

GG (A) - Gütegemeinschaft sachgemäße Wäschepflege e.V. (2013), Ein Zeichen für Hygiene & Qualität, http://www.waeschereien.de/de/waeschereien/about_us/about_us_1/about_us_2.html, zugegriffen am 30.5.2013.

GG (B) - Gütegemeinschaft sachgemäße Wäschepflege e.V. (2013), Mitglieder-produktionszahlen der Gütegemeinschaft sachgemäße Wäschepflege e.V., Stand Juni.

GG (C) - Gütegemeinschaft sachgemäße Wäschepflege e.V. (2013), Arbeitskreis Techni-sche Entwicklungen in der Gütegemeinschaft sachgemäße Wäschepflege e.V.

Giljum, S.; Hammer, M.; Stocker, A. et al. (2007), Wissenschaftliche Untersuchung und Bewertung des Indikators „Ökologischer Fußabdruck", Umweltbundesamt-Endbe-richt, Vorhaben Z6- FKZ: 363 01 135.

Götze, U. (2008), Investitionsrechnung, Berlin.

Gossy, G. (2008), A Stakeholder Rationale for Risk Management, Wiesbaden.

GRI - Global Reporting Initiative (2014), Über Global Reporting Initiative, https://www.globalreporting.org/languages/german/Pages/default.aspx, zugegriffen am 07.07.2014.

GSTT-Information (2011), Nr. 25-1: Eine softwaregestützte Analyse für ganzheitliche Bewertungen von offenen und geschlossenen Bauweisen unterirdischer Infrastruk-turprojekte -Teil 1: Theoretische Grundlagen multikriterieller Bewertungsverfahren, Berlin.

Günther, E. (2005), Ökoeffizienz - Der Versuch einer Konsolidierung der Begriffsvielfalt, Dresdner Beiträge zur Betriebswirtschaftslehre Nr. 103/05, Dresden.

Haedrich, G.; Kuß, A.; Kreilkamp, E. (1986), Der Analytic Hierarchy Process. Ein neues Hilfsmittel zur Analyse und Entwicklung von Unternehmens- und Marketingstrate-gien, WiSt, Heft 3, 120-126.

Hahn, R. (2013), Ethische Grundlagen des betrieblichen Nachhaltigkeitsmanagement. In A. Baumast, & J. Pape (Hrsg.), Betriebliches Nachhaltigkeitsmanagement (S. 44-57). Stuttgart: UTB Ulmer.

Hardtke, A. und Prehn, M. (2001), Perspektiven der Nachhaltigkeit - vom Leitbild zur Erfolgsstrategie, Wiesbaden.

Harth, M. (2006), Multikriterielle Bewertungsverfahren als Beitrag zur Entscheidungsfin-dung

Haubach, C. (2013), Umweltmanagement in globalen Wertschöpfungsketten. Eine Analy-se am Beispiel der betrieblichen Treibhausgasbilanzierung. Wiesbaden, Springer Gabler.

Hauff, M. von und Kleine, A. von (2009), Nachhaltige Entwicklung - Grundlagen und Umsetzung, München.

Haufler, V. (2001), A Public Role for the Private Sector. Industry Self-Regulation in a Global Economy. Washington.

Helm, R. und Steiner, M. (2008) Präferenzmessung: methodengestützte Entwicklung zielgruppenspezifischer Produktinnovationen, Stuttgart.

Henning, K. (2006), Wasch- und Reinigungsmittel. Inhaltsstoffe - Eigenschaften und For-mulierungen, Augsburg.

Henriksen, A. (1999), A practical R&D Project-Selection Scoring Tool, in: IEEE Transactions on Engineering Management, Vol. 46, No. 2, 158-170.

Herchen, O. (2007), Corporate Social Responsibility. Wie Unternehmen mit ihrer ethischen Verantwortung umgehen. Norderstedt.

Heyen, D.; Fischer, C.; Barth, R. (2013), Mehr als nur weniger - Suffizienz: Notwendigkeit und Optionen politischer Gestaltung, Öko-Institut Working Paper 3, Freiburg.

Hohenstein Academy e.V. (2008), Abwasserbehandlung in Textilpflegebetrieben, Bönnigheim.

Hohenstein Academy e.V. (2012a), Grundlehrgang Wäschereitechnik, Bönnigheim.

Hohenstein Academy e.V. (2012b), Fortbildungslehrgang Wäschereitechnik, Bönnigheim.

Hohenstein Academy e.V. (2013), Grundkurs Wäschereitechnik, Bönnigheim.

Hohenstein Expertenrunde (2012), Weiterführung des Arbeitskreises Benchmarking, Bönnigheim.

Hohenstein Institute (2008), Empirische Erhebung: Statistik Außendienst, Bönnigheim.

Hohenstein Institute (2010), Arbeitspapiere: Arbeitskreis Benchmarking, Bönnigheim.

Huber, J. (1995), Nachhaltige Entwicklung durch Suffizienz, Effizienz und Konsistenz. In: Fritz, P.; Huber, J.; Levi, H.W. (Hrsg.): Nachhaltigkeit in naturwissenschaftlicher und sozialwissenschaftlicher Perspektive. Stuttgart, S. 31-46.

Huber, J. (2000), Industrielle Ökologie. Konsistenz, Effizienz und Suffizienz in zyklusanalytischer Betrachtung, in: Simonis, U. E. (Hrsg.), Global Change, Berlin, 28-29.

Hübner, H. (2002), Integratives Innovationsmanagement: Nachhaltigkeit als Herausforderung für ganzheitliche Erneuerungsprozesse, Berlin.

Hüftle, M. (2006a), Methoden der Optimierung bei mehrfacher Zielsetzung, http://134.169.42.157/Methoden/MehrZOpt/MehrZOpt.pdf, zugegriffen am 30.05.2013.

Hüftle, M, (2006b), Bewertungsverfahren, http://134.169.42.157/Methoden/BewVerfa/BewVerfa.pdf, zugegriffen am 30.05.2013.

Ingwersen, J. (2012), Regionalität, Nachhaltigkeit und/oder Bio? http://www.zds-bonn.de/aktuelles/regionalitaet-nachhaltigkeit-und-oder-bio.html, zugegriffen am 16.04.2014.

Intex - Industrieverband Textil Service e.V. (2012), intex Branchenkompendium.

ISO 14000 - International Organization for Standardization (2014), Environmental management, http://www.iso.org/iso/iso14000, zugegriffen am 07.07.2014.

ISO 26000 - International Organization for Standardization (2014), Social responsibility, http://www.iso.org/iso/iso26000, zugegriffen am 07.07.2014.

Jung, H. (2010), Allgemeine Betriebswirtschaftslehre, München.

Kelsey, J.C. (1969), BLRA Bulletin, 9 (15), 231-236 und 9 (16), 239-246.

Kempf, M. (2007), Strukturwandel und die Dynamik von Abhängigkeiten: Ein Theorieansatz und seine Illustration am deutschen Kabelnetzsektor, Wiesbaden.

Klinke, S. (2013), Geometrisches Mittel, Institut für Statistik und Ökonometrie, Humboldt-Universität zu Berlin, http://mars.wiwi.hu-berlin.de/mediawiki/mmstat_de/index.php/Eindimensionale_H%C3%A4ufigkeitsverteilung_-_STAT-Lageparameter_-_Mittelwerte_(2):_Harmonisches_Mittel,_Geometrisches_Mittel; zugegriffen am 13.11.2014.

Klöpfer, W.; Grahl, B. (2009), Ökobilanzen (LCA) - Ein Leitfaden für Ausbildung und Beruf. Wiley-VCH Verlag & Co. KGaA, Weinheim.

Klöpffer, W. (2014), Background and Future Prospects in Life Cycle Assessment, Springer Verlag, Frankfurt am Main.

König, H.; Kohler, N.; Kreißig, J.; Lützkendorf, T. (2009), Lebenszyklusanalyse in der Gebäudeplanung - Grundlagen, Berechnung Planungswerkzeug, München.

Kreibich, R. (1996), Nachhaltige Entwicklung - Leitbild für die Zukunft von Wirtschaft und Gesellschaft, Berlin, Gelsenkirchen.

Lehni, M. (1998), WBCSD Project on Eco-Efficiency Metrics & Reporting, Genf.

L'Etang, J. (1995), Ethical corporate social responsibility: a framework for managers, in: Journal of Business Ethics, 14 (2), 125-132.

Leymann, F.; Nowak, A. (2014), Ökonomische Nachhaltigkeit, Gabler Wirtschaftslexikon (2014), Springer Fachmedien Wiesbaden GmbH, http://wirtschaftslexikon.gabler.de/ Definition/oekonomische-nachhaltigkeit.html; zugegriffen am 13.11.2014.

Liberatore, M. (1995), Expert Support Systems for New Product Development Decision Making: A Modelling Framework and Applications, in: Management Science, Vol. 41, No. 8, 1296–1316.

Linz, M. und Luhmann, H.J. (2006), Wie der Fortschritt bei der Energieeffizienz regelmäßig >>abprallt<<, in: Energie & Management Vol. 21, 3, Wuppertal.

Mathieu, P. (2002), Unternehmen auf dem Weg zu einer nachhaltigen Wirtschaftsweise: Theoretische Grundlagen - Praxisbeispiele aus Deutschland - Orientierungshilfe, Wiesbaden.

McClave, J.; Benson, P.G.; Sincich, T. (1998), Statistics for Business and Economics, 7th ed., Prentice Hall, Upper Saddle River, NJ.

McGuire, J.W. (1963), Business and society, New York.

Meadows, D.L. (1972), Die Grenzen des Wachstums 1972, Übersetzung von Hans-Dieter Heck, Stuttgart.

Meffert, H. (2000), Marketing - Grundlagen marktorientierter Unternehmensführung, Wiesbaden.

Meixner, O. und Haas, R. (2012), Wissensmanagement und Entscheidungstheorie - Theorien, Methoden, Anwendungen und Fallbeispiele, Wien.

Meyer, C. (2006), Betriebswirtschaftliche Kennzahlen und Kennzahlen-Systeme, 3. Aufl., Stuttgart.

Mielecke, T. (2006), Erstellung einer Sachbilanz-Studie und Modellierung des Lebensweges von Operationstextilien, Dresden.

mikro-online (2014), Vollständigkeitsannahme, http://www.mikrooekonomie.de/Glossar/ Vollstaendigkeitsannahme.htm, zugegriffen am 20.01.2014.

Müller, M.; Moutchnik, A.; Freier, I. (2009), Standards und Zertifikate im Umweltmanagement, im Sozialbereich und im Bereich der gesellschaftlichen Verantwortung, in: Baumast, A. und Pape, J. (Hrsg.), Betriebliches Umweltmanagement - Nachhaltiges Wirtschaften im Unternehmen, Stuttgart.

Murphy, P.E. (1978), An evolution: corporate social responsiveness, in: University of Michigan Business review, 30 (6), 19-25.

Neumann, K. (2010), CONSIDEO MODELER - So einfach wie Mind Mapping: Vernetztes Denken und Simulation, Norderstedt.

Nitzsch, R. von (1992), Entscheidung bei Zielkonflikten. Ein PC gestütztes Verfahren, in: Neue betriebswirtschaftliche Forschung 95, Wiesbaden.

Nitzsch, R. von (1993), Analytic Hierarchy Process und Multiattributive Werttheorie im Vergleich, in: Wirtschaftswissenschaftliches Studium, Hft. 3, 111-116.

OECD - Organisation for Economic Co-operation and Development (2012), OECD - Umweltausblick bis 2050: Die Konsequenzen des Nichthandelns, OECD Publishing, http://dx.doi.org/10.1787/9789264172869.de, zugegriffen am 08.05.2014.

Öko-Institut (2001), Das Nachhaltigkeitszeichen: ein Instrument zur Umsetzung einer nachhaltigen Entwicklung? Werkstattreihe Nr. 127, Freiburg.

Öko-Institut (2013), Hintergrundpapier Suffizienz: Mehr als nur weniger - Überlegungen zu einer Suffizienzpolitik, Berlin.

OLEV (2012), Online Verwaltungslexikon, www.olev.de, zugegriffen am 11.11.2013.

Ossadnik, W. (1998), Mehrzielorientiertes strategisches Controlling. Methodische Grundlagen und Fallstudien zum führungsunterstützenden Einsatz des Analytischen Hierarchieprozesses, Heidelberg.

Paech, N. (2013), Befreiung vom Überfluss - Auf dem Weg in die Postwachstumsökonomie, Vortrag bei ecolo im Rahmen des Nachhaltigkeitstalks, Bremen.

Paech, N. und Müller, C. (2012), Suffizienz & Subsistenz. Wege in eine Postwachstumsökonomie am Beispiel von "Urban Gardening", in: Der kritische Agrarbericht, 148-152, München.

Paech, N. und Siegrist, D. (2013), „Sich selbst eine Grenze setzen", in: Panorama - Magazin des Deutschen Alpenvereins, Ausgabe 5, München.

Palloks-Kahlen, M. und Diederichs, M. (2001): Kennzahlengestütztes Umweltmanagement – Teil I: Grundlagen, in: Umweltwirtschaftsforum (UWF), Nr. 1/2001, S. 58-63.

Pant, R.; Schau, E. M.; Zampori, L.; De Camillis, C. (2013), The Organisation Environmental Footprint (OEF) - a method recommendation by the European Commission, Joint Research Centre (JRC), http://www.mizuho-ir.co.jp/seminar/info/2013/pdf/scope3ws1121_04.pdf, zugegriffen am 03.12.2014.

Pape, J. (2001), Umweltkennzahlen und ökologische Benchmarks als Erfolgsindikatoren für das Umweltmanagement in Unternehmen der Milchwirtschaft: Konzeptionelle Grundlagen der Umweltleistungsbewertung, Doluschitz, R. (Hrsg.), Hohenheimer Beiträge zur Agrarinformatik und Unternehmensführung, Nr. 4, Stuttgart.

Pape, J. (2002), Umweltkennzahlen und ökologische Benchmarks als Erfolgsindikatoren für das Umweltmanagement in Unternehmen der baden-württembergischen Milchwirtschaft, Forschungsbericht FZKA-BWPLUS, Institut für Landwirtschaftliche Betriebslehre, Universität Hohenheim, Stuttgart.

Pape, J. (2003), Umweltleistungsbewertung in Unternehmen der Ernährungswirtschaft, Bergen, zugl. Diss., Univ., Hohenheim.

Pfriem, R. (1986), Ökologische Unternehmenspolitik, Frankfurt/M., New York.

Pindyck, R.S. und Rubinfeld, D.L. (2009), Mikroökonomie, 7. Aufl., München: Pearson.

Poh, K. (2001), A Comparative Analysis of the R&D Project Evaluation Methods, in: R&D Management, Vol. 31, No. 1, 63-75.

Post, J.E. und Preston, L.E. (2002), Redefining the corporation: Stakeholder Management and Organizational Wealth, Stanford.

Powell, J. C.; Pearce, D. W.; Craighill, A. L. (1997), Approaches to Valuation in LCA Impact Assessment. International Journal of Life Cycle Assessment, 2, 1; S. 11-15.

RAL - Deutsches Institut für Gütesicherung und Kennzeichnung e.V. (2011), Güte- und Prüfbestimmungen sachgemäße Wäschepflege RAL-RG 992.

Rauschenberger, R. (2002), Nachhaltiger Shareholder Value. Integration ökologischer und sozialer Kriterien in die Unternehmensführung und in das Portfoliomanagement, Bern/Stuttgart/Wien.

Refflinghaus, R. (2009), Einsatz des Analytischen Hierarchie Prozesses zur Vorbereitung der kundenspezifischen Eingangsgrößen eines Quality Function Deployments, Dortmund.

Rockström, J. (2009), A safe operating space for humanity, in: Nature. 461, 2009, 472-475.

Roepke, F. (2011), Der Gesellschaftsvertrag oder Grundlagen des Staatsrechts von Jean-Jacques Rousseau - ins Deutsche übertragen, http://www.welcker-online.de/Texte/Rousseau/Contract.pdf, zugegriffen am 15.01.2014.

Rohr, T. (2004), Einsatz eines mehrkriteriellen Entscheidungsverfahrens im Naturschutzmanagement, Kiel.

Rommelfanger, H. (2004), Entscheidungstheorie, Frankfurt.

Rommelfanger, H. und Eickemeier, S. (2002), Entscheidungstheorie, Klassische Konzepte und Fuzzy-Erweiterungen, Berlin, Heidelberg.

Ruhland, A. (2004), Entscheidungsunterstützung zur Auswahl von Verfahren der Trinkwasseraufbereitung an den Beispielen Arsenentfernung und zentrale Enthärtung, Berlin.

Saaty, T.L. (1986), Axiomatic foundation of the Analytic Hierarchy Process, in: Management Sciences, Vol. 32, No. 7.

Saaty, T.L. (1990), Multicriteria Decision Making. The Analytic Hierarchy Process. Planning, Priority setting, Resource allocation, in: RWS, Pittsburgh.

Saaty, T.L. (1994), Highlights and critical points in the theory and application of the AHP, in: European journal of operational research. Vol. 74, 426-447.

Saaty, T. und Forman, E. H. (1996), The Hierarcon: A Dictionary of Hierarchies. Pittsburgh.

Saaty, T. L. und Hu, G. (1998), Ranking by Eigenvector versus other Methods in the Analytic Hierarchy Process, in: Applied Mathematics Letters 11, Heft 4, 121-125.

Sachs, W. (1993), Die vier E´s. Merkposten für einen maßvollen Wirtschaftsstil, in: Politische Ökologie, Jg. 11, Nr. 33, 69-72, New York.

Schaltegger, S. (2000), Studium der Umweltwissenschaften - Einführung und normatives Umweltmanagement, Berlin.

Schaltegger, S. und Sturm, A. (1990), Ökologische Rationalitäten, in: Die Unternehmung, Jg. 44, Nr. 4, 273-290.

Schaltegger, S.; Burritt, R.; Petersen, H. (2003), An Introduction to Corporate Environmental Management. Striving for Sustainability. Sheffield: Greenleaf, S. 25.

Schaltegger, S.; Herzig, C.; Kleiber, O.; Müller, J. (2006), Nachhaltigkeitsmanagement in Unternehmen - Konzepte und Instrumente zur nachhaltigen Unternehmensentwicklung, Center for Sustainability Management (CSM) e.V., Universität Lüneburg.

Schlich, E. (2005), Vergleichende Ermittlung des Energieumsatzes der Lebensmittelbereitstellung aus regionalen und globalen Prozessketten, Abschlussbericht zu den Förderkennzeichen: Schl 473/ 4-1 und Schl 473/ 4-2, Deutsche Forschungsgemeinschaft.

Schmidheiny, S. und Zorraquin, F. J. (1996), Financial Change - The Financial Community, Eco-Efficiency and Sustainable Development, Cambridge MA.

Schneeweiß, C. (1990), Kostenwirksamkeitsanalyse, Nutzwertanalyse und Multi-Attributive Nutzentheorie, in: Wirtschaftswissenschaftliches Studium, 19. Jhg., 13-18, München.

Schneeweiß, C. (1991), Der Analytic Hierarchy Process als spezielle Nutzwertanalyse. Operations Research, Berlin, Heidelberg.

Schneeweiß, C. (1992), Planung 1: Systemanalytische und entscheidungstheoretische Grundlagen, Berlin.

Schneidewind, U. und Palzkill-Vorbeck, A. (2011), Suffizienz als Business Case, Wuppertal.

Scholl, G. und Clausen, J. (1999), Ökoeffizienz - mehr Fragen als Antworten?, in: Ökologisches Wirtschaften, Heft 3.

Seidel, E. (1998), Umweltorientierte Kennzahlen und Kennzahlensysteme –Leistungsmöglichkeiten und Leistungsgrenzen, Entwicklungsstand und Entwicklungsaussichten, in: Seidel, E./Clausen, J./ Seifert, E.K. (Hrsg.), Umweltkennzahlen, S. 9-31.

Seidel, E.; Kötter, G. (1999), Umweltkennziffern im Praxiseinsatz, in: Freimann, J. (Hrsg.), Werkzeuge erfolgreichen Umweltmanagements, S. 95-113.

Sieferle, R.P. (1982), Der unterirdische Wald. Energiekrise und Industrielle Revolution. C.H. Beck, München, S. 252–254.

Skrzipek, M. (2005), Shareholder Value vs. Stakeholder Value, Wiesbaden.

SN-Fachpresse Hamburg (2010), Larosé Niederlassung in Nonnweiler - Neues Energieeinsparkonzept in Nonnweiler macht Rekordwerte möglich, WRP-Reportage, Hamburg.

Spehr, C. (1996), Die Ökofalle - Nachhaltigkeit und Krise, Wien.

Spindelbalker, C. (2014), Maßnahmenpaket rund um den Umweltfußabdruck von Produkten und Organisationen, Wirtschaftskammer Österreich, https://www.wko.at/ Content.Node/Service/Umwelt-und-Energie/Nachhaltigkeit-und Umweltmanagement/Umweltmanagement/Produktpoliitk/EU_legt_Massnahmenpaket_rund um_den_Umweltfussabdruck_von_.html, zugegriffen am 03.12.2014.

Staehle, W. H. (1969), Kennzahlen und Kennzahlensysteme als Mittel der Organisation und Führung von Unternehmen, Wiesbaden.

Statistisches Bundesamt (2012), Kostenstruktur bei Wäschereien und chemischen Reinigungen 2010, Fachserie 2 Reihe 1.6.8, Wiesbaden.

Steger, U. (1993), Umweltmanagement - Erfahrungen und Instrumente einer umweltorientierten Unternehmensstrategie, Frankfurt/M., Wiesbaden.

Steger, U. (2002), Nachhaltige Entwicklung und Innovation im Energiebereich, Berlin, Heidelberg, New York.

Strebel, H. (1980), Umwelt / Betriebswirtschaft - Die natürliche Umwelt als Gegenstand der Unternehmenspolitik, Berlin, Bielefeld, München.

Stummer, C. (2006), Die F&E-Projektauswahl bei mehrfachen Zielsetzungen. Technical Report, Wien.

UBA - Umweltbundesamt (Hrsg.) (2009), Verbesserung von Rohstoffproduktivität und Ressourcenschonung Teilvorhaben 1: Potenzialermittlung, Maßnahmenvorschläge und Dialog zur Ressourcenschonung; Förderkennzeichen 206 93 100/01.

UBA - Umweltbundesamt (2014), Rebound-Effekte, http://www.umweltbundesamt.de/themen/abfall-ressourcen/oekonomische-rechtliche-aspekte-der/rebound-effekte, zugegriffen am 14.12.2014.

UN - United Nations (1992), Agenda 21, New York.

UN - United Nations (2002), Report of the World Summit on Sustainable Development, New York.

UN - United Nations (2013), Der Global Compact, http://www.unglobalcompact.org/Languages/german/, zugegriffen am 16.12.2013.

UN DESA - United Nations Department of Economic and Social Affairs, Division for Sustainable Development (2013), Sustainable Develpoment knowledge platform - Commission on Sustainable Development, http://sustainabledevelopment.un.org/csd.html, zugegriffen am 16.12.2013.

UNEP - United Nations Environment Programme (2013), Green Economy, http://www.unep.org/greeneconomy/AboutGEI/WhatisGEI/tabid/29784/Default.aspx, zugegriffen am 06.11.2013.

Vahs, D. und Burmester, R. (2002), Innovationsmanagement. Von der Produktidee zur erfolgreichen Vermarktung, Stuttgart.

Volkswagen AG (2012), Gemeinsame Umwelterklärung 2012 – Volkswagen und Volkswagen Nutzfahrzeuge, Wolfsburg.

Volkswagen Aktiengesellschaft (2013), Umwelterklärung 2013 – Emden, http://www.emas.de/fileadmin/user_upload/umwelterklaerungen/2013/DE-121-000001_VWAG_Emden_2013.pdf, zugegriffen am 04.01.2015.

Wackernagel, M. (2014), Der Ecological Footprint: Die Welt neu vermessen, Deutsche Umweltstiftung; http://deutscheumweltstiftung.de/index.php?option=com_content&view=article&id=133:dr mathis-wackernagelbrder-ecological-footprint-die-welt-neu-vermessen&catid=52:buecher und-beitraege; zugegriffen am 01.12.2014.

Wagner, G. (2005), Waschmittel - Chemie, Umwelt, Nachhaltigkeit, Weinheim.

WBCSD - World Business Council for Sustainable Development (1996), Eco-Efficient Leadership for Improved economic and environmental performance, Genf, in: DeSimone, L. D. und Popoff, F. (1999), Eco-Efficiency - the business link to sustainable development, Cambridge.

WBGU (A) - Wissenschaftliche Beirat der Bundesregierung Globale Umweltveränderungen (2011), Hauptgutachten: Welt im Wandel - Gesellschaftsvertrag für eine Große Transformation, Berlin.

WBGU (B) - Wissenschaftliche Beirat der Bundesregierung Globale Umweltveränderungen (2011), Zusammenfassung für Entscheidungträger: Welt im Wandel - Gesellschaftsvertrag für eine Große Transformation, Berlin.

WBGU (C) - Wissenschaftliche Beirat der Bundesregierung Globale Umweltveränderungen (2009), Kassensturz für den Weltklimavertrag - Der Budgetansatz, Sondergutachten, Berlin.

WCED - World Commission on Environment and Development (1987), Our common future. Oxford: Oxford University Press.

Weber, K. (1983), Entscheidungen bei Mehrfachzielen, Verfahren zur Unterstützung bei Individual und Gruppenentscheidungen, in: Bochumer Beiträge zur Unternehmungsführung und Unternehmensforschung, Bd. 26, Bochum.

Weber, K. (1993), Mehrkriterielle Entscheidungen, Wien, München.

Weizsäcker, E.-U. von; Seiler-Hausmann, J.-D. (1999), Ökoeffizienz, Das Management der Zukunft, Berlin, Basel, Boston.

Werner, A. (2003), Stand der Wissenschaft bezüglich Umweltkennzahlen zur Messung der Umweltleistung, in: Günther, E./Neuhaus, R./Kaulich, S. (Hrsg.), Entwicklung von Benchmarks für die Umweltleistung innerhalb der Maschinenbaubranche, Dresdner Beiträge zur Lehre der Betrieblichen Umweltökonomie, S. 21-37.

WHG - Wasserhaushaltsgesetz (2014), § 22 - Haftung für Änderung der Beschaffenheit des Wassers.

Winter, M. und Steger, U. (1998), Managing Outside Pressure - Strategies for Preventing Corporate Disasters, New York.

Wittberg, V.; Kluge, H.-G.; Ley, F.; Wolf-Hegerbekermeier, T. (2013), Nationaler Nachhaltigkeitskompass: Standardnutzen-Modell: Entwicklung eines Standardnutzen-Modells zur systematischen Schätzung des Nutzens von Gesetzen und Regelungen auf der Grundlage eines nachhaltigen Wachstumsbegriffs, Bielefeld.

Wöhe, G. und Döring, U. (2013), Einführung in die allgemeine Betriebswirtschaftslehre, München.

Zahn, E.; Foschiani, S.; Tilebein, M. (2000), Wissen und Strategiekompetenz als Basis für die Wettbewerbsfähigkeit von Unternehmen, in: Hammann P./Freiling J. (Hrsg): Die Ressourcen- und Kompetenzperspektive des Strategischen Managements. Wiesbaden 2000, S. 47-68.

Zangemeister, C. (1976), Nutzwertanalyse in der Systemtechnik. Eine Methodik zur multidimensionalen Bewertung und Auswahl von Projektalternativen, München.

Zdrowomyslaw, N. und Kasch, R. (2002), Betriebsvergleiche und Benchmarking für die Managementpraxis: Unternehmensanalyse, Unternehmenstransparenz und Motivation durch Kenn- und Vergleichsgrößen, München.

Zimmermann, U. (1998), Einführung in die mathematische Optimierung, http://www.ifam.uni-hannover.de/~mcs/teach/09ss/linopt/mo_0e.pdf, zugegriffen am 30.05.2013.

Zimmermann, W. (1980), Gesellschaftsbezogene Rechnungslegung - Grundlagen, Formen und Entwicklungsmöglichkeiten, Berlin.

Zimmermann, H.-J. und Gutsche, L. (1991), Multi-Criteria-Analyse. Einführung in die Theorie der Entscheidungen bei Mehrfachzielsetzungen, in: Heidelberger Lehrtexte, Berlin.

Zoom Information (2014), Rana Pant, European Commission, http://www.zoominfo.com/p/Rana-Pant/1761848629, zugegriffen am 04.12.2014.

Zuber, P. (2008), Innovationsmanagement in der Biotechnologie - Nachhaltigkeit als Leitbild einer entwicklungsbegleitenden Evaluierung, Wiesbaden.

Anhang

Anleitung zum Wäscherei-Fragebogen

I Formaler Teil

1.) Zum Ausfüllen des Fragebogens benötigen Sie den Adobe Reader 7.05 oder höher. Die neueste Version des Adobe Readers können Sie unter folgendem Link kostenlos: downloaden: http://get.adobe.com/de/reader/
2.) Bitte speichern Sie zuerst den Fragebogen aus dem Email-Anhang auf Ihrer Festplatte in einem für Sie leicht auffindbaren Verzeichnis ab.
3.) Nun kann das Ausfüllen des Fragebogens jederzeit durch Zwischenspeichern unterbrochen werden, um zu einem späteren Zeitpunkt fortgeführt zu werden.
4.) Sie können jederzeit einmal gesetzte Antworten durch Überschreiben ändern.
5.) Falls Sie den gesamten Fragebogen zurücksetzen wollen, um noch einmal von vorne zu beginnen, drücken Sie einfach den „Formular-Zurücksetzen-Button" auf der letzten Seite des Fragebogens rechts unten.
6.) Bitte senden Sie den ausgefüllten Fragebogen elektronisch an mich zurück, indem Sie ihn am Ende der Bearbeitung abspeichern und an max.mustermann@hohenstein.de schicken.

II Theoretischer Teil

Definitionen der Unterscheidungskriterien:

1.) Definition der Maschinenausstattung:

Die Maschinenausstattung repräsentiert die Infrastruktur eines Betriebes anhand von Waschschleudermaschinen und Taktwaschanlagen. Die Maschinenausstattung stellt ein wichtiges Unterscheidungskriterium gewerblicher Wäschereien hinsichtlich deren Energie- und Ressourcenverbräuchen dar. Auf diese Weise können tendenziell größere Wäschereien wesentlich niedrigere Verbrauchswerte erreichen als kleine Wäschereien. Mit diesem Kriterium soll dieses „Handicap" berücksichtigt werden, sodass ein „faires" Benchmarking möglich wird.

2.) Definition der Kundenmixe:

Die Kundenmixe sind von *Kundenmix 1* bis *Kundenmix 4* geordnet. Hier eine Übersichtstabelle zur Zusammensetzung der Kundenmixe:

Kundenmix 1	Hotel	Flachwäsche	Flachwäsche, Küchenwäsche (ohne BK), etc.
		Trockenwäsche	Handtücher, Kissen, Decken, etc.
Kundenmix 2	Krankenhaus	Flachwäsche	Allgemeine Stationswäsche
			Pflegeheime
		Trockenwäsche	Allgemeine Stationswäsche (Handtücher, Kissen und Decken etc.)
		Formwäsche Richtwert Teil entspricht ca. 200g	Bekleidung Station (weiß und farbig)
			OP-Bereichsbekleidung (meist farbig)
			Rettungsdienstkleidung weiß
	Textile Medizinprodukte	OP-Mäntel und OP-Abdeckungen, Thromboseprophylaxestrümpfe, Fixierbänder für OP etc., keine OP-Bereichskleidung – siehe KH	
Kundenmix 3	Berufsbekleidung	Formteile (Arbeitsmäntel, Kasacks und Hosen, etc.) Richtwert ca. 400g	Blaumann, Supermärkte, etc.
			Lebensmittelverarbeitende Betriebe (Bedientheken, Küchen)
			Industrie
			Pflegepersonal
	Textile persönliche Schutzausrüstung	Warnschutzkleidung, Chemikalienschutzkleidung, Schweißer- und Hitzeschutz, Rettungsdienstkleidung etc. (z. B. rot oder rot/gelb)	
Kundenmix 4	Privatwäsche und Heime- & Pflegeeinrichtungen	Flachwäsche - Flachwäsche, Küchenwäsche (ohne BK), etc.	
		Trockenwäsche - Handtücher, Kissen, Decken, etc.	
		Formwäsche - Bewohnerbezogene (bewohnereigene) Wäsche (Oberbekleidung, Leibwäsche, etc.)	

3.) Definition der Wäscheart:

Die Wäschearten sind von *Flach-*, über *Trocken-* zu *Formwäsche* nach ansteigendem Ressourcen- und Energieverbrauch bei der Textilwiederaufbereitung geordnet, sprich es wird tendenziell von *Flach-*, über *Trocken-* zu *Formwäsche* immer schwieriger. Dies soll aber keine Vorgabe bei der Beantwortung des Fragebogens sein, sondern als Strukturhilfe dienen.

4.) Definition der Verschmutzungsart:

Die Verschmutzungsarten sind von *normal verschmutzt*, über *stark verschmutzt* bis *Sonderwäsche* (extrem verschmutzte Wäsche) nach steigendem Ressourcen-

und Energieverbrauch bei der Textilwiederaufbereitung geordnet, sprich es wird tendenziell von *normal verschmutzt*, über *stark verschmutzt* bis *Sonderwäsche* immer schwieriger. Dies soll aber keine Vorgabe bei der Beantwortung des Fragebogens sein, sondern als Strukturhilfe dienen.

A) Abfrage der Jahresgesamttonnage

Im Teil A) wird die im Geschäftsjahr 2013 erbrachte Jahresgesamttonnage (in Tonnen) bei Wareneingang (verschmutzte Wäsche) abgefragt, die ins leere Feld eingetragen werden soll (1 Stelle hinter dem Komma genau). Bitte beziehen Sie sich dabei auf die sich im „Umlauf" befindende Wäsche, da sich das Bewertungssystem auf Ressourcen- und Energieeinsätze bezieht. Lagerbestände oder Sonstiges werden demzufolge nicht in die Bewertung miteinbezogen. Haben Sie bspw. neu beschaffte Wäsche, rechnen Sie nur den Teil in Ihre Jahresgesamttonnage, der auch „gewaschen" wird und <u>nicht</u> im Lager liegt.

B) Unterscheidungskriterien: Maschinenausstattung, Kundenmix, Wäscheart und Verschmutzungsart

B1) Unterscheidungskriterien: Gewichtungsabfragen

Zu Frage 1 jedes Abfragekastens soll das Kriterium angekreuzt werden, welches für Wäscherei X den größeren Einfluss auf den Ressourcen- und Energieverbrauch hat. Dabei bezieht sich die Frage auf den MASCHINENBEZOGENEN (nicht vom Personal ausgehenden) Ressourcen- und Energieverbrauch für Chemie, Wasser, Energie und Transport. Das Unterscheidungskriterium *Maschinenausstattung* ist neben, dem *Kundenmix*, der *Wäscheart* und der *Verschmutzungsart* auf den ersten Blick nicht ohne Weiteres als ressourcen- und energieverbrauchendes Kriterium zu identifizieren. Es geht einfach darum, dass die *Maschinenausstattung* eines Wäschereibetriebes einen wesentlichen Einfluss auf dessen Ressourcen- und Energieverbrauch hat, wie bspw. der Frischwasserverbrauch von Taktwaschanlagen im Vergleich zu Waschschleudermaschinen völlig unterschiedlich ist. Diese *Maschinenausstattung* korreliert sehr stark mit der Tagestonnage, welche wiederum für die Größe des Betriebes steht.

Bei Frage 2 wird darauf aufbauend nur noch ermittelt, wieviel größer der Einfluss des Kriteriums aus der 1. Frage ist. So können im Bewertungssystem letztendlich kleine Wäschereien mit Großen vergleichbar gemacht werden, weil die durch unterschiedliche *Maschinenausstattung* entstehenden Verbrauchswerte mit Gewichtungsfaktoren ausgeglichen werden und so Wäschereien nur mit

„vergleichbaren" Wäschereien in Bezug zueinander gesetzt und bewertet werden.

B2) Kundenmix / B3) Wäschearten / B4) Verschmutzungsarten

<u>B2.1) Kundenmix: Gewichtungsabfragen</u>

Es ist sehr wichtig zu beachten, dass hier nur der MASCHINENBEZOGENE VERBRAUCH, nicht der personenbezogene Arbeitsaufwand wie Falten, Abpacken etc. gemeint ist. Bitte füllen Sie die Fragen komplett aus, auch wenn Sie nicht alles in Ihrem Betrieb selbst bearbeiten und zwar gegebenenfalls INDEM SIE SCHÄTZEN. Nur auf diese Weise ist eine vollständige Datenerfassung zu bewerkstelligen. Betrachten Sie sich einfach als neutraler Wäscherei-Berater, dessen Einschätzung gefragt ist.

<u>B3.1) Wäschearten / B4.1) Verschmutzungsarten</u>

Hier gilt dieselbe Systematik wie oben geschildert. Ab hier wird schon vorab mit einer JA / NEIN -Abfrage geklärt, ob Sie einen Kundenmix bearbeiten oder nicht. Dies grenzt die Befragung auf die tatsächlich von Ihnen bearbeiteten Kundenmixe ein. Nun gilt, dass Sie die Fragen zu den von Ihnen bearbeiteten Kundenmixen bitte komplett ausfüllen und zwar gegebenenfalls INDEM SIE SCHÄTZEN.

C) <u>Bewertungssystem</u>

Die Angaben in Geldeinheiten zu *Chemie-, Wasser-, Energie-* und *Transporteffizienz* sind für eine „faire" Bewertung auf wissenschaftlichem Niveau unerlässlich, da u. a. auf diese Weise wissenschaftlich repräsentative *Wäschereigrößencluster* (klein, mittel, groß) ermittelt werden können, die es ermöglichen, Ihren Betrieb mit gleichen Betrieben ins „faire" Verhältnis zu setzen. Ich weise an dieser Stelle auf die Anonymität des Fragebogens und des Weiteren auf die sich in einem sehr schmalen Korridor befindlichen Preisentwicklungen hin.

C1) Die Fragen zur *Verarbeitungsqualität* müssen nur von <u>NICHT GG-Mitgliedern</u> ausgefüllt werden, da die Hohenstein Institute hier keine Daten zur Qualität und Güte der Wiederaufbereitung vorliegen haben.

C2) Die Chemieeinsatzmenge berechnet sich wie folgt:

bezogene Menge laut Lieferanterechnungen + Anfangsbestand 2013 – Endbestand 2013.

C3) Die verbrauchte Gesamtmenge *Liter Frischwasser* entnehmen Sie bitte der Jahresabrechnung 2013. Dabei sollten nicht-produktionsrelevante Verbrauchsmengen, wie bspw. für sanitäre Anlagen abgezogen werden.

C4) siehe C3). Auch hier sollten nicht-produktionsrelevante Verbrauchsmengen abgezogen werden.

C5) Bitte schreiben Sie bei der *Transporteffizienz* die von Ihnen in Anspruch genommenen Treibstoffe und deren Aggregatsform (Liter oder Gas) in die linken leeren Felder. Rechts daneben geben Sie bitte die verbrauchten Mengen dazu an.

Standardisierter elektronischer Wäscherei-Fragebogen

HOHENSTEIN●
INSTITUTE

Fragebogen zum Nachhaltigkeitsbewertungssystem - Ressourcen- und Energieverbrauch bei der Textilwiederaufbereitung

Aufbau des Fragebogens

A) Abfrage der Jahresgesamttonnage

B) Unterscheidungskriterien: Maschinenausstattung, Kundenmix, Wäscheart und Verschmutzungsart

    B1) Unterscheidungskriterien: Gewichtungsabfragen

    B2) Kundenmix

        B2.1) Kundenmix: Gewichtungsabfragen

        B2.2) Kundenmix: Tonnagenabfragen

    B3) Wäschearten

        B3.1) Wäschearten: Gewichtungsabfragen

        B3.2) Wäschearten: Tonnagenabfragen

    B4) Verschmutzungsarten

        B4.1) Verschmutzungsarten: Gewichtungsabfragen

        B4.2) Verschmutzungsarten: Tonnagenabfragen

C) Bewertungssystem

    C1) Verarbeitungsqualität (WGK-Gewebe)

    C2) Chemieeffizienz

    C3) Wassereffizienz

    C4) Energieeffizienz

        C4.1) Strom

        C4.2) Heizenergie

    C5) Transporteffizienz

HOHENSTEIN●
INSTITUTE

A) Abfrage der Jahresgesamttonnage:

Bitte geben Sie die Jahresgesamttonnage bei Wareneingang (verschmutzte Wäsche) für Ihren Betrieb im vergangenen Geschäftsjahr 2011 in Tonnen an:

B) Unterscheidungskriterien: Maschinenausstattung, Kundenmix, Wäscheart und Verschmutzungsart

B1) Unterscheidungskriterien: Gewichtungsabfragen

Die folgenden beiden Fragen sind für alle Kästen von B1) zu beantworten:
→ *Bitte achten Sie darauf, dass die Fragen allgemein für die Branche beantwortet werden sollen und nicht auf Ihren eigenen Betrieb bezogen*

1.) Welches Kriterium hat einen größeren Einfluss auf den Ressourcen- und Energieverbrauch?
Bitte kreuzen Sie an, welches Kriterium im Vergleich zum anderen, allgemein für die Branche gesprochen, den größeren Einfluss auf den Ressourcen- und Energieverbrauch hat.

2.) Wieviel größer ist der Einfluss dieses Kriteriums?
Bitte kreuzen Sie nun auf der Skala von 1-8 an, wieviel größer der Einfluss dieses Kriteriums ist.

1.) Welches Kriterium hat einen größeren Einfluss auf den Ressourcen- und Energieverbrauch?

Maschinenausstattung		Kundenmix
☐	gleich	☐

2.) Wieviel größer ist der Einfluss dieses Kriteriums?

leicht	moderat	-	stark	-	sehr stark	-	extrem
1	2	3	4	5	6	7	8

1.) Welches Kriterium hat einen größeren Einfluss auf den Ressourcen- und Energieverbrauch?

Maschinenausstattung		Wäscheart
☐	gleich	☐

2.) Wieviel größer ist der Einfluss dieses Kriteriums?

leicht	moderat	-	stark	-	sehr stark	-	extrem
1	2	3	4	5	6	7	8

2

HOHENSTEIN●
INSTITUTE

1.) Welches Kriterium hat einen größeren Einfluss auf den Ressourcen- und Energieverbrauch?

Maschinenausstattung		Verschmutzungsart
☐	gleich	☐

⬇

2.) Wieviel größer ist der Einfluss dieses Kriteriums?

leicht	moderat	-	stark	-	sehr stark	-	extrem
1	2	3	4	5	6	7	8

1.) Welches Kriterium hat einen größeren Einfluss auf den Ressourcen- und Energieverbrauch?

Kundenmix		Wäscheart
☐	gleich	☐

⬇

2.) Wieviel größer ist der Einfluss dieses Kriteriums?

leicht	moderat	-	stark	-	sehr stark	-	extrem
1	2	3	4	5	6	7	8

1.) Welches Kriterium hat einen größeren Einfluss auf den Ressourcen- und Energieverbrauch?

Kundenmix		Verschmutzungsart
☐	gleich	☐

⬇

2.) Wieviel größer ist der Einfluss dieses Kriteriums?

leicht	moderat	-	stark	-	sehr stark	-	extrem
1	2	3	4	5	6	7	8

1.) Welches Kriterium hat einen größeren Einfluss auf den Ressourcen- und Energieverbrauch?

Wäscheart		Verschmutzungsart
☐	gleich	☐

⬇

2.) Wieviel größer ist der Einfluss dieses Kriteriums?

leicht	moderat	-	stark	-	sehr stark	-	extrem
1	2	3	4	5	6	7	8

3

HOHENSTEIN●
INSTITUTE

B2.1) Kundenmix: Gewichtungsabfragen

Legende zu Kundenmix

Kundenmix 1	} Hotelwäsche

Kundenmix 2	} Krankenhaus Textile Medizinprodukte

Kundenmix 3	} Berufsbekleidung Textile persönliche Schutzausrüstung

Kundenmix 4	} Privatwäsche Heime & Pflegeeinrichtungen (Bewohnerwäsche)

Die folgenden beiden Fragen sind für alle Kästen von B2.1) zu beantworten:
➔ *Bitte achten Sie darauf, dass die Fragen <u>allgemein für die Branche</u> beantwortet werden sollen und nicht auf Ihren eigenen Betrieb bezogen*

1.) Welches Kriterium hat einen größeren Ressourcen- und Energieverbrauch zur Folge?
Bitte kreuzen Sie an, welches Kriterium im Vergleich zum anderen einen größeren Ressourcen (Chemie, Wasser, Transport)- und Energieverbrauch (Strom- und Heizenergie) zur Folge hat. (Bei Gleichstand bzw. Unentschieden bitte das Kästchen in der Mitte ankreuzen.)

2.) Wieviel größer ist der Ressourcen- und Energieverbrauch?
Bitte kreuzen Sie nun auf der Skala von 1-8 an, wieviel größer der Ressourcen (Chemie, Wasser, Transport)- und Energieverbrauch (Strom- und Heizenergie) des Kriteriums aus 1.) ist.

1.) Welches Kriterium hat einen größeren Ressourcen- und Energieverbrauch zur Folge?							
Kundenmix 1				Kundenmix 2			
☐		gleich		☐			

2.) Wieviel größer ist der Ressourcen- und Energieverbrauch?							
leicht	moderat	-	stark	-	sehr stark	-	extrem
1	2	3	4	5	6	7	8

4

HOHENSTEIN●
INSTITUTE

1.) Welches Kriterium hat einen größeren Ressourcen- und Energieverbrauch zur Folge?

Kundenmix 1			Kundenmix 3
☐		gleich	☐

⬇

2.) Wieviel größer ist der Ressourcen- und Energieverbrauch?

leicht	moderat	-	stark	-	sehr stark	-	extrem
1	2	3	4	5	6	7	8

1.) Welches Kriterium hat einen größeren Ressourcen- und Energieverbrauch zur Folge?

Kundenmix 1			Kundenmix 4
☐		gleich	☐

⬇

2.) Wieviel größer ist der Ressourcen- und Energieverbrauch?

leicht	moderat	-	stark	-	sehr stark	-	extrem
1	2	3	4	5	6	7	8

1.) Welches Kriterium hat einen größeren Ressourcen- und Energieverbrauch zur Folge?

Kundenmix 2			Kundenmix 3
☐		gleich	☐

⬇

2.) Wieviel größer ist der Ressourcen- und Energieverbrauch?

leicht	moderat	-	stark	-	sehr stark	-	extrem
1	2	3	4	5	6	7	8

HOHENSTEIN●
INSTITUTE

1.) Welches Kriterium hat einen größeren Ressourcen- und Energieverbrauch zur Folge?			
Kundenmix 2			**Kundenmix 4**
☐	gleich		☐

⇩

2.) Wieviel größer ist der Ressourcen- und Energieverbrauch?							
leicht	moderat	-	stark	-	sehr stark	-	extrem
1	2	3	4	5	6	7	8

1.) Welches Kriterium hat einen größeren Ressourcen- und Energieverbrauch zur Folge?			
Kundenmix 3			**Kundenmix 4**
☐	gleich		☐

⇩

2.) Wieviel größer ist der Ressourcen- und Energieverbrauch?							
leicht	moderat	-	stark	-	sehr stark	-	extrem
1	2	3	4	5	6	7	8

Gewichtungen bestätigen
um fortzufahren

B2.2) Kundenmix: Tonnagenabfragen

Bitte achten Sie darauf, dass hier nach Ihrer eigenen betrieblichen Situation gefragt wird:

Geben Sie prozentual an, wieviel Ihres gesamten Wäscheaufkommens dem jeweiligen
Kundenmix zuzuordnen ist. (Keine Bearbeitung eines Kundenmixes = 0, insgesamt sind 100
Prozentpunkte zu vergeben)

Kundenmix 1	Kundenmix 2	Kundenmix 3	Kundenmix 4

HOHENSTEIN●
INSTITUTE

B3.1) Wäschearten: Gewichtungsabfragen

Die folgenden beiden Fragen sind für alle Kästen von B3.1) zu beantworten:
➔ *Bitte achten Sie darauf, dass die Fragen allgemein für die Branche beantwortet werden sollen und nicht auf Ihren eigenen Betrieb bezogen*

1.) Welches Kriterium hat einen größeren Ressourcen- und Energieverbrauch zur Folge?
Bitte kreuzen Sie an, welches Kriterium im Vergleich zum anderen einen größeren Ressourcen (Chemie, Wasser, Transport)- und Energieverbrauch (Strom- und Heizenergie) zur Folge hat. (Bei Gleichstand bzw. Unentschieden bitte das Kästchen in der Mitte ankreuzen.)

⇩

2.) Wieviel größer ist der Ressourcen- und Energieverbrauch?
Bitte kreuzen Sie nun auf der Skala von 1-8 an, wieviel größer der Ressourcen (Chemie, Wasser, Transport)- und Energieverbrauch (Strom- und Heizenergie) des Kriteriums aus 1.) ist.

B3.1) Wäschearten: Kundenmix 1 | Bearbeiten Sie diesen Kundenmix in Ihrer Wäscherei? | JA | NEIN

1.) Welches Kriterium hat einen größeren Ressourcen- und Energieverbrauch zur Folge?

Flachwäsche		Trockenwäsche
☐	gleich	☐

⇩

2.) Wieviel größer ist der Ressourcen- und Energieverbrauch?

leicht	moderat	-	stark	-	sehr stark	-	extrem
1	2	3	4	5	6	7	8

B3.1) Wäschearten: Kundenmix 2 | Bearbeiten Sie diesen Kundenmix in Ihrer Wäscherei? | JA | NEIN

1.) Welches Kriterium hat einen größeren Ressourcen- und Energieverbrauch zur Folge?

Flachwäsche		Trockenwäsche
☐	gleich	☐

⇩

2.) Wieviel größer ist der Ressourcen- und Energieverbrauch?

leicht	moderat	-	stark	-	sehr stark	-	extrem
1	2	3	4	5	6	7	8

HOHENSTEIN●
INSTITUTE

1.) Welches Kriterium hat einen größeren Ressourcen- und Energieverbrauch zur Folge?

Flachwäsche			Formwäsche
☐		gleich	☐

⬇

2.) Wieviel größer ist der Ressourcen- und Energieverbrauch?

leicht	moderat	-	stark	-	sehr stark	-	extrem
1	2	3	4	5	6	7	8

1.) Welches Kriterium hat einen größeren Ressourcen- und Energieverbrauch zur Folge?

Trockenwäsche			Formwäsche
☐		gleich	☐

⬇

2.) Wieviel größer ist der Ressourcen- und Energieverbrauch?

leicht	moderat	-	stark	-	sehr stark	-	extrem
1	2	3	4	5	6	7	8

B3.1) Wäschearten: Kundenmix 4 | Bearbeiten Sie diesen Kundenmix in Ihrer Wäscherei? | JA | NEIN

1.) Welches Kriterium hat einen größeren Ressourcen- und Energieverbrauch zur Folge?

Flachwäsche			Trockenwäsche
☐		gleich	☐

⬇

2.) Wieviel größer ist der Ressourcen- und Energieverbrauch?

leicht	moderat	-	stark	-	sehr stark	-	extrem
1	2	3	4	5	6	7	8

8

HOHENSTEIN●
INSTITUTE

1.) Welches Kriterium hat einen größeren Ressourcen- und Energieverbrauch zur Folge?				
Flachwäsche		gleich	**Formwäsche**	
☐			☐	

⇩

2.) Wieviel größer ist der Ressourcen- und Energieverbrauch?							
leicht	moderat	-	stark	-	sehr stark	-	extrem
1	2	3	4	5	6	7	8

1.) Welches Kriterium hat einen größeren Ressourcen- und Energieverbrauch zur Folge?				
Trockenwäsche		gleich	**Formwäsche**	
☐			☐	

⇩

2.) Wieviel größer ist der Ressourcen- und Energieverbrauch?							
leicht	moderat	-	stark	-	sehr stark	-	extrem
1	2	3	4	5	6	7	8

B3.2) Wäschearten: Tonnagenabfragen

Bitte achten Sie darauf, dass hier nach Ihrer eigenen betrieblichen Situation gefragt wird:

Geben Sie prozentual an, wieviel Ihres gesamten Wäscheaufkommens den jeweiligen Wäschearten zuzuordnen ist. (Keine Bearbeitung einer Wäscheart = 0, insgesamt sind 100 Prozentpunkte zu vergeben)

Kundenmix 1:

Flachwäsche	Trockenwäsche	
		Verteilung bestätigen

Kundenmix 2:

Flachwäsche	Trockenwäsche	Formwäsche	
			Verteilung bestätigen

Kundenmix 4:

Flachwäsche	Trockenwäsche	Formwäsche	
			Verteilung bestätigen

9

B4.1) Verschmutzungsarten: Gewichtungsabfragen

Die folgenden beiden Fragen sind für alle Kästen von B4.1) zu beantworten:
→Bitte achten Sie darauf, dass die Fragen allgemein für die Branche beantwortet werden sollen und nicht auf Ihren eigenen Betrieb bezogen

1.) Welches Kriterium hat einen größeren Ressourcen- und Energieverbrauch zur Folge?
Bitte kreuzen Sie an, welches Kriterium im Vergleich zum anderen einen größeren Ressourcen (Chemie, Wasser, Transport)- und Energieverbrauch (Strom- und Heizenergie) zur Folge hat. (Bei Gleichstand bzw. Unentschieden bitte das Kästchen in der Mitte ankreuzen.)

2.) Wieviel größer ist der Ressourcen- und Energieverbrauch?
Bitte kreuzen Sie nun auf der Skala von 1-8 an, wieviel größer der Ressourcen (Chemie, Wasser, Transport)- und Energieverbrauch (Strom- und Heizenergie) des Kriteriums aus 1.) ist.

B4.1) Verschmutzungsarten: Kundenmix 1-Flachwäsche | Bearbeiten Sie diesen Kundenmix in Ihrer Wäscherei?

JA | NEIN

1.) Welches Kriterium hat einen größeren Ressourcen- und Energieverbrauch zur Folge?

Normal verschmutzt		Stark verschmutzt
☐	gleich	☐

2.) Wieviel größer ist der Ressourcen- und Energieverbrauch?

leicht	moderat	-	stark	-	sehr stark	-	extrem
1	2	3	4	5	6	7	8

1.) Welches Kriterium hat einen größeren Ressourcen- und Energieverbrauch zur Folge?

Normal verschmutzt		Sonderwäsche (extrem verschmutzt)
☐	gleich	☐

2.) Wieviel größer ist der Ressourcen- und Energieverbrauch?

leicht	moderat	-	stark	-	sehr stark	-	extrem
1	2	3	4	5	6	7	8

HOHENSTEIN●
INSTITUTE

1.) Welches Kriterium hat einen größeren Ressourcen- und Energieverbrauch zur Folge?

Stark verschmutzt		Sonderwäsche
☐	gleich	☐

⇩

2.) Wieviel größer ist der Ressourcen- und Energieverbrauch?

leicht	moderat	-	stark	-	sehr stark	-	extrem
1	2	3	4	5	6	7	8

B4.1) Verschmutzungsarten: Kundenmix 1-Trockenwäsche

1.) Welches Kriterium hat einen größeren Ressourcen- und Energieverbrauch zur Folge?

Normal verschmutzt		Stark verschmutzt
☐	gleich	☐

⇩

2.) Wieviel größer ist der Ressourcen- und Energieverbrauch?

leicht	moderat	-	stark	-	sehr stark	-	extrem
1	2	3	4	5	6	7	8

1.) Welches Kriterium hat einen größeren Ressourcen- und Energieverbrauch zur Folge?

Normal verschmutzt		Sonderwäsche
☐	gleich	☐

⇩

2.) Wieviel größer ist der Ressourcen- und Energieverbrauch?

leicht	moderat	-	stark	-	sehr stark	-	extrem
1	2	3	4	5	6	7	8

HOHENSTEIN•
INSTITUTE

1.) Welches Kriterium hat einen größeren Ressourcen- und Energieverbrauch zur Folge?							
Stark verschmutzt			gleich	**Sonderwäsche**			
☐				☐			

⇩

2.) Wieviel größer ist der Ressourcen- und Energieverbrauch?							
leicht	moderat	-	stark	-	sehr stark	-	extrem
1	2	3	4	5	6	7	8

B4.1) Verschmutzungsarten: Kundenmix 2-Flachwäsche | Bearbeiten Sie diesen Kundenmix in Ihrer Wäscherei?

JA | NEIN

1.) Welches Kriterium hat einen größeren Ressourcen- und Energieverbrauch zur Folge?							
Normal verschmutzt			gleich	**Stark verschmutzt**			
☐				☐			

2.) Wieviel größer ist der Ressourcen- und Energieverbrauch?							
leicht	moderat	-	stark	-	sehr stark	-	extrem
1	2	3	4	5	6	7	8

1.) Welches Kriterium hat einen größeren Ressourcen- und Energieverbrauch zur Folge?							
Normal verschmutzt			gleich	**Sonderwäsche**			
☐				☐			

2.) Wieviel größer ist der Ressourcen- und Energieverbrauch?							
leicht	moderat	-	stark	-	sehr stark	-	extrem
1	2	3	4	5	6	7	8

HOHENSTEIN●
INSTITUTE

1.) Welches Kriterium hat einen größeren Ressourcen- und Energieverbrauch zur Folge?							
Stark verschmutzt				**Sonderwäsche**			
☐			gleich	☐			

⇩

2.) Wieviel größer ist der Ressourcen- und Energieverbrauch?							
leicht	moderat	-	stark	-	sehr stark	-	extrem
1	2	3	4	5	6	7	8

B4.1) Verschmutzungsarten: Kundenmix 2-Trockenwäsche

1.) Welches Kriterium hat einen größeren Ressourcen- und Energieverbrauch zur Folge?							
Normal verschmutzt				**Stark verschmutzt**			
☐			gleich	☐			

⇩

2.) Wieviel größer ist der Ressourcen- und Energieverbrauch?							
leicht	moderat	-	stark	-	sehr stark	-	extrem
1	2	3	4	5	6	7	8

1.) Welches Kriterium hat einen größeren Ressourcen- und Energieverbrauch zur Folge?							
Normal verschmutzt				**Sonderwäsche**			
☐			gleich	☐			

⇩

2.) Wieviel größer ist der Ressourcen- und Energieverbrauch?							
leicht	moderat	-	stark	-	sehr stark	-	extrem
1	2	3	4	5	6	7	8

HOHENSTEIN●
INSTITUTE

1.) Welches Kriterium hat einen größeren Ressourcen- und Energieverbrauch zur Folge?							
Stark verschmutzt				**Sonderwäsche**			
☐			gleich	☐			

⇓

2.) Wieviel größer ist der Ressourcen- und Energieverbrauch?							
leicht	moderat	-	stark	-	sehr stark	-	extrem
1	2	3	4	5	6	7	8

B4.1) Verschmutzungsarten: Kundenmix 2-Formwäsche

1.) Welches Kriterium hat einen größeren Ressourcen- und Energieverbrauch zur Folge?							
Normal verschmutzt				**Stark verschmutzt**			
☐			gleich	☐			

⇓

2.) Wieviel größer ist der Ressourcen- und Energieverbrauch?							
leicht	moderat	-	stark	-	sehr stark	-	extrem
1	2	3	4	5	6	7	8

1.) Welches Kriterium hat einen größeren Ressourcen- und Energieverbrauch zur Folge?							
Normal verschmutzt				**Sonderwäsche**			
☐			gleich	☐			

⇓

2.) Wieviel größer ist der Ressourcen- und Energieverbrauch?							
leicht	moderat	-	stark	-	sehr stark	-	extrem
1	2	3	4	5	6	7	8

HOHENSTEIN●
INSTITUTE

1.) Welches Kriterium hat einen größeren Ressourcen- und Energieverbrauch zur Folge?							
Stark verschmutzt					**Sonderwäsche**		
☐			gleich		☐		

⬇

2.) Wieviel größer ist der Ressourcen- und Energieverbrauch?							
leicht	moderat	-	stark	-	sehr stark	-	extrem
1	2	3	4	5	6	7	8

<u>B4.1) Verschmutzungsarten: Kundenmix 3-Formwäsche</u> Bearbeiten Sie diesen Kundenmix in Ihrer Wäscherei?

JA NEIN

1.) Welches Kriterium hat einen größeren Ressourcen- und Energieverbrauch zur Folge?							
Normal verschmutzt					**Stark verschmutzt**		
☐			gleich		☐		

⬇

2.) Wieviel größer ist der Ressourcen- und Energieverbrauch?							
leicht	moderat	-	stark	-	sehr stark	-	extrem
1	2	3	4	5	6	7	8

1.) Welches Kriterium hat einen größeren Ressourcen- und Energieverbrauch zur Folge?							
Normal verschmutzt					**Sonderwäsche**		
☐	.		gleich		☐		

⬇

2.) Wieviel größer ist der Ressourcen- und Energieverbrauch?							
leicht	moderat	-	stark	-	sehr stark	-	extrem
1	2	3	4	5	6	7	8

1.) Welches Kriterium hat einen größeren Ressourcen- und Energieverbrauch zur Folge?

Stark verschmutzt		Sonderwäsche
☐	gleich	☐

⇓

2.) Wieviel größer ist der Ressourcen- und Energieverbrauch?

leicht	moderat	-	stark	-	sehr stark	.-	extrem
1	2	3	4	5	6	7	8

B4.1) Verschmutzungsarten: Kundenmix 4-Flachwäsche   Bearbeiten Sie diesen Kundenmix in Ihrer Wäscherei?

JA	NEIN

1.) Welches Kriterium hat einen größeren Ressourcen- und Energieverbrauch zur Folge?

Normal verschmutzt		Stark verschmutzt
☐	gleich	☐

⇓

2.) Wieviel größer ist der Ressourcen- und Energieverbrauch?

leicht	moderat	-	stark	-	sehr stark	-	extrem
1	2	3	4	5	6	7	8

1.) Welches Kriterium hat einen größeren Ressourcen- und Energieverbrauch zur Folge?

Normal verschmutzt		Sonderwäsche
☐	gleich	☐

⇓

2.) Wieviel größer ist der Ressourcen- und Energieverbrauch?

leicht	moderat	-	stark	-	sehr stark	-	extrem
1	2	3	4	5	6	7	8

1.) Welches Kriterium hat einen größeren Ressourcen- und Energieverbrauch zur Folge?							
Stark verschmutzt				**Sonderwäsche**			
☐			gleich	☐			

⇩

2.) Wieviel größer ist der Ressourcen- und Energieverbrauch?							
leicht	moderat	-	stark	-	sehr stark	-	extrem
1	2	3	4	5	6	7	8

B4.1) Verschmutzungsarten: Kundenmix 4-Trockenwäsche

1.) Welches Kriterium hat einen größeren Ressourcen- und Energieverbrauch zur Folge?							
Normal verschmutzt				**Stark verschmutzt**			
☐			gleich	☐			

⇩

2.) Wieviel größer ist der Ressourcen- und Energieverbrauch?							
leicht	moderat	-	stark	-	sehr stark	-	extrem
1	2	3	4	5	6	7	8

1.) Welches Kriterium hat einen größeren Ressourcen- und Energieverbrauch zur Folge?							
Normal verschmutzt				**Sonderwäsche**			
☐			gleich	☐			

⇩

2.) Wieviel größer ist der Ressourcen- und Energieverbrauch?							
leicht	moderat	-	stark	-	sehr stark	-	extrem
1	2	3	4	5	6	7	8

17

HOHENSTEIN●
INSTITUTE

1.) Welches Kriterium hat einen größeren Ressourcen- und Energieverbrauch zur Folge?							
Stark verschmutzt				**Sonderwäsche**			
☐			gleich	☐			

⇩

2.) Wieviel maschinenbezogen arbeitsintensiver ist es?							
leicht	moderat	-	stark	-	sehr stark	-	extrem
1	2	3	4	5	6	7	8

B4.1) Verschmutzungsarten: Kundenmix 4-Formwäsche

1.) Welches Kriterium hat einen größeren Ressourcen- und Energieverbrauch zur Folge?							
Normal verschmutzt				**Stark verschmutzt**			
☐			gleich	☐			

⇩

2.) Wieviel größer ist der Ressourcen- und Energieverbrauch?							
leicht	moderat	-	stark	-	sehr stark	-	extrem
1	2	3	4	5	6	7	8

1.) Welches Kriterium hat einen größeren Ressourcen- und Energieverbrauch zur Folge?							
Normal verschmutzt				**Sonderwäsche**			
☐			gleich	☐			

⇩

2.) Wieviel größer ist der Ressourcen- und Energieverbrauch?							
leicht	moderat	-	stark	-	sehr stark	-	extrem
1	2	3	4	5	6	7	8

1.) Welches Kriterium hat einen größeren Ressourcen- und Energieverbrauch zur Folge?							
Stark verschmutzt				**Sonderwäsche**			
☐			gleich		☐		

⇩

2.) Wieviel größer ist der Ressourcen- und Energieverbrauch?							
leicht	moderat	-	stark	-	sehr stark	-	extrem
1	2	3	4	5	6	7	8

B4.2) Verschmutzungsarten: Tonnagenabfragen

Bitte achten Sie darauf, dass hier nach Ihrer eigenen betrieblichen Situation gefragt wird:

Geben Sie prozentual an, wieviel Ihres gesamten Wäscheaufkommens den jeweiligen Verschmutzungsarten zuzuordnen ist. (Keine Bearbeitung einer Verschmutzungsart = 0, insgesamt sind 100 Prozentpunkte zu vergeben)

Kundenmix 1-Flachwäsche:

Normal verschmutzt	Stark verschmutzt	Sonderwäsche

Verteilung bestätigen

Kundenmix 1-Trockenwäsche:

Normal verschmutzt	Stark verschmutzt	Sonderwäsche

Verteilung bestätigen

Kundenmix 2-Flachwäsche:

Normal verschmutzt	Stark verschmutzt	Sonderwäsche

Verteilung bestätigen

Kundenmix 2-Trockenwäsche:

Normal verschmutzt	Stark verschmutzt	Sonderwäsche

Verteilung bestätigen

Kundenmix 2-Formwäsche:

Normal verschmutzt	Stark verschmutzt	Sonderwäsche

Verteilung bestätigen

Kundenmix 3-Formwäsche:

Normal verschmutzt	Stark verschmutzt	Sonderwäsche

Verteilung bestätigen

Kundenmix 4-Flachwäsche:

Normal verschmutzt	Stark verschmutzt	Sonderwäsche

Verteilung bestätigen

Kundenmix 4-Trockenwäsche:

Normal verschmutzt	Stark verschmutzt	Sonderwäsche

Verteilung bestätigen

Kundenmix 4-Formwäsche:

Normal verschmutzt	Stark verschmutzt	Sonderwäsche

Verteilung bestätigen

HOHENSTEIN ●
INSTITUTE

C) Bewertungssystem

C1) Verarbeitungsqualität (WGK-Gewebe):

*Die Fragen zur Verarbeitungsqualität beziehen sich auf die <u>gemittelten Ergebnisse</u> der
Waschgangkontrollgewebe (WGK-Gewebe) im vergangenen Geschäftsjahr 2011.
Wenn Sie GG-Mitglied sind, können Sie diesen Teil überspringen, indem sie nachfolgend
bestätigen.*

Sind Sie Mitglied der Gütegemeinschaft sachgemäße Wäschepflege e. V.?

Bitte kreuzen Sie eine der folgenden Alternativen je Kasten an:

Festigkeitsminderung (Reißkraftverlust) > 20 %	O
Festigkeitsminderung (Reißkraftverlust) zwischen 14 und 20 %	O
Festigkeitsminderung (Reißkraftverlust) zwischen 8 und 14 %	O
Festigkeitsminderung (Reißkraftverlust) < 8 %	O

Chemische Faserschädigung (Schädigungsfaktor) > 0,70	O
Chemische Faserschädigung (Schädigungsfaktor) zwischen 0,70 und 0,50	O
Chemische Faserschädigung (Schädigungsfaktor) zwischen 0,49 und 0,30	O
Chemische Faserschädigung (Schädigungsfaktor) < 0,30	O

Anorganische Gewebeinkrustation (Glühasche) > 0,70%	O
Anorganische Gewebeinkrustation (Glühasche) zwischen 0,70 und 0,50%	O
Anorganische Gewebeinkrustation (Glühasche) zwischen 0,49 und 0,20%	O
Anorganische Gewebeinkrustation (Glühasche) < 0,20%	O

Grundweißwert (Y-Wert) < 87	O
Grundweißwert (Y-Wert) 88 bis 89	O
Grundweißwert (Y-Wert) 90 bis 91	O
Grundweißwert (Y-Wert) > 91	O

Weißgrad (WG-Wert) < 180	O
Weißgrad (WG-Wert) 181 bis 195	O
Weißgrad (WG-Wert) 196 bis 210	O
Weißgrad (WG-Wert) > 210	O

21

*Die Daten zu den folgenden Kriterien sind der betrieblichen Jahresgesamtabrechnung
(Nettobeträge) 2011 zu entnehmen.*

Bitte tragen Sie die genauen Daten in die leeren Felder ein:

C2) Chemieeffizienz:

Chemieeinsatz gesamt in €	

C3) Wassereffizienz:

*Es sollten nicht-produktionsrelevante Verbrauchsmengen, wie bspw. für sanitäre Anlagen
abgezogen werden:*

Frischwasser gesamt in €	
Frischwasser gesamt in m³	

C4) Energieeffizienz:

C4.1) Strom:

Strom gesamt in €	
Strom gesamt in kWh	

C4.2) Heizenergie:

*Bitte tragen Sie alternative Energiequellen samt Bezugsgröße (z. B. kg, Liter, kWh etc.) in die
leeren Kästen links unten selbständig ein, sowie die dazugehörige Menge rechts daneben:*

Heizenergie gesamt in €	
Öl gesamt in Liter	
Gas gesamt in kWh	

C5) Transporteffizienz:

*Bitte tragen Sie Ihre Treibstoffart sowie deren Aggregatszustand (z. B. Diesel in Liter) in die
leeren Kästen links unten selbständig ein, sowie die dazugehörige Menge rechts daneben:*

Treibstoff gesamt in €	
Fuhrpark-Kilometer gesamt	

Formular zurücksetzen

Printed in the United States
By Bookmasters